普通高等教育计算机类系列教材

软件设计原则与模式

郭双宙　等编著

机械工业出版社

本书分为两大部分，共4章：第一部分（第1章）介绍软件设计原则，并简单介绍UML和设计模式；第二部分（第2～4章）详细介绍27种设计模式，每种设计模式都有一个与之对应的、浅显易懂的例子作为引子，并有详细的UML结构设计图和相对应的可运行程序，以帮助读者理解所学模式。

本书的主要特点是简单易懂，把设计模式的学习门槛降到最低，使初学者更容易理解和掌握27种设计模式。书中的每个程序都力求简洁明了，并采用最新的、成熟的Java技术编写，易学易用。

本书适合作为本科及高职院校软件专业的设计模式课程教材，也可供从事软件工程的初中级软件开发人员参考使用。

为方便教学，本书配备电子课件等教学资源。凡选用本书作为教材的教师均可登录机械工业出版社教育服务网 www. cmpedu. com 免费下载。如有问题请致信 cmpgaozhi@ sina. com，或致电 010-88379375 联系营销人员。

图书在版编目（CIP）数据

软件设计原则与模式／郭双宙等编著. —北京：机械工业出版社，2015.8（2023.1重印）

普通高等教育“十二五”规划教材

ISBN 978-7-111-51002-4

Ⅰ.①软…　Ⅱ.①郭…　Ⅲ.①软件设计-高等学校-教材　Ⅳ.①TP311.5

中国版本图书馆CIP数据核字（2015）第172052号

机械工业出版社（北京市百万庄大街22号　邮政编码100037）
策划编辑：刘子峰　　责任编辑：刘子峰　陈瑞文
责任校对：王　欣　　封面设计：陈　沛
责任印制：郜　敏
北京富资园科技发展有限公司印刷

2023年1月第1版·第4次印刷
184mm×260mm·15.5印张·368千字
标准书号：ISBN 978-7-111-51002-4
定价：48.00元

电话服务	网络服务
客服电话：010-88361066	机　工　官　网：www. cmpbook. com
010-88379833	机　工　官　博：weibo. com/cmp1952
010-68326294	金　　书　　网：www. golden-book. com
封底无防伪标均为盗版	机工教育服务网：www. cmpedu. com

前　言

模式是对一种经常发生的问题提出的一种解决方案，这种方案经过无数人的测试和使用，经过千锤百炼后几乎是无懈可击的。现实情况中，很多人不使用模式是因为不了解其优点，认为这些模式很复杂。其实，设计模式的“复杂”就在于其要构造一个“万能钥匙”，目的是提出一种对所有锁的开锁方案。很多程序员在接触设计模式后，都有一种相见恨晚的感觉，有人形容学习了设计模式后感觉自己好像已经脱胎换骨，达到了新的境界；还有人甚至把是否了解设计模式作为划分程序员水平的标准。

本书的主要特色是简单易懂，把设计模式的学习门槛降到最低，目的就是让读者一看就会。同时，通过有趣的例子引入每种设计模式的含义，使初学者更容易理解和掌握27种设计模式。

本书分为两大部分，共4章：第一部分（第1章）介绍软件设计原则，并简单介绍UML和设计模式；第二部分（第2～4章）详细介绍27种设计模式，每种设计模式都有一个与之对应的、浅显易懂的例子作为引子，并有详细的UML结构设计图和相对应的可运行程序。

IT行业有个说法：“没写过10万行代码，就不要说你会一门语言”。本书提供的上万行代码可使读者既熟悉Java语言，又掌握用Java语言描述的27种设计模式，可谓一举两得。

本书由郭双宙、敖山、黄海波和郑哲共同编写。在编写过程中，参考并借鉴了一些相关书籍中的经典案例，在此一并向作者表示感谢。

由于作者水平有限，书中不足之处在所难免，恳请广大读者批评指正。

编　者

目　录

第 1 章　软件设计原则与 UML 简介

软件设计的重要性表现在软件的质量上。软件设计描述了软件是如何被分解和集成为组件的，同时也描述了组件之间的接口以及组件之间是如何发挥软件构建功能的。如何设计才能保证软件的质量？这里给出软件设计的一般原则：

1）有分层的组织结构，便于对软件中的各个构件进行控制。

2）应形成具有独立功能特征的模块（模块化）。

3）应有性质不同、可区分的数据和过程描述（表达式）。

4）应使模块之间、模块与外部环境之间接口的复杂性尽量减小。

5）应利用软件需求分析中得到的信息和可重复的方法。

要想得到一个满意的设计结果，不仅要有基本设计原则的指导，而且还要有系统化的设计方法和科学严格的评审机制相结合，才能达到预期目的。

软件设计原则从宏观上指导着软件设计，但软件设计的具体实现还要遵循软件设计的基本准则。本章介绍 7 种常用的软件设计原则以及读懂本书中的 UML 图所必须掌握的知识。

对于每一个程序员来说，要想编写出满足要求的程序，首先应了解软件设计的设计原则。怎样评价设计的软件是合格的？通常有如下要求：

1）可靠性。软件可靠性指该软件在测试运行过程中避免可能发生故障的能力，且一旦发生故障后，解脱和排除故障的能力。

2）健壮性。健壮性又称为鲁棒性，是指软件对于规范要求以外的输入，能够判断此输入不符合规范要求，并有合理的处理方式。软件健壮性是一个比较模糊的概念，但是却是非常重要的软件外部量度标准。

3）可修改性。要求以科学的方法设计软件，使其有良好的结构和完备的文档，系统性能易于调整。

4）可理解性。软件的可理解性是其可靠性和可修改性的前提。它不仅是文档清晰可读的问题，更要求软件本身具有简单明了的结构。

5）程序简便。

6）可测试性。可测试性就是设计一个适当的数据集合，用来测试所建立的系统，并保证系统得到全面的检验。

7）效率性。软件的效率性一般用程序的执行时间和所占用的内存容量来度量。在达到原理要求功能指标的前提下，程序运行所需时间越短、占用存储容量越小，则效率越高。

8）标准化原则。在结构上实现开放，基于业界开放式标准，符合国家和信息产业部的规范。

9）先进性。满足客户需求，系统性能可靠，易于维护。

10）可扩展性。软件设计完要留有升级接口和升级空间。

满足了软件开发过程中常用的软件设计原则，就容易实现上述诸多要求。本书选择了7种常用的软件设计原则，在下面章节中逐一介绍。

1.1 “开—闭”原则

“开—闭”原则（Open-Closed Principle，OCP）是指一个软件实体应当对扩展开放，对修改关闭。这个原则说的是在设计模块时，应当使这个模块可以在不被修改的前提下进行扩展。换言之，应当可以在不修改源代码的情况下改变这个模块的行为，且在保持系统一定稳定性的基础上，对系统进行扩展。这是面向对象设计（OOD）的基石，也是最重要的原则。

所有的软件系统都有一个共同的性质，即对它们的需求会随时间的推移而发生变化。在软件系统面临新的需求时，系统的设计必须是稳定的。满足“开—闭”原则的设计可以给一个软件系统两个无可比拟的优势：

1）通过扩展已有的软件系统，可以提供新的行为，以满足对软件的新需求，使变化中的软件系统具有一定的适应性和灵活性。

2）已有的软件模块，特别是最重要的抽象层模块不能再修改，这就使变化中的软件系统具有一定的稳定性和延续性。

具有这两个优点的软件系统是一个在高层次上实现了复用的系统，也是一个易于维护的系统。

【示例】玉帝招安美猴王

当年大闹天宫的孙悟空是对玉帝天庭的新挑战。孙悟空说：“皇帝轮流做，明年到我家。只叫他搬出去，将天宫让与我。”对于这项挑战，太白金星给玉皇大帝提出的建议是：“……降一道招安圣旨，把他宣来上界……与他籍名在箓……一则不动众劳师，二则收仙有道也。”

换言之，不劳师动众、不破坏天规便是“闭”，收仙有道便是“开”。招安之法便是玉帝天庭的“开—闭”原则，通过给孙悟空封一个“弼马温”的官职，便使现有系统满足了变化的需求，而不必更改天庭的既有秩序，结构如图1-1-1所示。

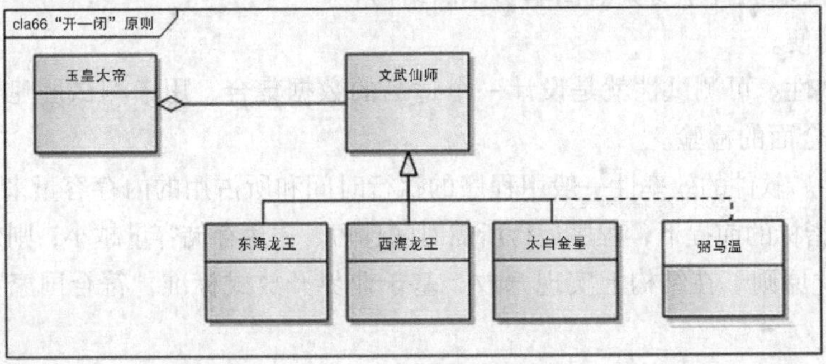

图1-1-1 玉帝招安美猴王

招安之法的关键是不允许更改现有的天庭秩序，但允许将孙悟空纳入现有秩序中，从而扩展了这一秩序。用面向对象的语言来讲，不允许更改的是系统的抽象层，而允许扩展的是系统的实现层。

1.2　里氏代换原则

里氏代换原则（Liskov Substitution Principle，LSP）由 Barbar Liskov 提出，是继承复用的基石。

里氏代换原则的意思是：程序中如果使用一个父类，那么一定可以用其子类替换，而且它根本不能察觉出父类对象和子类对象的区别。只有子类可以替换父类，软件单位的功能才能不受影响，父类才能真正被复用，而子类也能在父类的基础上增加新功能。反之代换不成立，即父类不能代替子类。

【示例】乘马说

《墨子·小取》中写："白马，马也；乘白马，乘马也。骊马（黑马），马也；乘骊马，乘马也。"结构如图 1-2-1 所示。

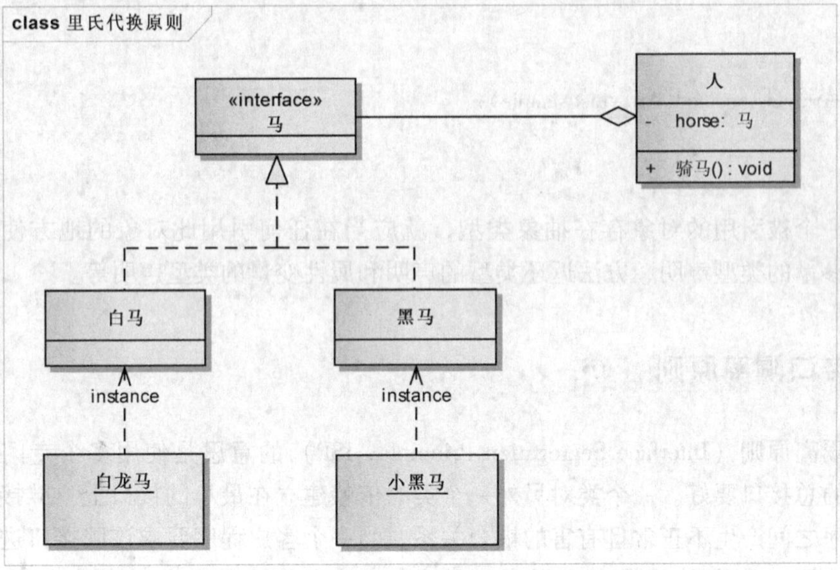

图 1-2-1　乘马说

对于人来说，骑小黑马和骑白龙马的结果是一样的，都是骑马，这就是里氏代换原则的一个实际应用。注意，应当尽量从抽象类继承，而不从具体类继承。一般而言，如果有两个具体类 A 和 B，它们有继承关系，那么一个最简单的修改方案是建立一个抽象类 C，然后让类 A 和类 B 成为抽象类 C 的子类，即如果有一个由继承关系形成的登记结构，则在等级结构的树形图中，所有的树叶节点都应是具体类，所有的树枝节点都应是抽象类或接口。

1.3 依赖倒置原则

依赖倒置原则（Dependence Inversion Principle，DIP）要求客户端依赖于抽象耦合。

依赖倒置原则表述一：抽象不应依赖于细节，细节应依赖于抽象。

依赖倒置原则表述二：要针对接口编程，不要针对实现编程。意思就是说，应当使用接口和抽象类进行变量的类型声明、参量的类型声明和方法的返还类型声明等。例如：

```
private List list = new ArrayList();
```

或

```
public List method(List sample){
  …
}
```

不要针对实现编程的意思是指不应当使用具体类进行变量的类型声明、参量类型声明和方法的返还类型声明等。例如：

```
private ArrayList list = new ArrayList();
```

或

```
public ArrayList method(ArrayList sample){
  …
}
```

只要一个被引用的对象存在抽象类型，就应当在任何引用此对象的地方使用抽象类型，包括参量的类型声明、方法返还类型的声明和属性变量的类型声明等。

1.4 接口隔离原则

接口隔离原则（Interface Segregation Principle，ISP）的意思是使用多个专门的接口比使用单一的总接口要好。一个类对另外一个类的依赖建立在最小的接口上。胖接口会导致其客户程序之间产生不正常且有害的耦合关系。当一个客户程序要求该胖接口进行一个改动时，便会影响所有其他的客户程序。因此，客户程序应该仅依赖其实际需要调用的方法。

接口隔离原则的使用场合：提供调用者需要的方法，屏蔽不需要的方法。

【示例】电子商务系统的订单类

例如，电子商务系统有一个订单类，有 3 个地方会使用此类：第一是门户，只能有查询方法；第二是外部系统，只有添加和查询订单方法；第三是管理后台，添加、删除、修改和查询都要用到。

根据接口隔离原则，一个类对另外一个类的依赖性应建立在最小的接口上，即对于门户，它只能依赖有一个查询方法的接口。该示例系统的结构如图 1-4-1 所示。

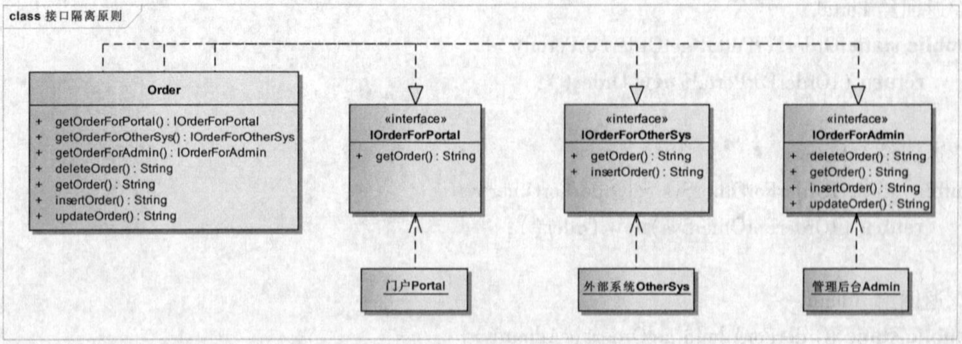

图 1-4-1　电子商务系统的订单类

门户接口代码如下：

```
package com.接口隔离原则;
interface IOrderForPortal{
    String getOrder();
}
```

外部系统接口代码如下：

```
package com.接口隔离原则;
public interface IOrderForOtherSys {
    String getOrder();
    String updateOrder();
        String insertOrder();
}
```

管理后台接口代码如下：

```
package com.接口隔离原则;
interface IOrderForAdmin{
    String deleteOrder();
    String updateOrder();
    String insertOrder();
    String getOrder();
}
```

实现接口的订单类（Order）代码如下：

```
package com.接口隔离原则;
public class Order implements IOrderForPortal, IOrderForOtherSys, IOrderForAdmin{
    private Order(){
        //防止客户端直接 new,然后访问它不需要的方法
    }
```

```
//返回给 Portal
public static IOrderForPortal getOrderForPortal(){
    return (IOrderForPortal)new Order();
}
//返回给 OtherSys
public static IOrderForOtherSys getOrderForOtherSys(){
    return (IOrderForOtherSys)new Order();
}
//返回给 Admin
public static IOrderForAdmin getOrderForAdmin(){
    return (IOrderForAdmin)new Order();
}
//下面是接口方法的实现,这里只返回了一个 String,用于演示
public String getOrder(){
    return "getOrder 方法";
}
public String insertOrder(){
    return "insertOrder 方法";
}
public String updateOrder(){
    return "updateOrder 方法";
}
public String deleteOrder(){
    return "deleteOrder 方法";
}
}
```

测试代码如下:

```
package com.接口隔离原则;
public class Client {
    public static void main(String[] args){
        IOrderForPortal orderForPortal = Order.getOrderForPortal();
        IOrderForOtherSys orderForOtherSys = Order.getOrderForOtherSys();
        IOrderForAdmin orderForAdmin = Order.getOrderForAdmin();
        System.out.println("门户可调用:\t" + orderForPortal.getOrder());
        System.out.println("外部系统可调用:\t" + orderForOtherSys.getOrder() + ";" +
orderForOtherSys.insertOrder() + ";" + orderForOtherSys.updateOrder());
        System.out.println("管理后台可调用:\t" + orderForAdmin.getOrder() + ";" +
orderForAdmin.insertOrder() + ";" + orderForAdmin.updateOrder() + ";" + orderForAdmin.
deleteOrder());
    }
}
```

运行结果如图 1-4-2 所示。

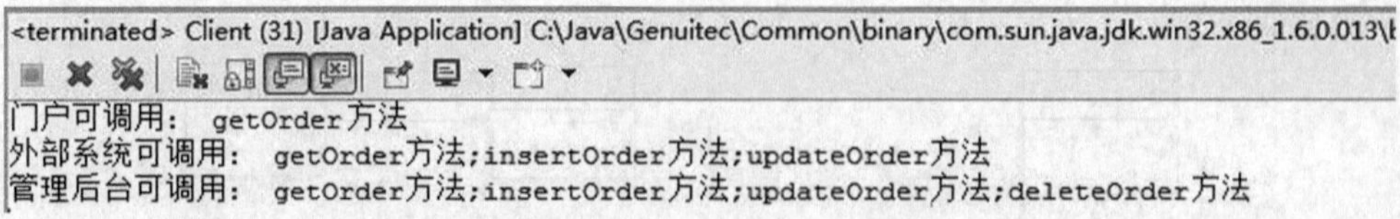

图 1-4-2　运行结果

这样就能很好地满足接口隔离原则，调用者只能访问其自己的方法，不能访问不该访问的方法。

1.5　合成/聚合复用原则

合成/聚合复用原则（Composite/Aggregate Reuse Principle，CARP）的意思是要尽量使用合成/聚合，尽量不使用继承。合成/聚合和继承是实现复用的两个基本途径，合成复用原则是指尽量使用合成/聚合，而不使用继承。

合成和聚合都是对象建模中关联（Association）关系的一种。聚合表示整体与部分的关系，表示“含有”，整体由部分组合而成，部分可以脱离整体作为一个独立的个体存在。合成则是一种更强的聚合，由部分组成整体，且不可分割，部分不能脱离整体而单独存在。在合成关系中，部分和整体的生命周期一样，合成的新对象完全支配其组成部分，包括其创建和销毁。在一个合成关系中，成分对象不能与另外一个合成关系共享。

只有当下述条件全部满足时，才应使用继承关系：

1）子类是超类的一个特殊种类，而不是超类的一个角色，即区分“Has-A”和“Is-A”。只有“Is-A”关系才符合继承关系，“Has-A”关系应使用聚合来描述。

2）永远不会出现需要将子类换成另外一个类的子类的情况。如果不能肯定将来不会变成另外一个子类，则不要使用继承。

3）子类具有扩展超类的责任，而不是具有置换或注销超类的责任。如果一个子类有大量地置换超类的行为，那么这个类就不应该是这个超类的子类。

错误地使用继承而不是合成/聚合的一个常见原因是错误地把“Has-A”当成了“Is-A”。“Is-A”代表一个类是另一个类的一种；而“Has-A”代表一个类是另一个类的一个角色，而不是另一个类的特殊种类。

【示例】不使用合成/聚合复用原则的错误例子

例如，在图 1-5-1 中，一个人只能有一个角色，不能兼职。一个人无法同时拥有多个角色，是“雇员”就不能再是“学生”了，这个逻辑显然是不合理的。实际上，雇员、经理和学生描述的只是一种角色，如一个人是“经理”则必然是“雇员”，而另外一个人可能是“学生雇员”。

错误源于把“角色”的等级结构与“人”的等级结构相混淆，误把“Has-A”当作

“Is-A”。修正后的结构如图 1-5-2 所示。

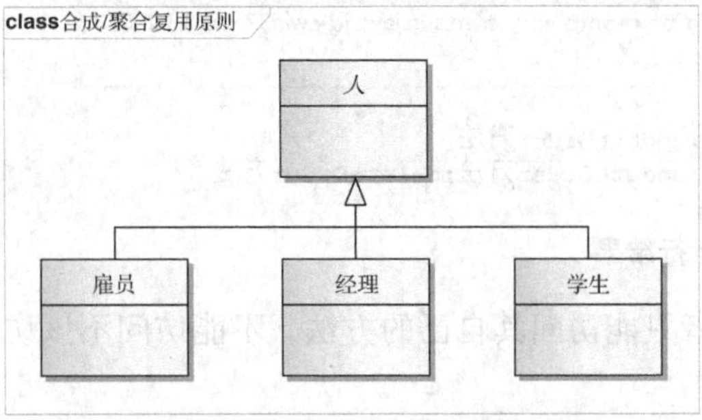

图 1-5-1　不使用合成/聚合复用原则的示例

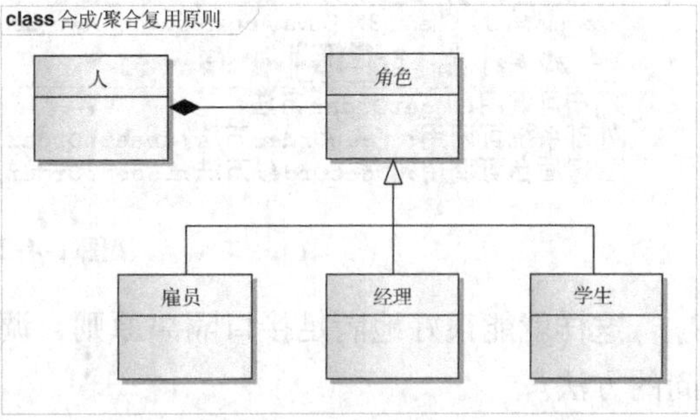

图 1-5-2　使用合成/聚合复用原则后的结构

现在编程就灵活多了，把角色作为人的属性，同一个人可以很方便地具有不同的角色。

1.6　迪米特法则

我们都知道软件结构设计的一个原则是“低耦合，高内聚”。无论是面向过程编程还是面向对象编程，只有使各个模块之间的耦合尽量低，才能提高代码的复用率。低耦合的优点不言而喻，但是怎样编程才能做到呢？这正是迪米特法则要完成的。

迪米特法则（Law of Demeter，LoD）又称为最少知识原则（Least Knowledge Principle，LKP），即一个对象应对其他对象有尽可能少的了解。该法则的核心观念就是类间解耦和弱耦合，只有弱耦合后，类的复用率才能提高。

没有任何一个其他的面向对象（OO）设计原则像迪米特法则这样有如此之多的表述方式，主要有以下几种：

1）只与你直接的朋友们通信（Only talk to your immediate friends）。

2）不要跟“陌生人”说话（Don't talk to strangers）。

3）每一个软件单位对其他的单位都只有最少的知识，而且仅局限于那些与本单位密切相关的软件单位。

也就是说，如果两个类不必彼此直接通信，那么这两个类就不应当发生直接的相互作用，如果其中的一个类需要调用另一个类的某一个方法，则可以通过第三者转发这个调用。

【示例】不使用迪米特法则的错误例子

在安装软件时，我们经常有一个导向动作，第一步是确认是否安装，第二步是同意一些协议，然后再选择安装目录。这是一个典型的顺序执行动作，具体到程序中就是：调用一个或多个类，先执行第一个方法，然后执行第二个方法，根据返回的结果来判断是否调用第三个方法，其结构如图 1-6-1 所示。

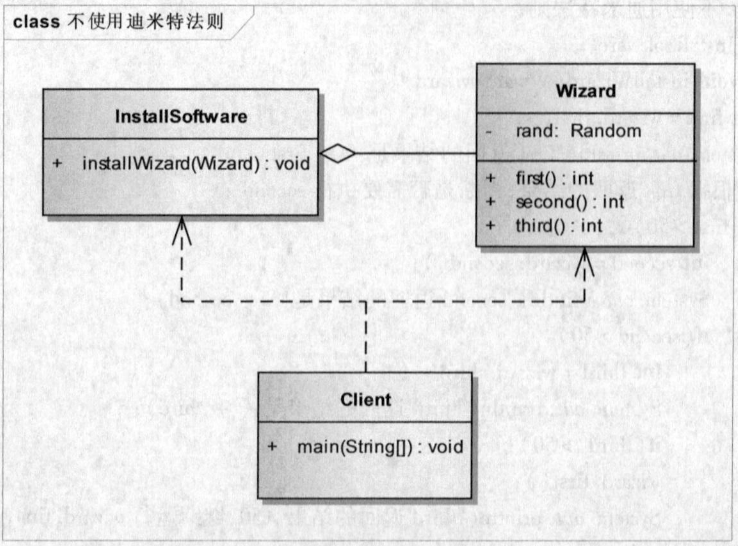

图 1-6-1　不使用迪米特法则的示例

这是一个很简单的结构图，实现软件安装的过程，其中 first 方法定义第一步做什么，second 方法定义第二步做什么，不使用迪米特法则的代码实现过程如下。

Wizard 类的代码如下：

```
package com.不使用迪米特法则;
import java.util.Random;
public class Wizard {
    private Random rand = new Random(System.currentTimeMillis());
    //第一步
    public int first() {
        System.out.println("执行第一个方法...");
        return rand.nextInt(1010);
    }
    //第二步
    public int second() {
        System.out.println("执行第二个方法...");
        return rand.nextInt(100);
    }
    //第三步
    public int third() {
        System.out.println("执行第三个方法...");
        return rand.nextInt(100);
    }
}
```

InstallSoftware 类的代码如下：

```
package com.不使用迪米特法则;
public class InstallSoftware {
    public void installWizard(Wizard wizard) {
        int first = wizard.first();
        System.out.println("first 返回的结果是:" + first);
        //根据 first 返回的结果,判断是否需要执行 second
        if(first > 50) {
            int second = wizard.second();
            System.out.println("second 返回的结果是:" + second);
            if(second > 50) {
                int third = wizard.third();
                System.out.println("third 返回的结果是:" + third);
                if(third > 50) {
                wizard.first();
                System.out.println("third 返回的结果 > 50,继续运行 wizard.first();");
                } else
                  System.out.println("因 third 返回的结果 < 50,所以不再执行下一步操作。");
            } else
                System.out.println("因 third 返回的结果 < 50,所以不再执行下一步操作。");
        } else
            System.out.println("因 third 返回的结果 < 50,所以不再执行下一步操作。");
    }
}
```

测试代码如下:

```
package com.不使用迪米特法则;
public class Client {
    public static void main(String[] args) {
        Wizard wizard = new Wizard();
        InstallSoftware IS = new InstallSoftware();
        IS.installWizard(wizard);
    }
}
```

程序运行结果如图 1-6-2 所示。

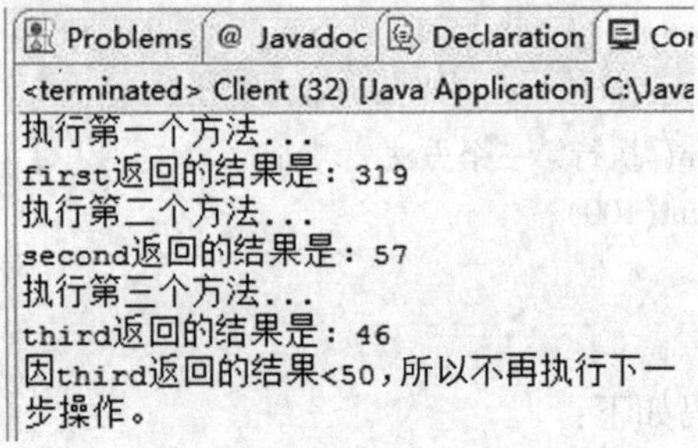

图 1-6-2　程序运行结果

程序虽然简单，但其中隐藏的问题可不简单。Wizard 类把太多的方法暴露给了 InstallSoftware 类，两者的朋友关系太紧密了，耦合关系变得异常牢固。如果要将 Wizard 类中的 first 方法的返回值的类型由 int 改为 boolean，则需要修改 InstallSoftware 类，从而增加了修改变更的风险。因此，这样的耦合是极度不合适的，需要重新对设计进行重构，重构后的结构如图 1-6-3 所示。

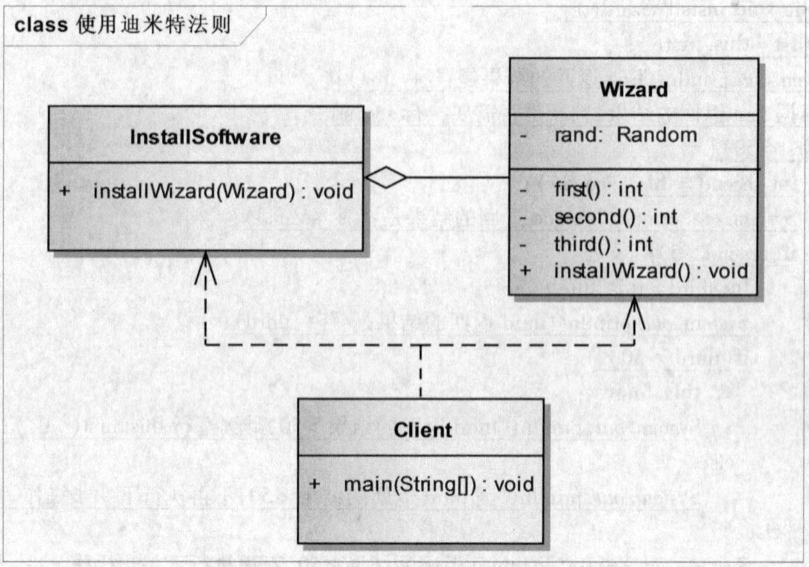

图 1-6-3　使用迪米特法则后的结构

注意，修改后使用迪米特法则的 Wizard 类的代码中的 private 方法与前面的不同了，并且增加了软件安装方法 public void installWizard()。

代码中的下画线部分显示了与前面代码的区别：

```
package com.迪米特法则;
import java.util.Random;
public class Wizard {
    private Random rand = new Random(System.currentTimeMillis());
    //第一步
    private int first() {
        System.out.println("执行第一个方法...");
        return rand.nextInt(1010);
    }
    //第二步
    private int second() {
        System.out.println("执行第二个方法...");
        return rand.nextInt(100);
    }
```

```
    //第三步
    private int third(){
        System.out.println("执行第三个方法...");
        return rand.nextInt(100);
    }
    //增加了一个软件安装方法
    public void installWizard(){
    int first = this.first();
    System.out.println("first 返回的结果是:" + first);
    //根据 first 返回的结果,判断是否需要执行 second
    if(first >50){
        int second = this.second();
        System.out.println("second 返回的结果是:" + second);
        if(second >50){
            int third = this.third();
            System.out.println("third 返回的结果是:" + third);
            if(third  >50){
                this.first();
                System.out.println("third 返回的结果 >50,继续运行 this.first();");
            }else
                System.out.println("因 third 返回的结果 <50,不再执行下一步操作。");
        }else
            System.out.println("因 third 返回的结果 <50,不再执行下一步操作。");
    }else
        System.out.println("因 third 返回的结果 <50,不再执行下一步操作。");
    }
}
```

修改后的 InstallSoftware 类代码如下：

```
package com.迪米特法则;
public class InstallSoftware {
    public void installWizard(Wizard wizard){
        wizard.installWizard();
    }
}
```

客户端不变，运行结果也相似。

通过这样的重构后，Wizard 类对外只公布了一个 public 方法，即 installWizard()，即使要修改 first 的返回值，影响的也只是 Wizard 本身，其他类不受影响，这显示了类的高内聚特性。

注意：迪米特法则要求类“羞涩”一点，尽量不要对外公布太多的 public 方法和非静态的 public 变量，尽量内敛，多使用 private 和 protected 等访问权限。

1.7　单一职责原则

就一个类而言，应该仅有一个引起它变化的原因，如果我们能想到多于一个的动机去改变一个类，那么这个类就具有多于一个的职责。此时，应该把多余的职责分离出去，分别再创建一些类来完成每一个职责。

单一职责原则（Single Responsibility Principle，SRP）在编程过程中经常遇到，如需要修改用户名和密码，可能的写法如：

```
void change(String userName, String address);
```

如果只需修改一个数据，则上述语句要求必须将两个数据都传进去，这就违反了单一职责原则。原因很简单：方法职责不单一。正确的写法应是：

```
void changeName(String userName);
void changeAddress(String address);
```

单一职责原则的备受争议之处就是对于职责的定义，即什么是类的职责，以及怎么划分类的职责。下面举例说明什么是单一职责原则。

【示例】用户信息管理系统

一般来说，项目均涉及用户、机构和角色管理这些模块，基本上使用的都是 RBAC（Role-Based Access Control，基于角色的访问控制）模型，这确实是很好的一个解决办法。本例要讲的是用户管理、修改用户的信息、增加机构（一个人属于多个机构）和增加角色等，用户有很多信息和行为要维护，我们把这些写到一个接口中，因为都是用户管理类。此用户信息管理系统的结构如图 1-7-1 所示。

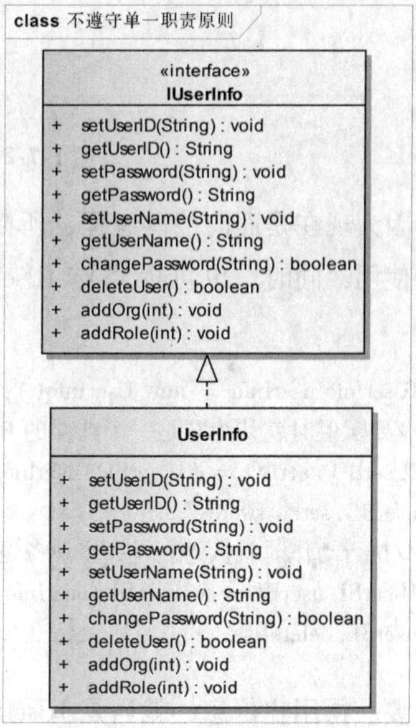

图 1-7-1　不遵守单一职责原则的示例

可以看出，这个接口设计得有问题，用户的属性（Property）和用户的行为（Behavior）没有分开，这是一个严重的错误！这个接口确实设计得一团糟，应该把用户的信息抽取成一个 BO（Bussiness Object，业务对象），把行为抽取成一个 BL（Business Logic，业务逻辑），按照这个思路对结构图进行修正，职责划分后的结构如图

1-7-2 所示。

重新拆封成两个接口，IUserBO 负责用户的属性，简单地说，就是收集和反馈用户的属性信息；IUserBiz 负责用户的行为，完成用户信息的维护和变更。下面先来看一看分拆成两个接口怎么使用。

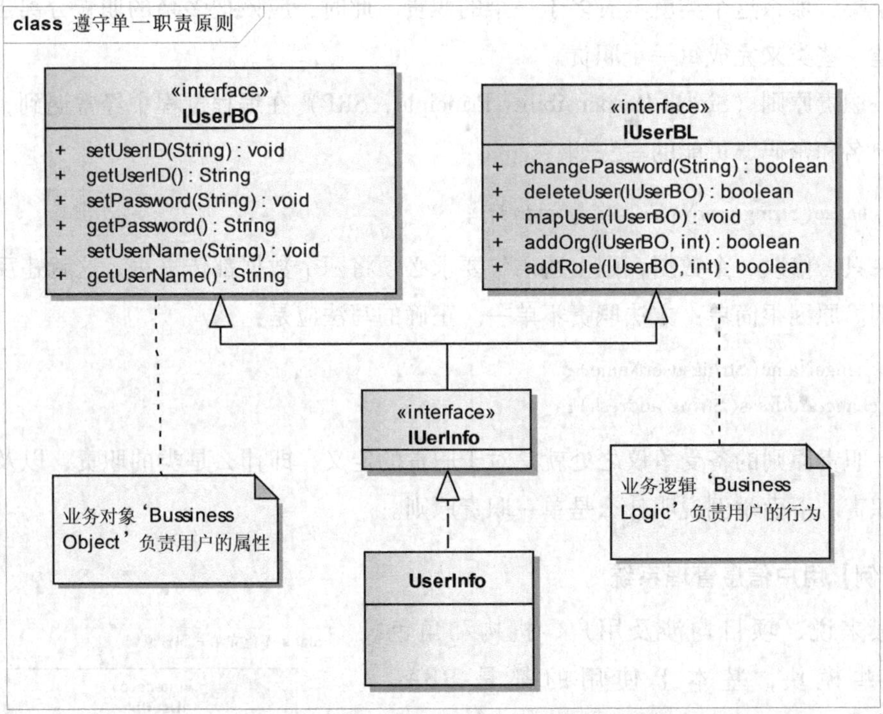

图 1-7-2　遵守单一职责原则后的结构

因为现在是面向接口编程，所以产生了 UserInfo 对象后，当然可以把其当作 IUserBO 接口使用，同时，也可以当作 IUserBiz 接口使用，取决于在什么地方使用。代码清单如下：

```
IUserInfo userInfo = new UserInfo();
//要赋值时就认为它是一个纯粹的 BO
IUserBO userBO = (IUserBO)userInfo;
userBO.setPassword("abc");
//执行动作时就认为它是一个业务逻辑类
IUserBL userBL = (IUserBL)userInfo;
userBL.deleteUser();
```

要获得用户信息，就当是 IUserBO 接口的实现类，如代码第 3、4 行所示；若希望维护用户的信息，则把它当作 IUserBL 接口的实现类即可，如代码第 6、7 行所示。

下面给出完整示意性代码。

接口 IUserBL 代码如下：

```
package com.单一职责原则;
void deleteUser();
public interface IUserBL {
}
```

接口 IUserBO 代码如下：

```
package com.单一职责原则;
public interface IUserBO {
    void setPassword(String string);
}
```

接口 IUserInfo 代码如下：

```
package com.单一职责原则;
public interface IUserInfo extends IUserBL, IUserBO {
}
```

实现 IUserInfo 接口的 UserInfo 类代码如下：

```
package com.单一职责原则;
public class UserInfo implements IUserInfo {
    public void deleteUser() {
        System.out.println("密码被删除!");
    }
    public void setPassword(String string) {
        // TODO Auto-generated method stub
        System.out.println("设置的密码是:" + string);
    }
}
```

测试代码如下：

```
package com.单一职责原则;
public class Test {
    public static void main(String[] args) {
        IUserInfo userInfo = new UserInfo();
        //要赋值时就认为它是一个纯粹的 BO
        IUserBO userBO = (IUserBO)userInfo;
        userBO.setPassword("abc");
        //执行动作时就认为它是一个业务逻辑类
        IUserBL userBL = (IUserBL)userInfo;
        userBL.deleteUser();
    }
}
```

运行结果如图 1-7-3 所示。

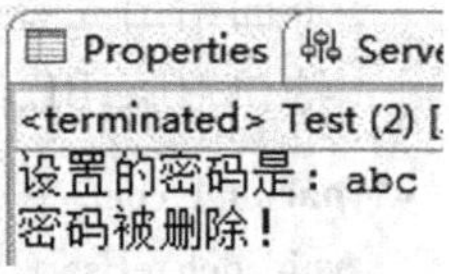

图 1-7-3　运行结果

其实，在实际的使用中，我们更倾向于使用两个不同的类或接口：一个是 IUserBO，一个是 IUserBL，这时结构图应如图 1-7-4所示。

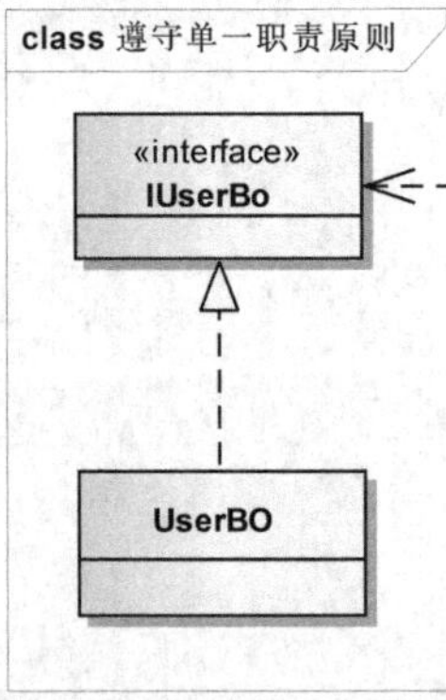

图 1-7-4　改进后的结构图

上述把一个接口拆分成两个接口的动作，就是依赖了单一职责原则，那什么是单一职责原则呢？单一职责原则的定义是：应该有且仅有一个原因引起类或类中方法的变更。

下面给出改进后的完整示意性代码。

接口 IUserBO 代码如下：

```
package com.单一职责原则.改进;
public interface IUserBO {
    void setPassword(String string);
}
```

实现接口 IUserBO 的 UserBO 类代码如下：

```
package com.单一职责原则.改进;
public class UserBO implements IUserBO {
    public void setPassword(String string) {
        System.out.println("设置的密码是:" + string);
    }
}
```

接口 IUserBL 代码如下：

```
package com.单一职责原则.改进;
public interface IUserBL {
    void deleteUser();
    void setPassword(IUserBO userBO, String string);
}
```

实现接口 IUserBL 的类 UserBL 代码如下：

```
package com.单一职责原则.改进;
public class UserBL implements IUserBL {
    public void deleteUser() {
        System.out.println("密码被删除!");
    }
    publicvoid setPassword(IUserBO userBO,String string) {
        userBO.setPassword(string);
    }
}
```

测试代码如下：

```
package com.单一职责原则.改进;
public class Test {
    public static void main(String[] args) {
        IUserBL userBL = new UserBL();
        IUserBO userBO = new UserBO();
        userBL.setPassword(userBO, "abc");
        userBL.deleteUser();
    }
}
```

改进后的运行结果如图 1-7-5 所示。

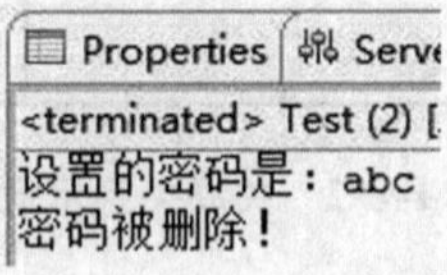

图 1-7-5　改进后的运行结果

1.8　UML 简介

本节介绍 UML 中的 6 大关系——依赖（Dependency）、关联（Association）、聚合（Aggregation）、组合（Composition）、泛化（Generalization）和实现（Realization），以及对应的 Java 代码。

1. 依赖

实体之间的“依赖”关系表示一个实体的规范发生变化后，可能影响依赖于它的其他实例。更具体地说，它可转换为对不在实例作用域内的一个类或对象的任何类型的引用。它包括一个局部变量，通过方法调用而获得对一个对象的引用（见图 1-8-1）或对一个类的静态方法的引用（同时不存在那个类的一个实例）。“依赖”也可以用来表示包和包之间的关系。由于包中含有类，因此可以根据那些包中的各个类之间的关系来表示包和包之间的关系。

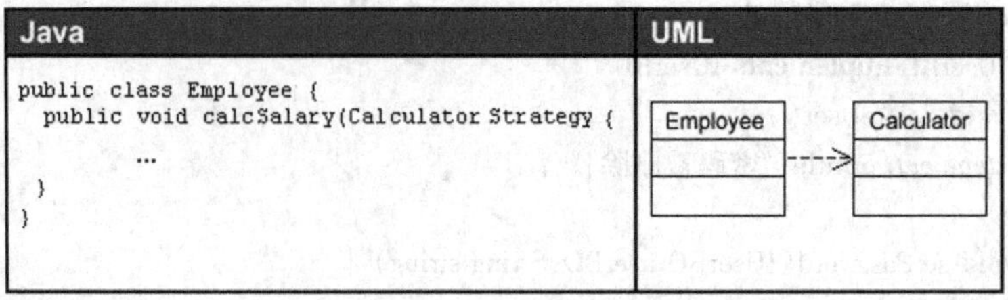

图 1-8-1　依赖关系示意图

2. 关联

实体之间的一个结构化关系表明对象是相互连接的。箭头是可选的，它用于指定导航能力。如果没有箭头，则暗示是一种双向的导航能力。在 Java 中，关联转换为一个实例作用域的变量，就像图 1-8-2 中“Java”区域所展示的代码那样。我们可以为一个关联附加其他修饰符。多重性（Multiplicity）修饰符暗示着实例之间的关系。在图 1-8-2 中的示范代码中，Employee 可以有 0 个或更多的 TimeCard 对象，但是，每个 TimeCard 只从属于单独的一个 Employee。

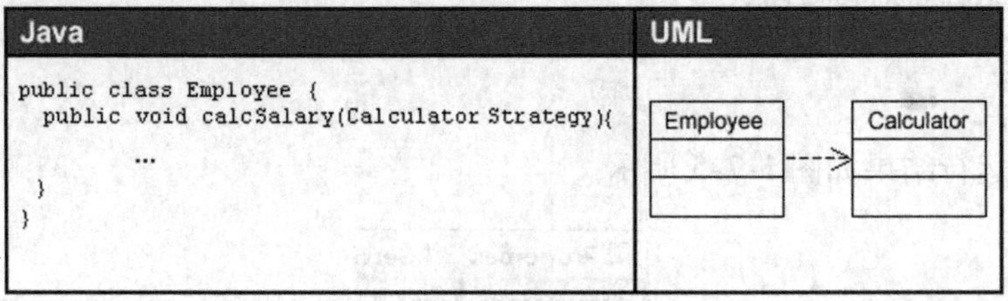

图 1-8-2　关联关系示意图

3. 聚合

聚合（见图 1-8-3）是关联的一种形式，代表两个类之间的整体/局部关系。聚合暗示着整体在概念上处于比局部更高的一个级别，而关联暗示两个类在概念上位于相同的级别。聚合也转换成 Java 中的一个实例作用域变量。

关联和聚合的区别纯粹是在概念上的，而且严格反映在语义上。聚合还暗示着实例图中不存在回路。换言之，聚合只能是一种单向关系。

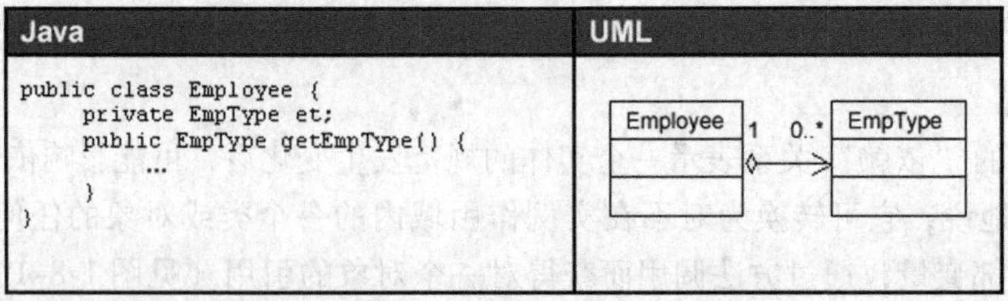

图 1-8-3　聚合关系示意图

4. 组合

组合（见图 1-8-4）是聚合的一种特殊形式，暗示“局部”在“整体”内部的生存期职责。合成是非共享的，所以，虽然局部不一定要随整体的销毁而销毁，但整体要么负责保持局部的存活状态，要么负责将其销毁。局部不可与其他整体共享，但是，整体可将所有权转交给另一个对象，后者随即将承担生存期职责。

Employee 和 TimeCard 的关系或许更适合表示为“组合”，而不是“关联”。

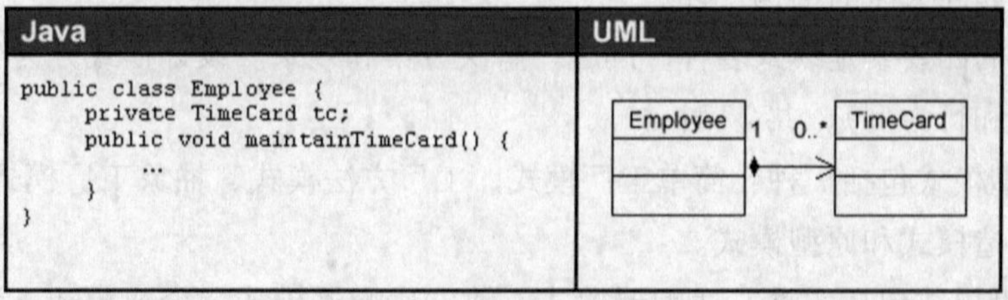

图 1-8-4　组合关系示意图

5. 泛化

泛化（见图 1-8-5）表示一个更泛化的元素和一个更具体的元素之间的关系。泛化用于对继承进行建模的 UML 元素。在 Java 中，用关键字 extends 来直接表示这种关系。

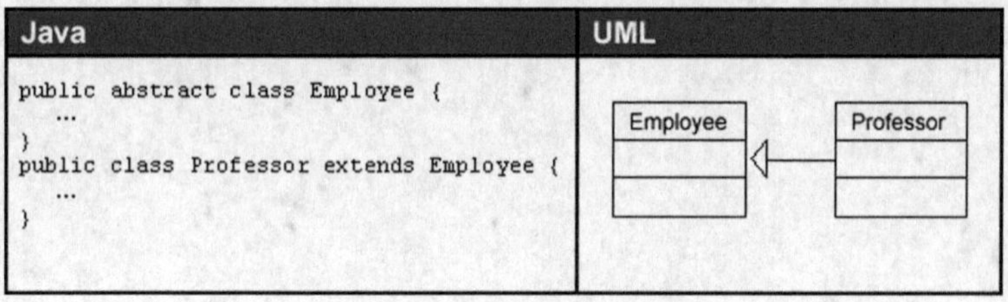

图 1-8-5　泛化关系示意图

6. 实现

实现（见图 1-8-6）关系是指定两个实体之间的一个合同。换言之，一个实体定义一个合同，而另一个实体则保证履行该合同。对 Java 应用程序进行建模时，实现关系可直接用关键字 implements 来表示。

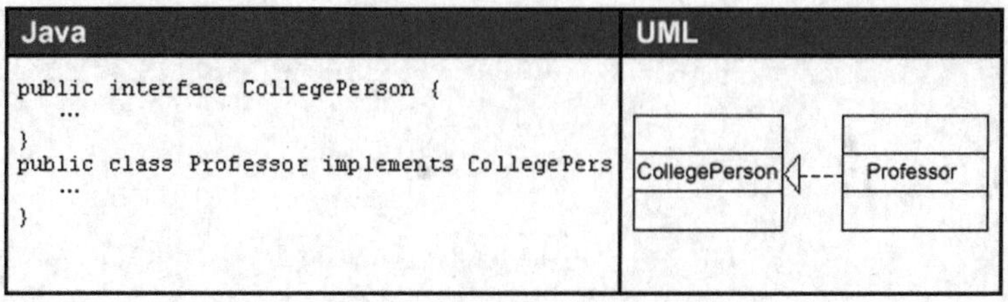

图 1-8-6　实现关系示意图

1.9 设计模式简介

设计模式是一套被反复使用的、多数人知晓的、经过分类编目的代码设计经验的总结。使用设计模式是为了可重用代码、让代码更容易被他人理解和保证代码的可靠性。毫无疑问，设计模式于己于他人于系统都是多赢的，其使代码编制真正工程化，是软件工程的基石脉络，如同大厦的结构一样。

设计模式的四要素是模式名称、问题、解决方案和效果。设计模式分为 3 种类型（创建型、结构型和行为型），共 27 种。

1）创建型模式包括 7 种：简单工厂模式、工厂方法模式、抽象工厂模式、单例模式、多例模式、建造模式和原型模式。

2）结构型模式包括 8 种：适配器模式、缺省适配器模式、合成模式、装饰模式、代理模式、享元模式、门面模式和桥梁模式。

3）行为型模式包括 12 种：不变模式、策略模式、模版方法模式、观察者模式、迭代子模式、责任链模式、命令模式、备忘录模式、状态模式、访问者模式、解释器模式和调停者模式。

第2章　创建型模式

创建型模式（Creational Pattern）是对类的实例化过程的抽象化。

一些系统在创建对象时，需要动态地决定怎样创建对象，创建哪些对象，以及如何组合和表示这些对象。创建型模式描述了怎样构造和封装这些动态的决定。

创建型模式分为类的创建型模式和对象的创建型模式两种。

1）类的创建型模式：类的创建型模式使用继承关系，把类的创建延迟到子类，从而封装了客户端将得到哪些具体类的信息，并且隐藏了这些类的实例是如何被创建和放在一起的。

2）对象的创建型模式：对象的创建型模式是把对象的创建过程动态地委派给另一个对象，从而动态地决定客户端将得到哪些具体类的实例，以及这些类的实例是如何被创建和组合在一起的。

本章将介绍的创建型模式包括简单工厂模式、工厂方法模式、抽象工厂模式、单例模式、多例模式、建造模式和原型模式。

2.1　简单工厂模式

简单工厂（Simple Factory）模式是类的创建型模式，是由一个工厂对象决定创建出哪一种产品类的实例。

简单工厂模式将客户类和工厂类分开。消费者任何时候需要某种产品，只需向工厂请求即可，无须修改就可接纳新产品。其缺点是，当修改产品时，工厂类也要做相应的修改，如怎样创建和向客户端提供。

2.1.1　工厂模式的形态

工厂模式专门负责将大量有共同接口的类实例化。工厂模式可以动态决定将哪一个类实例化，而不必事先知道每次要实例化哪一个类。工厂模式有以下几种形态：

1）简单工厂模式，又称为静态工厂方法（Static Factory Method）模式。

2）工厂方法（Factory Method）模式，又称为多态性工厂（Polymorphic Factory）模式或虚拟构造（Virtual Constructor）子模式。

3）抽象工厂（Abstract Factory）模式，又称为工具箱（Kit 或 Toolkit）模式。

【示例】神话传说——女娲抟土造人

传说“天地开辟，未有人民，女娲抟土为人。”女娲用土造人，但在女娲造出人之前，人的概念只存在于女娲的思想中。

女娲造人，这就是简单工厂模式的应用。首先，在造人的思想中有几个重要的角色，如女娲、八卦炉、抽象的人的概念和女娲所造出的一个个具体的人，下面做以简单说明。

1）八卦炉是一个工厂类，也就是简单工厂模式的核心角色。

2）一个个具体的人，包括张三和李四等，便是简单工厂模式中的具体产品角色，由工厂类八卦炉造出来。

3）抽象的人是最早只存在于女娲的头脑里的一个想法，女娲按照这个想法造出的一个个具体的人，便都符合这个抽象的人的定义。换言之，这个抽象的想法规定了所有具体的人必须都有的接口（特征或功能）。

本示例的结构如图 2-1-1 所示。

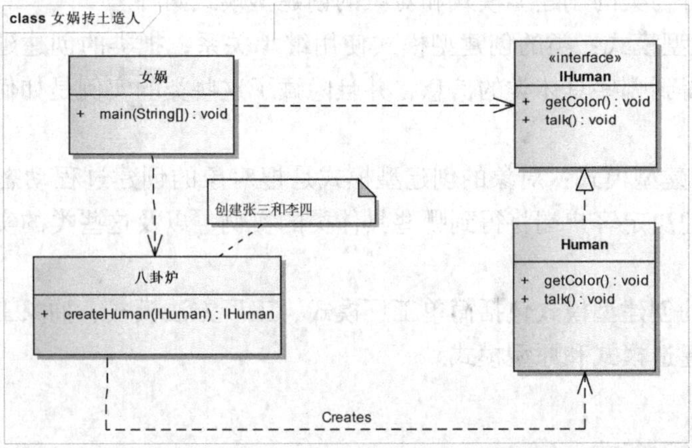

图 2-1-1　简单工厂模式之女娲抟土造人

这样，女娲就造出一个个具体的人了。但此时造出的人不分肤色，也没有男女之分，要想造出有模有样的人请参见后面的工厂模式。

2.1.2　简单工厂模式的结构

简单工厂模式是根据传入的参数来决定应创建哪个类的实例。图 2-1-2 所示的是简单工厂模式的一般结构。

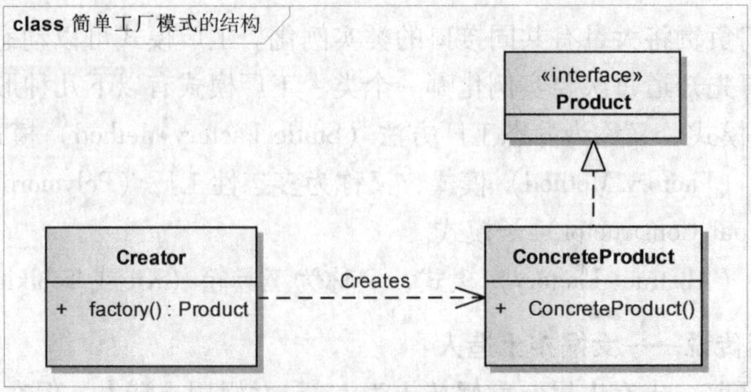

图 2-1-2　简单工厂模式的一般结构

由图 2-1-2 可以看出，简单工厂模式由工厂角色、抽象产品角色和产品角色 3 部分组成。

1）工厂角色（Creator）：这是工厂方法模式的核心，但当客户端调用其工厂方法时，返回给客户端的是产品角色的一个类的对象实例。

2）抽象产品角色（Product）：定义了产品角色所共有的共性，通常由一个 Java 接口或 Java 抽象类来定义。如果具体产品之间没有共同的商业逻辑，就用 Java 接口，如果有共同的商业逻辑，就用一个 Java 抽象类。

3）产品角色（ConcreteProduct）：简单工厂方法所创建的任何一个对象都是这个角色的一个类的对象实例。

角色之间是可以相互合并的，如 3 个角色合并成一个，就好像单例模式自身是自己的工厂角色，但并不完全等同于单例模式，因为单例模式中的构造方法是私有的。

简单工厂模式的缺点是当在产品角色中再增加一个类时，工厂方法必须有发生响应的改变，这就导致了扩展性，不符合“开—闭”原则。

2.1.3 简单工厂模式的实现

抽象产品角色（Product）的代码如下：

```
package com.simpleFactory.女娲造人;
public interface IHuman {
    public void humanMethod();
}
```

产品角色（ConcreteProduct）的代码如下：

```
package com.simpleFactory.女娲造人;
    public class Human implements IHuman {
    private String name;
    public Human(String name) {
        this.name = name;
    }
    public void humanMethod() {
        System.out.println("我是女娲造出的人,名字是:" + this.name);
    }
}
```

工厂角色（Creator）的代码如下：

```
package com.simpleFactory.女娲造人;
public class Bagualu{
    public static IHuman createHuman(String name){
        return new Human(name);
    }
}
```

客户端的测试代码如下：

```
package com. simpleFactory. 女娲造人;
import java. util. ArrayList;
import java. util. List;
public class Client {
    public static void main(String[ ] args) {
        createHuman( );
    }
    public static void createHuman( ) {
        List < IHuman > humanList = new ArrayList < IHuman > ( );
    humanList. add( Bagualu. createHuman("张三") );
    humanList. add( Bagualu. createHuman("李四") );
    humanList. add( Bagualu. createHuman("王五") );
    humanList. add( Bagualu. createHuman("赵六") );
    humanList. add( Bagualu. createHuman("陈七") );
        //女娲造人
        System. out. println(" -- 女娲娘娘第一次造人 -- ");
        for( int i = 0; i < humanList. size( ); i + + ) {
            humanList. get( i ). toString( );
            ( ( IHuman) humanList. get( i ) ). humanMethod( );
        }
    }
}
```

程序运行结果如图 2-1-3 所示。

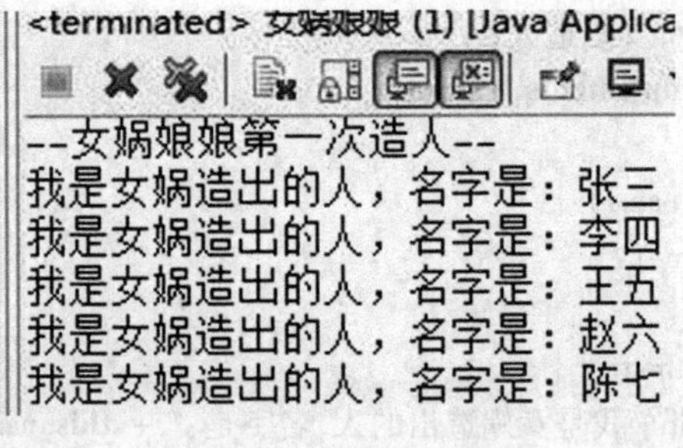

图 2-1-3　程序运行结果

从图 2-1-3 可以看出，女娲采用简单工厂模式成功造出了人。

2.1.4　简单工厂模式的使用实例

简单工厂模式应该在什么场景下使用呢？下面举例说明。

在登录功能中，假如应用系统需要支持多种登录方式，如密码认证和域认证（密码认证通常是在数据库中验证用户，而域认证则是需要到微软的域中验证用户），那么自然的做法就是建立一个适用于各种登录方式的接口，如图 2-1-4 所示。

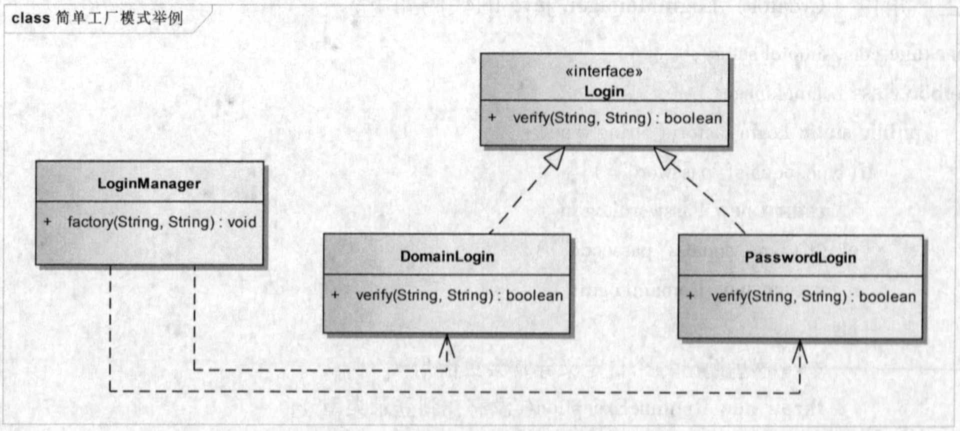

图 2-1-4　适用于各种登录方式的接口

抽象产品角色（Product）Login. java 的代码如下：

```
package com. simpleFactory;
public interface Login {
    //登录验证
    public boolean verify(String name, String password);
}
```

产品角色（ConcreteProduct）DomainLogin. java 的代码如下：

```
package com. simpleFactory;
public class DomainLogin implements Login {
    public boolean verify(String name, String password) {
        /** 业务逻辑 */
        System. out. println("登录类名为：DomainLogin");
        return true;
    }
}
```

产品角色（ConcreteProduct）PasswordLogin. java 的代码如下：

```
package com. simpleFactory;
public class PasswordLogin implements Login {
    public boolean verify(String name, String password) {
    /** 业务逻辑 */
    System. out. println("登录类名为：PasswordLogin");
    return true;
    }
}
```

此外，本例还需要一个工厂类 LoginManager，以根据调用者不同的要求，创建不同的登录对象并返回。如果碰到不合法的要求，则返回一个 Runtime 异常。

工厂角色（Creator）LoginManager. java 的代码如下：

```
package com.simpleFactory;
public class LoginManager {
    public static Login factory(String type) {
        if(type.equals("password")) {
            return new PasswordLogin();
        } else if(type.equals("passcode")) {
            return new DomainLogin();
        } else {
            /** 这里抛出一个自定义异常会更恰当 */
            throw new RuntimeException("没有找到登录类型");
        }
    }
}
```

测试类代码如下：

```
package com.simpleFactory;
public class Client {
    public static void  main(String[] args) {
    //登录验证字符串"password"和"passcode"能否正确运行,其他字符串将抛出异常
        loginMethod("password");
        loginMethod("passcode");
        loginMethod("abc");
    }
    public static void loginMethod(String loginType) {
        String name = "name";
    String password = "password";
    Login login = LoginManager.factory(loginType);
    boolean bool = login.verify(name, password);
    if (bool) {
        /** 业务逻辑 */
        System.out.println("登录成功");
    } else {
        /** 业务逻辑 */
        System.out.println("失败");
    }
  }
}
```

程序运行结果如图 2-1-5 所示。

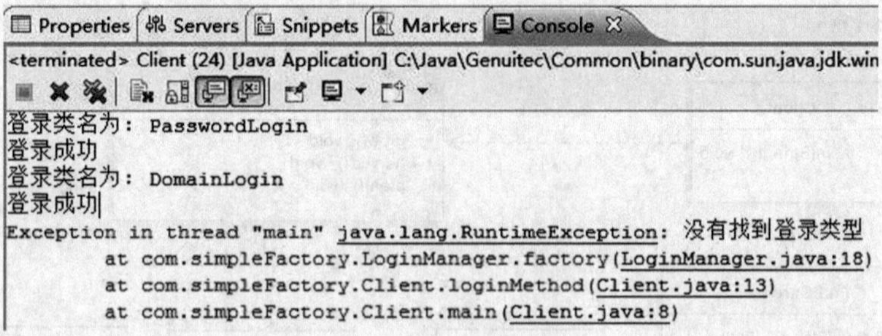

图 2-1-5 程序运行结果

运行结果表明程序能按要求正确运行，loginMethod("abc")也因"abc"属于其他字符串而抛出了异常。

2.1.5 简单工厂模式的优点与缺点

1. 简单工厂模式的优点

简单工厂模式的核心是工厂类，这个类含有必要的逻辑判断，可以决定在什么时候创建哪一个登录验证类的实例，而调用者则可以免除直接创建对象的责任。简单工厂模式通过这种做法实现了对责任的分割，当系统引入新的登录方式时无须修改调用者。

2. 简单工厂模式的缺点

工厂类集中了所有的创建逻辑，当有复杂的多层次等级结构时，所有的业务逻辑都在这个工厂类中实现，若其不能正常工作了，则整个系统都将受到影响。

【练习】农场系统

有一个农场公司，专门向市场销售各类水果，在这个系统里需要描述 3 种水果，即葡萄（Grape）、草莓（Strawberry）和苹果（Apple）。

水果与其他植物不同，最终可以采摘食用，那么一个自然的做法是建立一个各种水果都适用的接口，以便与其他农场里的植物区分开来，其结构如图 2-1-6 所示。

抽象产品角色（Product）的代码如下：

```
package com.simpleFactory.fruit;
public interface Fruit {
    /***** 生长 *****/
    void grow();
    /***** 收获 *****/
    void harvest();
    /***** 种植 *****/
    void plant();
}
```

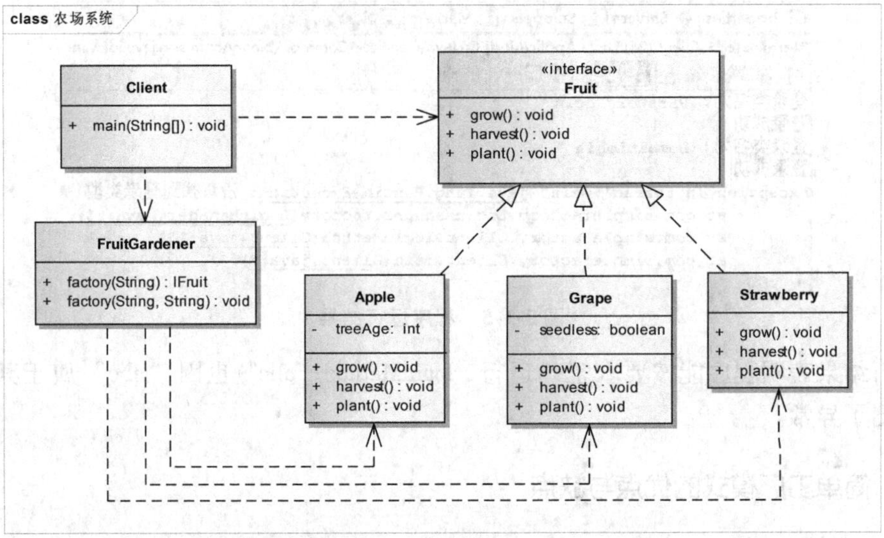

图 2-1-6　农场系统的结构图

具体产品（Concrete Product）角色 Apple 的代码如下：

```
package com.factorymethod.farm;
public class Apple implements Fruit{
    private inttreeAge;
    public void grow(){
        System.out.println("Apple is growing...");
    }
    public void harvest(){
        System.out.println("Apple has been harvested.");
    }
    public void plant(){
        System.out.println("Apple has been planted.");
    }
    public int getTreeAge(){
        returntreeAge;
    }
    public void setTreeAge(int treeAge){
        this.treeAge = treeAge;
    }
}
```

具体产品（ConcreteProduct）角色 Grape 的代码如下：

```
package com.factorymethod.farm;
public class Grape implements Fruit{
    public void grow(){
```

```
        System.out.println("Grape is growing...");
    }
    public void harvest() {
        System.out.println("Grape has been harvested.");
    }
    public void plant() {
        System.out.println("Grape has been planted.");
    }
    public boolean getSeedless() {
        return seedless;
    }
    public void setSeedless(boolean seedless) {
        this.seedless = seedless;
    }
    private boolean seedless;
}
```

具体产品（ConcreteProduct）角色 Strawberry 的代码如下：

```
package com.factorymethod.farm;
public class Strawberry implements Fruit {
    public void grow() {
        System.out.println("Strawberry is growing...");
    }
    public void harvest() {
        System.out.println("Strawberry has been harvested.");
    }
    public void plant() {
        System.out.println("Strawberry has been planted.");
    }
}
```

抽象工厂（Creator）角色 FruitGardener 的代码如下：

```
package com.factorymethod.farm;
public interface FruitGardener {
    public Fruit factory();
}
```

具体工厂（ConcreteCreator）角色 AppleGardener 的代码如下：

```
package com.factorymethod.farm;
public class AppleGardener implementsFruitGardener {
    public Fruit factory() {
        return new Apple();
    }
}
```

具体工厂（ConcreteCreator）角色 GrapeGardener 的代码如下：

```
package com.factorymethod.farm;
public class GrapeGardener implements FruitGardener {
    public Fruit factory() {
        return new Grape();
    }
}
```

具体工厂（ConcreteCreator）角色 StrawberryGardener 的代码如下：

```
package com.factorymethod.farm;
public class StrawberryGardener implements FruitGardener {
    public Fruit factory() {
        return new Strawberry();
    }
}
```

客户端代码如下：

```
package com.factorymethod.farm;
import java.util.Scanner;
public class Client {
    public static void main(String[] args) {
        Scanner scanner = new Scanner(System.in);
        while(true) {
            String fruitname = null;
            System.out.print("请输入你要的水果:");
            Scanner in = new Scanner(System.in);
                String a = in.next();
            Fruit fruit = null;
            FruitGardener fruitGardener;
            if(a.equalsIgnoreCase("apple")) {
                fruitGardener = new AppleGardener();
                fruit = fruitGardener.factory();
                Apple apple = (Apple) fruit;
                apple.setTreeAge(5);
                System.out.println("苹果树的年龄为:" + apple.getTreeAge() + "年");
            }else if(a.equalsIgnoreCase("garpe")) {
                fruitGardener = new GrapeGardener();
                fruit = fruitGardener.factory();
                Grape grape = (Grape)fruit;
                grape.setSeedless(true);
                System.out.println(grape.getSeedless() == true?"葡萄无籽":"葡萄有籽");
            }
            else if(a.equalsIgnoreCase("strawberry")) {
```

```
                fruitGardener = new StrawberryGardener( );
                fruit = fruitGardener. factory( );
            }
            fruit. grow( );
            fruit. harvest( );
            fruit. plant( );
            System. out. print("是否继续？ (Y/N)");
            fruitname  =  scanner. next( ). substring(0);
            if( fruitname. equalsIgnoreCase("N") ) {
                System. out. println("程序退出,再见!");
                System. exit(0);
            }
        }
    }
}
```

程序运行结果如图 2-1-7 所示。

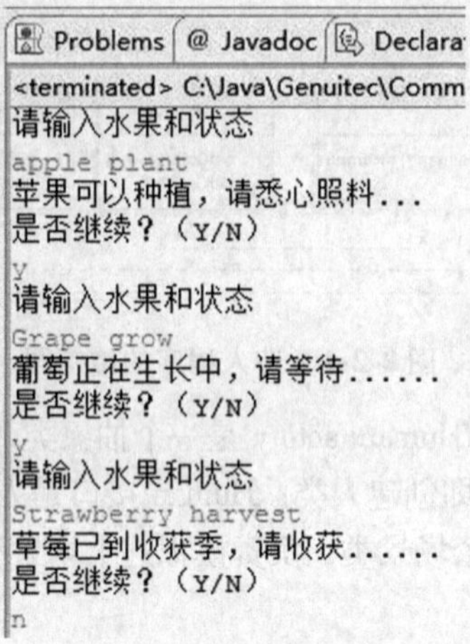

图 2-1-7　程序运行结果

2.2　工厂方法模式

工厂方法（Factory Method）模式是类的创建型模式，又称为虚拟构造子（Virtual Constructor）模式或多态性工厂（Polymorphic Factory）模式。工厂方法模式的用意是定义一个创建产品对象的工厂接口，将实际创建工作推迟到子类中。

在工厂方法模式中，核心工厂类不再负责所有产品的创建，而是将具体创建的工作交给子类来完成，从而成为一个抽象工厂角色，仅负责给出具体工厂类必须实现的接口，而不接触哪一个产品类应当被实例化这种细节。

与简单工厂模式不同的是，在工厂方法模式中，核心的工厂类不再负责所有具体产品实例的创建，而仅负责给出具体工厂子类必须实现的接口，让工厂子类完成具体产品实例的创建。

【示例】神话传说——女娲造有肤色人种

女娲采集黄土捏成人的形状，然后放到八卦炉中烧制，最后放置到大地上生长，工艺过程是没有错的，但是由于时间长短不同，于是造出了白人、黑人和黄人等不同肤色的人。

现在对造人过程进行分析，该过程涉及3个对象，即女娲、八卦炉和3种不同肤色的人，女娲可以使用场景类Client来表示；八卦炉类似于一个工厂，负责制造生产产品（即人类）；3种不同肤色的人都是同一个接口下的不同实现类，只是肤色和语言不同，对于八卦炉来说都是它生产出的产品。

此造人程序的结构如图2-2-1所示。

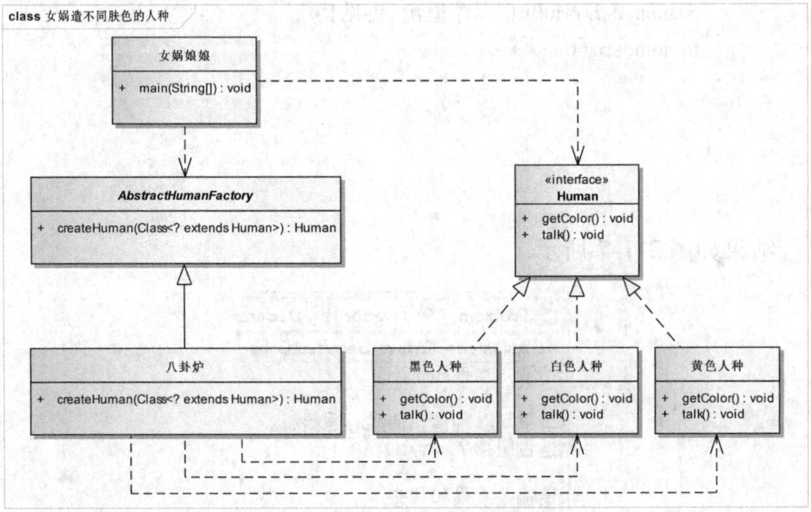

图2-2-1 造人程序的结构图

此结构图比较简单，AbstractHumanFactory是一个抽象类，定义了八卦炉的整体功能；八卦炉为实现类，完成具体的任务，即创建人类；Human接口是人类的总称，其3个实现类分别为3种肤色人种；女娲娘娘类是一个场景类，负责模拟这个场景和执行相关的任务。

2.2.1 工厂方法模式的结构

工厂方法模式的结构如图2-2-2所示。

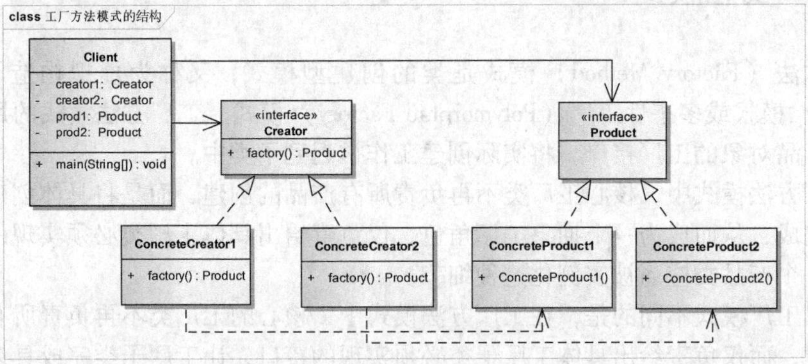

图2-2-2 工厂方法模式的结构

从图 2-2-2 可以看出，使用了工厂方法模式的系统涉及以下 4 种角色。

1）抽象工厂（Creator）角色：担任这个角色的是工厂方法模式的核心，它与应用程序无关。任何在模式中创建对象的工厂类都必须实现这个接口。在上述示例系统中，这个角色由 Creator 接口扮演，在实际的系统中，这个角色也常使用抽象类实现。

2）具体工厂（ConcreteCreator）角色：担任这个角色的是实现了抽象工厂接口的具体类。具体工厂角色含有与应用密切相关的逻辑，并且受到应用程序的调用，以创建产品对象。在上述示例系统中给出了两个这样的角色，即具体 Java 类 ConcreteCreator1 和 ConcreteCreatcr2。

3）抽象产品（Product）角色：工厂方法模式所创建的对象，即产品对象的共同父类或共同拥有的接口。在上述示例系统中，这个角色为 Product 接口。

4）具体产品（Concrete Product）角色：这个角色实现了抽象产品角色所声明的接口。工厂方法模式所创建的每一个对象都是某个具体产品角色的实例。在上述示例系统中，这个角色由具体类 ConcreteProductl 和 ConcreteProduct2 扮演，它们都实现了 Product 接口。

下面给出工厂方法模式结构的示意性源代码。

抽象工厂（Creator）角色的代码如下：

```
package com.factorymethod;
public interface Creator{
    public Product factory();
}
```

具体工厂（ConcreteCreator）角色 1 的代码如下：

```
package com.factorymethod;
public class ConcreteCreator1 implements Creator{
    public Product factory(){
        return new ConcreteProduct1();
    }
}
```

具体工厂（GoncreteCreator）角色 2 的代码如下：

```
package com.factorymethod;
public class ConcreteCreator2 implements Creator{
    public Product factory(){
        return new ConcreteProduct2();
    }
}
```

抽象产品（Product）角色的代码如下：

```
package com.factorymethod;
public interface Product {
}
```

具体产品（ConcreteProduct）角色 1 的代码如下：

```
package com.factorymethod;
public class ConcreteProduct1 implements Product{
    public ConcreteProduct1(){
        System.out.println("CocnreteProduct1 is being created.");
    }
}
```

具体产品（ConcreteProduct）角色 2 的代码如下：

```
package com.factorymethod;
public class ConcreteProduct2 implements Product{
    public ConcreteProduct2(){
        System.out.println("CocnreteProduct2 is being created.");
    }
}
```

客户端代码如下：

```
package com.factorymethod;
public class Client {
    private static Creator creator1, creator2;
    private static Product prod1, prod2;
    public static void main(String[] args) {
        creator1 = new ConcreteCreator1();
        prod1 = creator1.factory();
        creator2 = new ConcreteCreator2();
        prod2 = creator2.factory();
    }
}
```

程序运行结果如图 2-2-3 所示。

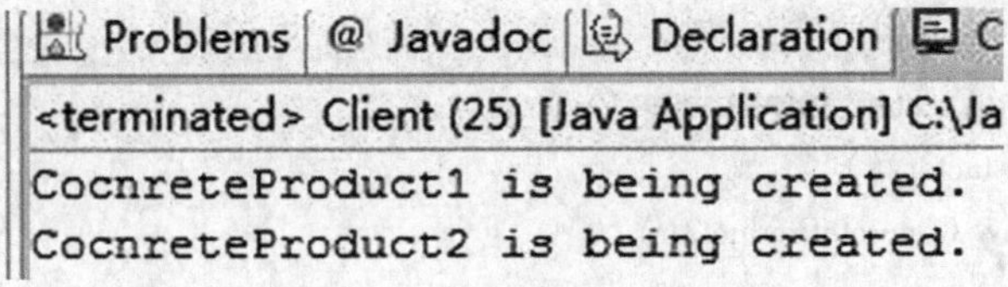

图 2-2-3　程序运行结果

2.2.2　工厂方法模式的实现

示例中定义的每个人种都有两个方法，即方法 getColor 和 talk，其源代码如下。

人类总称 Human 代码如下：

```
package com.factorymethod.女娲造人;
public interface Human {
    //每个人种的皮肤都有相应的颜色
    public void getColor();
    //人类会说话
    public void talk();
}
```

黑色人种的代码如下：

```
package com.factorymethod.女娲造人;
public class 黑色人种 implements Human{
    public void getColor(){
        System.out.println("黑色人种的皮肤颜色是黑色的!");
    }
    public void talk() {
        System.out.println("黑色人种会说话。");
    }
}
```

黄色人种的代码如下：

```
package com.factorymethod.女娲造人;
public class 黄色人种 implements Human {
    public void getColor(){
        System.out.println("黄色人种的皮肤颜色是黄色的!");
    }
    public void talk() {
        System.out.println("黄色人种会说话。");
    }
}
```

白色人种的代码如下：

```
package com.factorymethod.女娲造人;
public class 白色人种 implements Human {
    public void getColor(){
        System.out.println("白色人种的皮肤颜色是白色的!");
    }
    public void talk() {
        System.out.println("白色人种会说话。");
    }
}
```

AbstractHumanFactory 类的代码如下：

```
package com.factorymethod.女娲造人;
public abstract class AbstractHumanFactory {
    /**
     * 通过定义泛型对 createHuman 的输入参数产生两层限制:
     * 1)须是 Class 类型
     * 2)须是 Human 的实现类
     * "?"表示只要是实现了人类接口的类都可以作为参数
     */
    public abstract Human createHuman(Class<? extends Human> c);
}
```

八卦炉的代码如下:

```
package com.factorymethod.女娲造人;
public class 八卦炉 extends AbstractHumanFactory {
    public Human createHuman(Class<? extends Human> c){
        //定义一个生产的人种
        Human human = null;
        try {
            //产生一个人种
            human = (Human)Class.forName(c.getName()).newInstance();
        } catch (Exception e) {
            System.out.println("人种生成错误!");
        }
        return human;
    }
}
```

女娲娘娘的代码如下:

```
package com.factorymethod.女娲造人;
public class 女娲娘娘 {
    public static void main(String[] args) {
        //声明八卦炉
        AbstractHumanFactory YinYangLu = new 八卦炉();
        //女娲第一次造人,时间较短
        System.out.println("--造出的是白色人种--");
        Human whiteHuman = YinYangLu.createHuman(白色人种.class);
        whiteHuman.getColor();
        whiteHuman.talk();
        //女娲第二次造人,时间较长
        System.out.println("\n--造出的是黑色人种--");
        Human blackHuman = YinYangLu.createHuman(黑色人种.class);
        blackHuman.getColor();
        blackHuman.talk();
```

```
        //女娲第三次造人,时间适中
        System.out.println("\n -- 造出的是黄色人种 --");
        Human yellowHuman = YinYangLu.createHuman(黄色人种.class);
        yellowHuman.getColor();
        yellowHuman.talk();
    }
}
```

程序运行结果如图 2-2-4 所示。

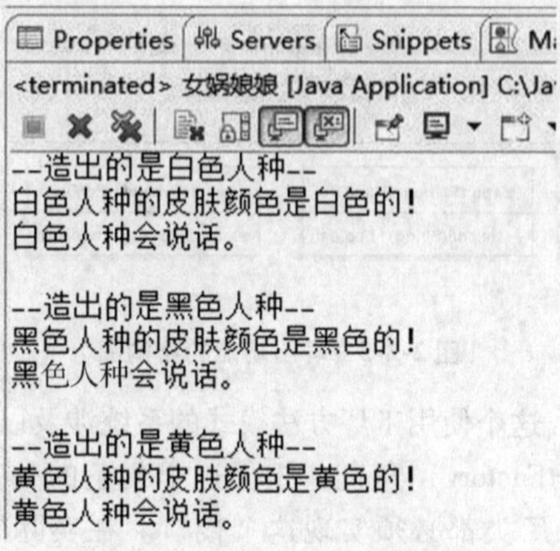

图 2-2-4　程序运行结果

从本示例可以看出，现在的女娲娘娘已经造出不同肤色的人了，只是还没有男女之分。

2.2.3　工厂方法模式的实际应用

在导出功能中有下述需求：某系统需要支持对数据库中的员工薪资进行导出，并且支持多种格式，如 HTML、CSV 和 PDF 等，每种格式导出的结构有所不同，如财务与其他人对导出薪资的 HTML 格式要求可能不一样，因为财务可能需要特定的格式以方便核算或有其他用途。

如果使用简单工厂模式，则工厂类必定过于臃肿。因为简单工厂模式只有一个工厂类，它需要处理所有的创建的逻辑。假如以上需求暂时只支持 3 种导出的格式以及 2 种导出的结构，那么工厂类则需要 6 个 if else 来创建 6 种不同的类型。如果日后需求不断增加，则后果不堪设想。这时就需要工厂方法模式来处理以上需求，下面对此进行详细说明。

前面示例在用工厂方法模式进行设计时，核心的工厂类不再负责所有的对象的创建，而是将具体创建的工作交给子类来完成。这个核心类则摇身一变，成为一个抽象工厂角色，仅负责给出具体工厂子类必须实现的接口，而不关心哪一个类应当被实例化。这种进一步抽象化的结果，使得这种工厂方法模式可以用来允许系统在不修改具体工厂角色的情况下引进新产品，这一特点无疑使得工厂方法模式优越于简单工厂模式。针对以上需求设计的结构如图 2-2-5 所示。

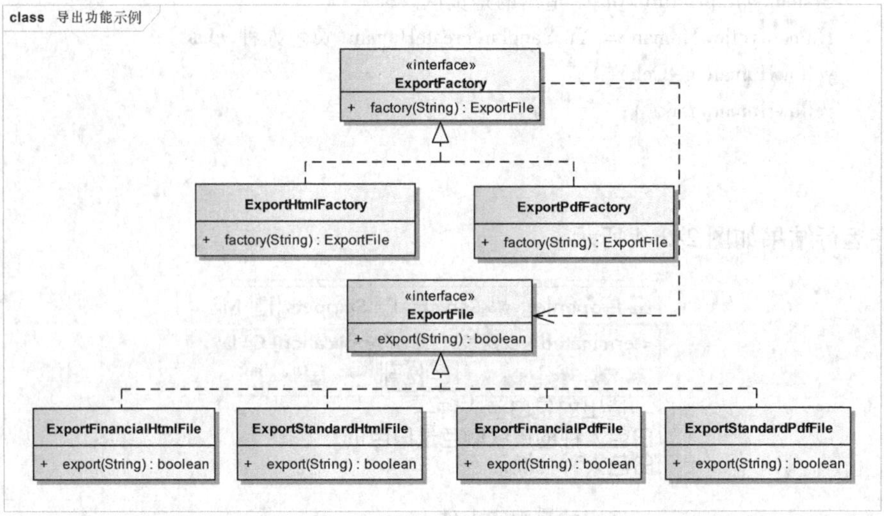

图 2-2-5　导出功能的结构图

从图 2-2-5 可以看出，这个使用工厂方法模式的系统涉及以下 4 个角色。

1）抽象工厂（ExportFactory）角色：担任这个角色的是工厂方法模式的核心，任何在模式中创建对象的工厂类都必须实现这个接口。在实际的系统中，这个角色也常使用抽象类实现。

2）具体工厂（ExportHtmlFactory 和 ExportPdfFactory）角色：担任这个角色的是实现了抽象工厂接口的具体类。具体工厂角色含有与业务密切相关的逻辑，并且受到使用者的调用，以创建导出类，如 ExportStandardHtmlFile。

3）抽象导出（ExportFile）角色：工厂方法模式所创建的对象的超类，也就是所有导出类的共同父类或共同拥有的接口。在实际的系统中，这个角色也常使用抽象类实现。

4）具体导出（ExportStandardHtmlFile 等）角色：这个角色实现了抽象导出（ExportFile）角色所声明的接口，工厂方法模式所创建的每一个对象都是某个具体导出角色的实例。

下面给出工厂方法模式的示意性源代码。

首先是抽象工厂角色的源代码。它声明了一个工厂方法，要求所有的具体工厂角色都实现这个工厂方法。参数 type 表示导出的格式是哪一种结构，如导出 HTML 格式有两种结构，一种是标准结构，另一种是财务需要的结构。

抽象工厂（ExportFactory）角色的代码如下：

```
package com.factorymethod.导出功能;
public interface ExportFactory {
    public ExportFile factory(String type);
}
```

具体工厂（ExportHtmlFactory）角色的代码如下：

```
package com.factorymethod.导出功能;
public class ExportHtmlFactory implements ExportFactory{
    public ExportFile factory(String type) {
        if("standard".equals(type)){
            return new ExportStandardHtmlFile();
        }else if("financial".equals(type)){
            return new ExportFinancialHtmlFile();
        }else{
            throw new RuntimeException("没有找到对象");
        }
    }
}
```

具体工厂（ExportPdfFactory）角色的代码如下：

```
package com.factorymethod.导出功能;
public class ExportPdfFactory implements ExportFactory {
    public ExportFile factory(String type) {
        if("standard".equals(type)){
            return new ExportStandardPdfFile();
        }else if("financial".equals(type)){
            return new ExportFinancialPdfFile();
        }else{
            throw new RuntimeException("没有找到对象");
        }
    }
}
```

抽象导出（ExportFile）角色的代码如下：

```
package com.factorymethod.导出功能;
public interface ExportFile {
    public boolean export(String data);
}
```

具体导出（ExportFinancialHtmlFile）角色的代码如下（通常情况下，这个类具有复杂的业务逻辑）：

```
package com.factorymethod.导出功能;
public class ExportFinancialHtmlFile implements ExportFile{
    public boolean export(String data) {
        /**
         *业务逻辑
         */
        System.out.println("导出财务版 HTML 文件");
        return true;
    }
}
```

具体导出（ExportFinancialPdfFile）角色的代码如下：

```
package com.factorymethod.导出功能;
public class ExportFinancialPdfFile implements ExportFile{
    public boolean export(String data) {
        /**
         *业务逻辑
         */
        System.out.println("导出财务版 PDF 文件");
        return true;
    }
}
```

具体导出（ExportStandardHtmlFile）角色的代码如下：

```
package com.factorymethod.导出功能;
public class ExportStandardHtmlFile implements ExportFile{
    public boolean export(String data) {
        /**
         *业务逻辑
         */
        System.out.println("导出标准 HTML 文件");
        return true;
    }
}
```

具体导出（ExportStandardPdfFile）角色的代码如下：

```
package com.factorymethod.导出功能;
public class ExportStandardPdfFile implements ExportFile {
    public boolean export(String data) {
        /**
         *业务逻辑
         */
          System.out.println("导出标准 PDF 文件");
          return true;
    }
}
```

客户端角色类的源代码如下：

```
package com.factorymethod.导出功能;
public class Client {
    public static void  main(String[] args) {
        //TODO Auto-generated method stub
```

```
        String data = "";
        //导出 HTML 文件
        ExportFactory exportFactory = new ExportHtmlFactory();
        ExportFile ef = exportFactory.factory("financial");
        ef.export(data);
        exportFactory = new ExportHtmlFactory();
        ef = exportFactory.factory("standard");
        ef.export(data);
    }
}
```

程序运行结果如图 2-2-6 所示。

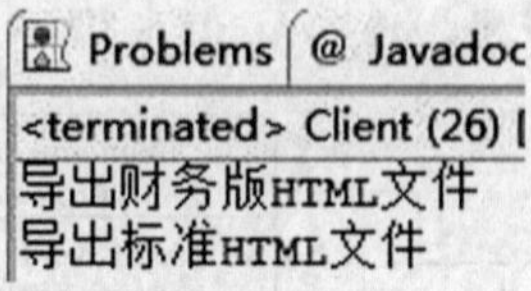

图 2-2-6　程序运行结果

运行结果表明，可以根据需要调用所需的各种产品类。

【练习】工厂方法模式在农场系统中的实现

1. 系统优化

现在继续考察农场的管理系统。在本书的“简单工厂模式”一节里，讨论了支持水果类作物的系统。在系统中，有一个全知全能的园丁角色（FruitGardener），控制所有作物的种植、生长和收获。现在这个农场的规模变大了，同时管理也更加专业化。过去的全能园丁角色没有了，每一种农作物都有专门的园丁管理，进行规模化和专业化的生产。

2. 系统设计

取代全能角色的是一个抽象的园丁角色，这个角色规定了具体园丁角色需要实现的具体职能，而真正负责作物管理的则是负责各种作物的具体园丁角色。

此处仍然考虑前面所讨论过的植物，包括葡萄（Grape）、草莓（Strawberry）和苹果（Apple）等。专业化的管理要求有专门的园丁负责专门的水果，如苹果由“苹果园丁”负责，草莓由“草莓园丁”负责，而葡萄由“葡萄园丁”负责。这些“苹果园丁”“草莓园丁”和“葡萄园丁”都是实现了抽象的“水果园丁”接口的具体工厂类，而“水果园丁”则扮演抽象工厂角色。农场系统的结构如图 2-2-7 所示。

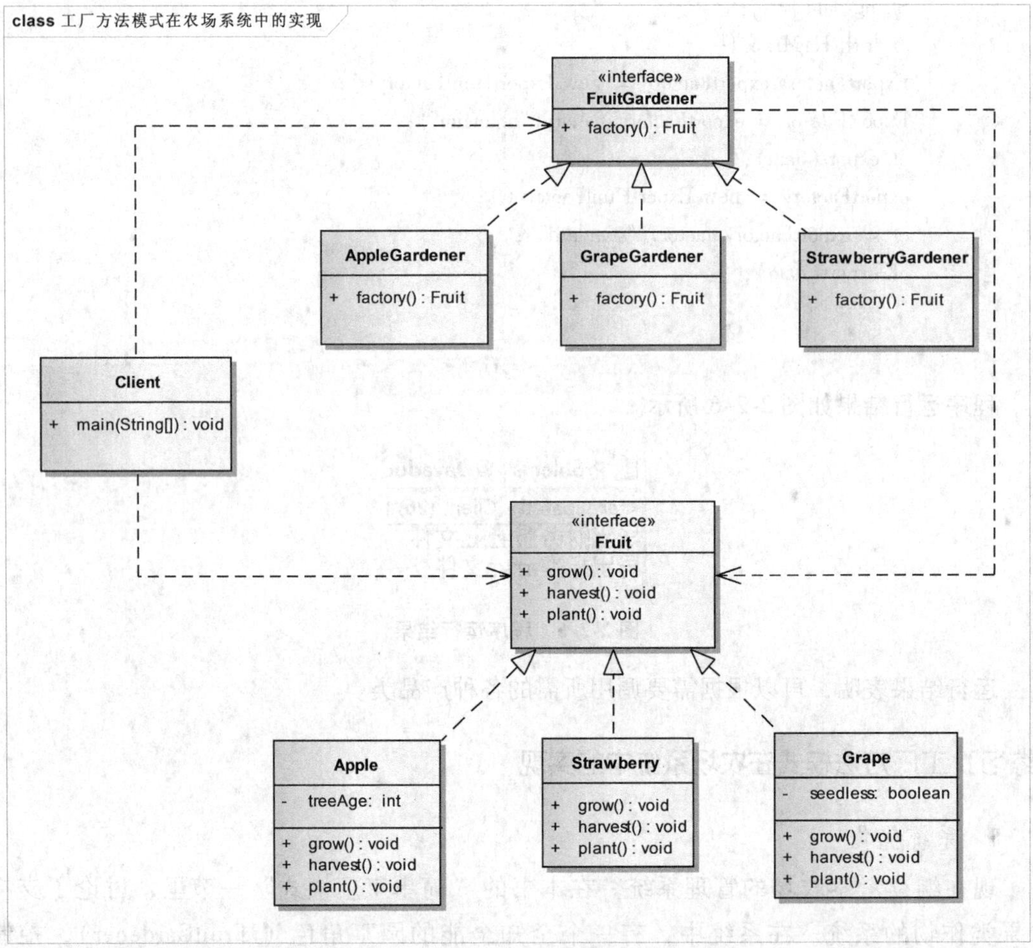

图 2-2-7　工厂方法模式下的农场系统的结构图

练习源代码见配套电子课件。

2.3　抽象工厂模式

抽象工厂（Abstract Factory）模式可以向客户端提供一个接口，使得客户端在不必指定产品具体类型的情况下，创建多个产品族中的产品对象，这就是抽象工厂模式的用意。每个模式都是针对一定问题的解决方案，抽象工厂模式面对的问题是多产品等级结构的系统设计。

抽象工厂模式定义是为创建一组相关或相互依赖的对象提供一个接口，而且无须指定其具体类。

在学习抽象工厂具体实例之前，应先明白两个重要的概念，即产品族和产品等级结构。

产品族是指位于不同产品等级结构中功能相关联的产品组成的家族。抽象工厂模式所提供的一系列产品就组成一个产品族，如 Windows 和 Linux 操作系统就是两个不同的产品族。

工厂方法提供的一系列产品称为一个产品等级结构，如 Windows 和 Linux 操作系统中的“按钮”和“文本框”分别为一个产品等级结构。

如果工厂的产品全部属于同一个等级结构，则属于工厂方法模式；如果工厂的产品来自多个等级结构，则属于抽象工厂模式。

一般情况下，产品族和产品等级结构的关系如图 2-3-1 所示。

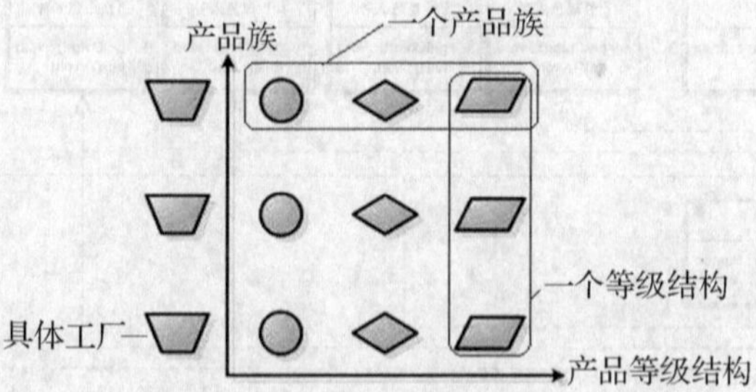

图 2-3-1　产品族和产品等级结构的关系图

【示例】神话传说——女娲造有性别人种

女娲造人时有两条绳：阴绳和阳绳，阴绳造出的是女人，阳绳造出的是男人，男人和女人也分为黑种人、白种人和黄种人。

读者可以看出，女娲造人使用的是抽象工厂模式。在这个传说故事中，女娲的“产品”有两个划分方法：一是按照“产品”是黑种人、白种人和黄种人来划分，二是按照“产品”是男、女来划分。女娲的绳子按照阴、阳划分，产品则按照是黑种人、白种人和黄种人来划分。女娲造人系统中分阴、阳两个产品族和黑种人、白种人和黄种人 3 个产品等级结构，关系如图 2-3-2 所示。

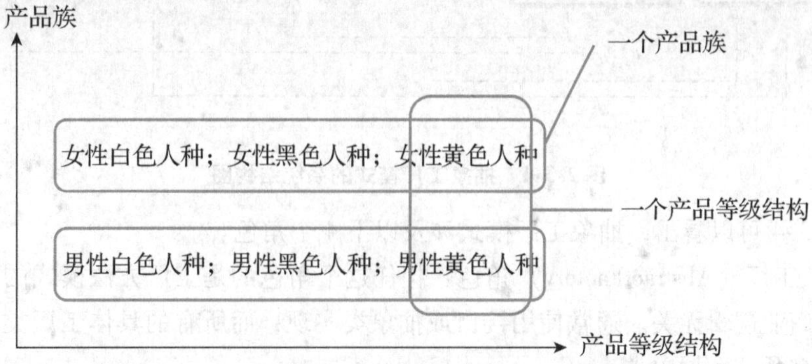

图 2-3-2　“女娲造人”示例产品族和产品等级结构的关系

“女娲造人”使用抽象工厂模式的结构如图 2-3-3 所示。

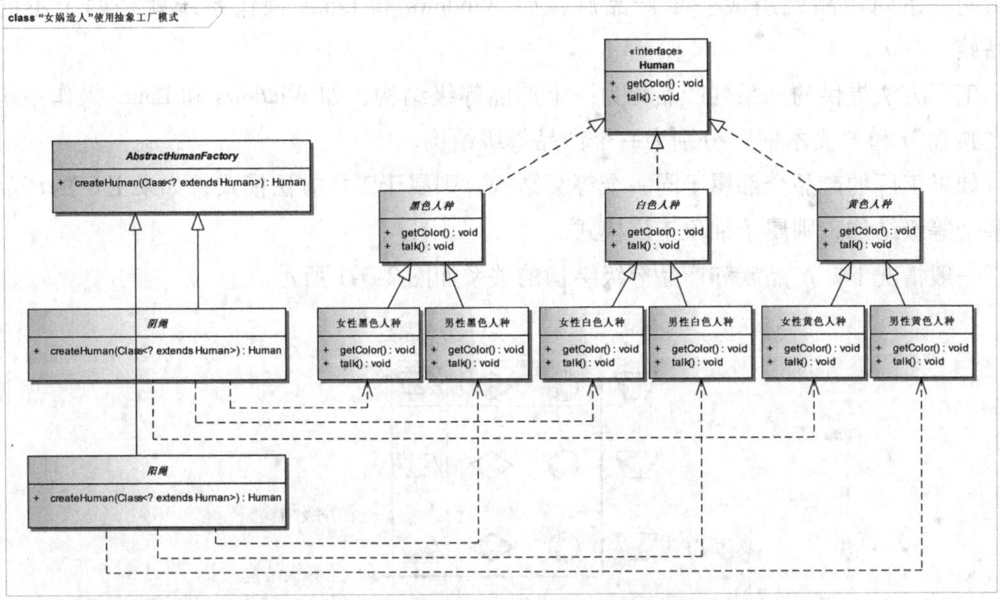

图 2-3-3　“女娲造人”使用抽象工厂模式的结构图

2.3.1　抽象工厂模式的结构

采用抽象工厂模式设计出的系统结构如图 2-3-4 所示。

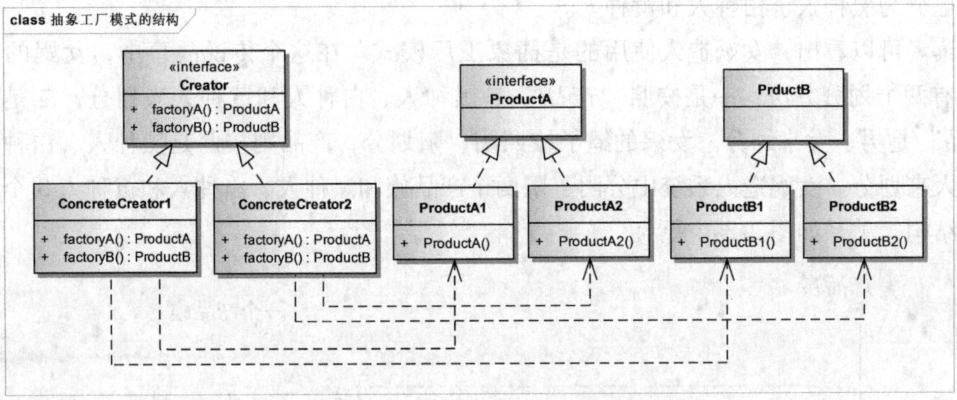

图 2-3-4　抽象工厂模式的系统结构图

从图 2-3-4 可以看出，抽象工厂模式涉及以下 4 个角色。

1）抽象工厂（AbstractFactory）角色：担任这个角色的是工厂方法模式的核心，它与应用系统的商业逻辑无关。通常使用接口或抽象类实现，而所有的具体工厂类都必须实现这个接口或继承这个抽象类。

2）具体工厂类（ConcreteFactory）角色：这个角色直接在客户端的调用下创建产品的实例。这个角色含有选择合适的产品对象的逻辑，而这个逻辑是与应用系统的商业逻辑紧密相关的。通常使用具体类来实现这个角色。

3）抽象产品（AbstractProduct）角色：担任这个角色的类是工厂方法模式所创建的对象的父类，或它们共同拥有的接口。通常使用接口或抽象类来实现这一角色。

4）具体产品（ConcreteProduct）角色：抽象工厂模式所创建的任何产品对象都是某一个具体产品类的实例。这是客户端最终需要的东西，其内部一定充满了应用系统的商业逻辑。通常使用具体类来实现这个角色。

下面给出抽象工厂模式的示意性源代码。

抽象工厂（AbstractFactory）角色 Creator 的代码如下：

```
package com.abstractfactory;
public interface Creator {
    public ProductA factoryA();
    public ProductB factoryB();
}
```

具体工厂类（ConcreteFactory）角色 ConcreteCreator1 的代码如下：

```
package com.abstractfactory;
public class ConcreteCreator1 implements Creator {
    public ProductA factoryA() {
        return new ProductA1();
    }
    public ProductB factoryB() {
        return new ProductB1();
    }
}
```

具体工厂类（ConcreteFactory）角色 ConcreteCreator2 的代码如下：

```
package com.abstractfactory;
public class ConcreteCreator2 implements Creator {
    public ProductA factoryA() {
        return new ProductA2();
    }
    public ProductB factoryB() {
        return new ProductB2();
    }
}
```

抽象产品（AbstractProduct）角色 ProductA 的代码如下：

```
package com.abstractfactory;
public interface ProductA {
}
```

具体产品（ConcreteProduct）角色 ProductA1 的代码如下：

```
package com.abstractfactory;
public class ProductA1 implements ProductA {
    public ProductA1() {
    }
}
```

具体产品（ConcreteProduct）角色 ProductA2 的代码如下：

```
package com.abstractfactory;
public class ProductA2 implements ProductA {
    public ProductA2() {
    }
}
```

抽象产品（AbstractProduct）角色 ProductB 的代码如下：

```
package com.abstractfactory;
public interface ProductB {
}
```

具体产品（ConcreteProduct）角色 ProductB1 的代码如下：

```
package com.abstractfactory;
public class ProductB1 implements ProductB {
    public ProductB1() {
    }
}
```

具体产品（ConcreteProduct）角色 ProductB2 的代码如下：

```
package com.abstractfactory;
public class ProductB2 implements ProductB {
    public ProductB2() {
    }
}
```

2.3.2 抽象工厂模式的起源

抽象工厂模式起源于用于创建分属于不同操作系统的视窗构建。例如，命令按钮（Button）与文字框（Text）都是视窗构建，在 UNIX 操作系统的视窗环境和 Windows 操作系统的视窗环境中，这两个构建有不同的本地实现，它们的细节有所不同。

在每一个操作系统中，都有一个视窗构建组成的构建家族，在这里就是 Button 和 Text 组成的产品族。而每一个视窗构件都构成自己的等级结构，由一个抽象角色给出抽象的功能描述，而由具体子类给出不同操作系统下的具体实现。UNIX 系统和 Windows 系统的产品族示意如图 2-3-5 所示。

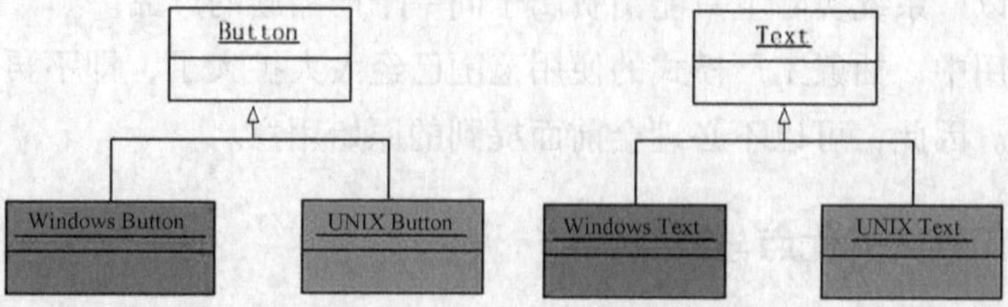

图 2-3-5　UNIX 系统和 Windows 系统的产品族示意图

可以发现在图 2-3-5 中，有两个产品的等级结构，分别是 Button 等级结构和 Text 等级结构。同时有两个产品族，也就是 UNIX 产品族和 Windows 产品族。UNIX 产品族由 UNIX Button 和 UNIX Text 产品构成；而 Windows 产品族由 Windows Button 和 Windows Text 产品构成，如图 2-3-6 所示。

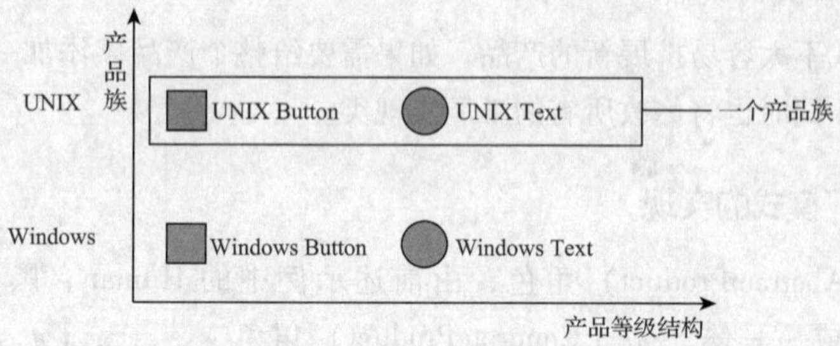

图 2-3-6　UNIX 和 Windows 产品族与产品等级结构示意图

系统对产品对象的创建需求由一个工程的等级结构来满足，其中有两个具体工程角色，即 UnixFactory 和 WindowsFactory。UnixFactory 对象负责创建 UNIX 产品族中的产品，而 WindowsFactory 对象负责创建 Windows 产品族中的产品。这就是抽象工厂模式的应用，抽象工厂模式的解决方案如图 2-3-7 所示。

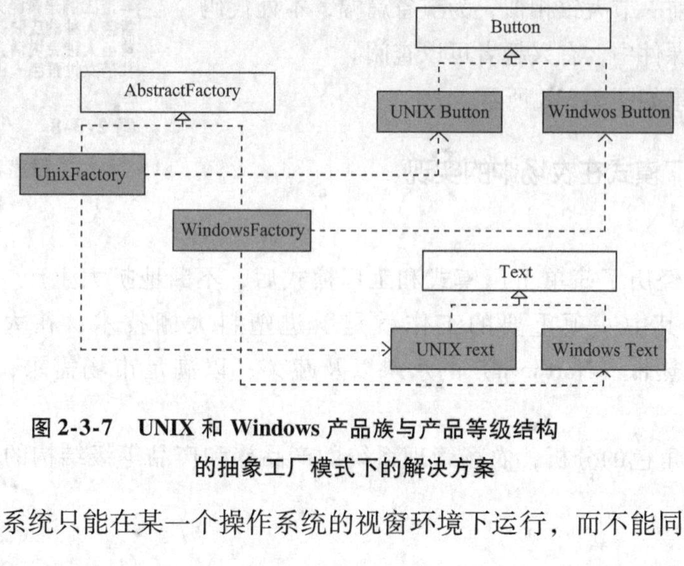

图 2-3-7　UNIX 和 Windows 产品族与产品等级结构
的抽象工厂模式下的解决方案

显然，一个系统只能在某一个操作系统的视窗环境下运行，而不能同时在不同的操作系统上运行。所以，系统实际上只能消费属于同一个产品族的产品。

在现代的应用中，抽象工厂模式的使用范围已经大大扩大了，即不再要求系统只能消费某一个产品族。因此，可以不必理会前面提到的原始用意。

2.3.3　抽象工厂模式的优点与缺点

1. 抽象工厂模式的优点

1）分离接口和实现。客户端使用抽象工厂来创建需要的对象，而客户端根本就不知道具体的实现是谁，客户端只是面向产品的接口编程而已。也就是说，客户端从具体的产品实现中解耦。

2）使切换产品族变得容易，因为一个具体的工厂实现代表的是一个产品族。

2. 抽象工厂模式的缺点

抽象工厂模式不太容易扩展新的产品。如果需要给整个产品族添加一个新产品，则需要修改抽象工厂，同时也将修改所有的工厂实现类。

2.3.4　抽象工厂模式的实现

抽象产品（AbstractProduct）角色，由前述示例中的 Human、黑色人种、白色人种和黄色人种组成。具体产品（ConcreteProduct）角色由男性黑色人种、男性白色人种、男性黄色人种、女性黑色人种、女性白色人种、女性黄色人种组成。抽象工厂（AbstractFactory）角色由 AbstractHumanFactory 类组成。具体工厂类（ConcreteFactory）角色由阴绳和阳绳组成。

以上代码与前一节大致相似，为节省篇幅，本处代码放在配套的电子课件中，有兴趣者可以查阅。

程序运行结果如图 2-3-8 所示。

图 2-3-8　“女娲造人”最终程序运行结果

【练习】抽象工厂模式在农场中的实现

1. 需求分析

农场系统在经历了简单工厂模式和工厂模式后，不断地扩大生产。如今，再次面临新的大发展，其中一项重要的工作就是引进塑料大棚技术，在大棚里种植热带（Tropical）和亚热带（Northern）的水果以及蔬菜，以满足市场需求，同时获取更大的利益。

经过对产品角色的分析，农场管理系统的产品族和产品等级结构的关系如图 2-3-9 所示。

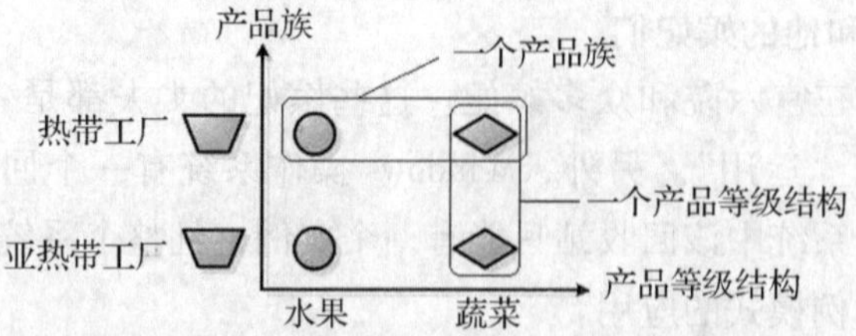

图 2-3-9　农场管理系统的产品族与产品等级结构的关系

2. 系统设计

经过分析，所谓的各个园丁其实就是工厂角色，而蔬菜和水果则是产品角色。将抽象工厂模式用于农场中，其结构如图 2-3-10 所示。

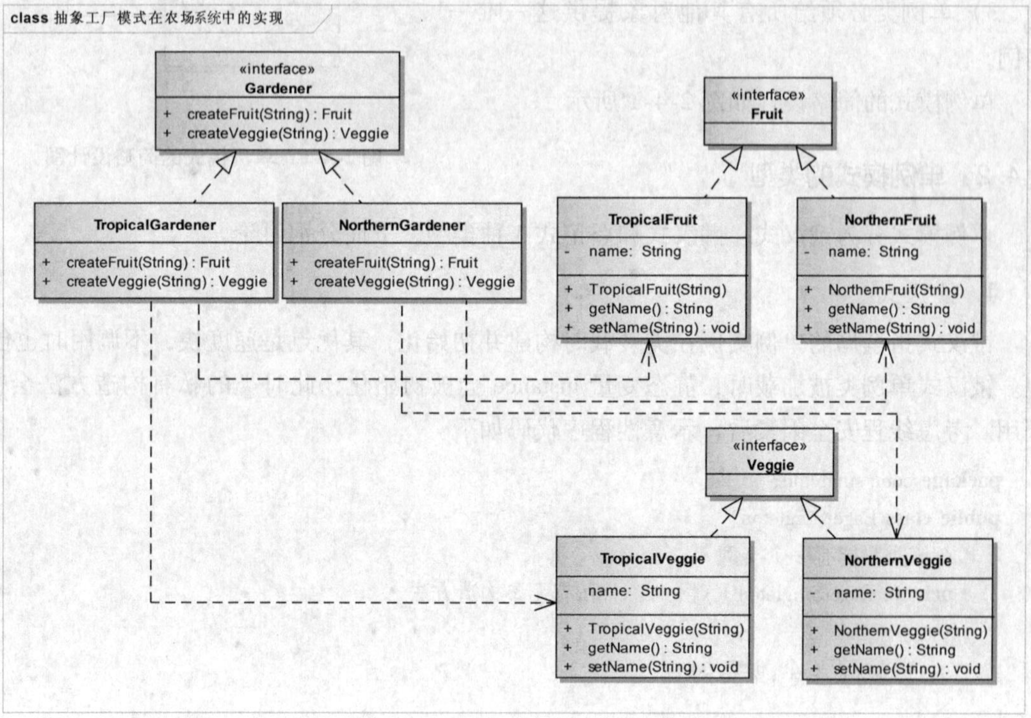

图 2-3-10　农场管理系统在抽象工厂模式下的结构图

练习源代码见配套电子课件。

2.4　单例模式

作为对象的创建模式，单例（Singleton）模式确保某一个类只有一个实例，而且自行实例化并向整个系统提供这个实例。此类称为单例类。

单例模式只应在当有真正的“单一实例”的需求时才可使用。

【示例】古代皇帝和他的嫔妃们

中国古代皇帝都有三宫六院和众多嫔妃。这些嫔妃的丈夫都是一个人，那就是皇帝，这便是单例模式的形象“运用”。另外，Windows 操作系统有一个回收站，回收站自行提供自己的实例，在整个系统中该回收站只能有一个实例，且整个系统都使用这个唯一的实例。因此，回收站是单例模式的应用。

2.4.1　单例模式的结构

单例模式的特点如下：

1）单例类只能有一个实例。

2）单例类必须自己创建自己的唯一实例。

3）单例类必须给所有其他对象提供这一唯一实例。

单例模式的简略设计如图 2-4-1 所示。

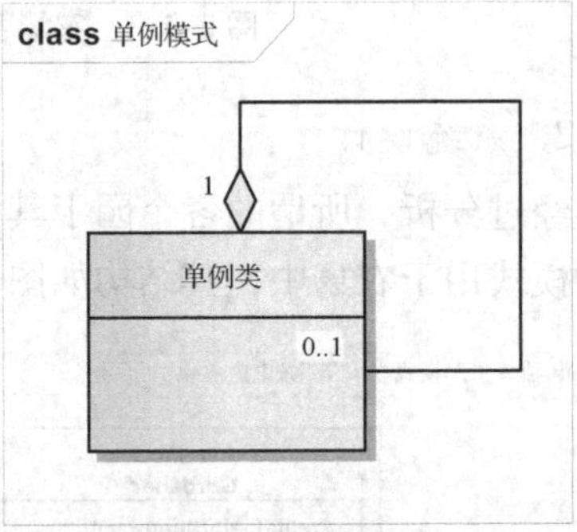

图 2-4-1　单例模式的简略设计图

2.4.2　单例模式的类型

单例模式分为饿汉式、懒汉式和登记式 3 种类型，下面分别讨论。

1. 饿汉式

饿汉式指全局的单例实例在类装载时构建并初始化，其优点是速度快，不调用时也创建。饿汉式单例类被加载时，静态变量 instance 会被初始化，此时类的私有构造方法会被调用。考虑线程安全因素后，示意性程序代码如下：

```
package com. singleton;
public class EagerSingleton {
    //该类只能有一个实例
    private EagerSingleton (){}      //私有无参构造方法
    /**
     * 考虑线程安全,创建 ts1
     */
    private static EagerSingleton ts1 = null;
    public static EagerSingleton getTest(){
        if(ts1 == null){
            ts1 = new EagerSingleton ();
        }
    return ts1;
    }
}
```

测试代码如下：

```
package com. singleton;
public class EagerSingletonTest {
    /**
     * @param args
     */
    public static void main( String[ ] args) {
        EagerSingleton s = EagerSingleton. getTest( ) ;
        System. out. println( "创建一个实例 s 的内存地址为: \t" + s) ;
        EagerSingleton s1 = EagerSingleton. getTest( ) ;
        System. out. println( "创建又一个实例 s1 的内存地址为: \t" + s) ;
        if( s == s1 ) {
            System. out. println( "创建的是同一个实例") ;
    } else if( s!  = s1 ) {
            System. out. println( "创建的不是同一个实例") ;
        } else {
            System. out. println( "application error") ;
        }
    }
}
```

运行结果如图 2-4-2 所示。

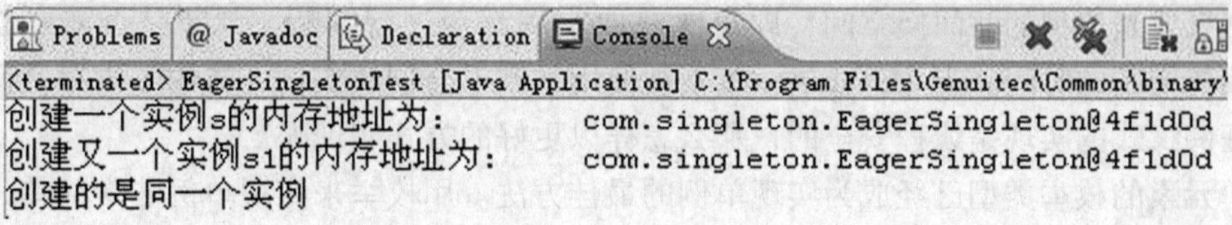

图 2-4-2　运行结果

在上述示例中，当单例类被加载时，静态变量 instance 会被初始化，此时类的私有构造方法会被调用。此时，单例类的唯一实例就被创建出来了。

饿汉式其实是一种比较形象的称谓。既然饿，那么在创建对象实例时就比较着急，在装载类时就创建了对象实例，创建语句如下：

```
private static final EagerSingleton instance =  new EagerSingleton( ) ;
```

饿汉式是典型的空间换时间，当类装载时就会创建类的实例，不管是否使用，先创建出来，然后每次调用时，就不需要再进行判断，从而节省了运行时间。

2. 懒汉式

懒汉式是指全局的单例实例在第一次被使用时构建，延迟了初始化且速度慢，调用时才创建。示意性程序代码如下：

```
package com. singleton;
public class LazySingleton {
```

```
    private static LazySingleton instance = null;
    /**
     * 私有默认构造方法
     */
    private LazySingleton(){}
    /**
     * 静态工厂方法
     */
    public static synchronized LazySingleton getInstance(){
        if(instance == null){
            instance = new LazySingleton();
        }
        return instance;
    }
}
```

上述懒汉式单例类的实现中对静态工厂方法使用了同步化，以处理多线程环境。

懒汉式其实是一种比较形象的称谓。既然懒，那么在创建对象实例的时候就不着急，会一直等到马上要使用对象实例时才创建，因此在装载对象时不创建对象实例。创建语句如下：

```
private static LazySingleton instance = null;
```

懒汉式是典型的时间换空间，即每次获取实例都会进行判断，判断是否需要创建实例，浪费判断的时间。当然，如果一直不被使用，则不会创建实例，节约了内存空间。为了保证懒汉式的实现是线程安全的，那么怎样以更好的方式实现呢？

单元素的枚举类型已经成为实现单例的最佳方法。用枚举来实现单例非常简单，只需编写一个包含单个元素的枚举类型即可，代码如下：

```
package com.singleton;
public enum LazySingleton_enum {
    /**
     * 定义一个枚举元素,它代表了单例的一个实例
     */
    uniqueInstance;
    /**
     * 单例可以有自己的操作
     */
public void singletonOperation(){
    int x = 3+2*9;
    System.out.print("\t3+2*9 = " + x);
    }
}
```

测试代码如下：

```
package com. singleton;
public class LazySingleton_enumTest {
    public static void main( String[ ] args) {
        LazySingleton_enum le = LazySingleton_enum. uniqueInstance;
        le. singletonOperation( );
    }
}
```

程序运行结果如图 2-4-3 所示。

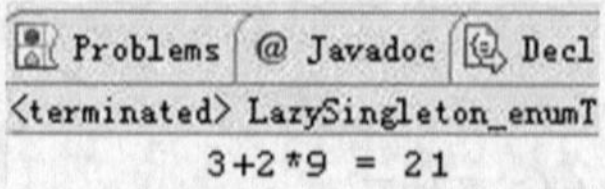

图 2-4-3　程序运行结果

使用枚举来实现单实例控制会更加简洁，而且无偿地提供了序列化机制，并由 JVM 从根本上提供保障，绝对防止多次实例化，是更简洁、高效、安全的实现单例的方式。

2.4.3　单例模式的进阶

当一个单例类的初始化开销很大，且希望用户实际需要时才创建单例类，就会考虑使用懒汉式延迟初始化，以提高程序的启动速度。另外，在多线程的环境下，如果不同步 getInstance 方法会出现线程安全的问题，如果同步整个方法，那么 getInstance 方法就完全变成串行，则效率会降低 10 倍，甚至 100 倍。

这时，继 enum 以后的最佳方法是使用静态内部类。它是由一个名叫 Bob Lee 的人编写的。在加载 singleton 时并不加载其内部类 SingletonInner，而在调用 getInstance 方法时调用 SingletonInner 才加载，从而调用 singleton 的构造函数，实例化 singleton，在不需要同步的情况下，达到延迟初始化的效果，具体代码如下：

```
package com. singleton. 进阶;
public class Singleton {
    private Singleton( ) {
    }
    //静态内部类
    staticclass SingletonInner{
        static Singleton instance = new Singleton( );
    }
    publicstatic Singleton getInstance( ) {
        return SingletonInner. instance;
    }
}
```

【练习】连接 MySQL 数据库

程序运行结果如图 2-4-4 的右侧所示。

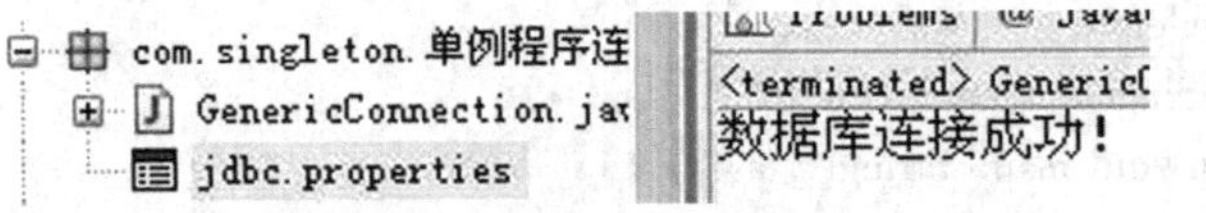

图 2-4-4 程序运行结果

jdbc. properties 的代码如下（这是配置文件，如图 2-4-4 的左侧所示）：

```
className = com. mysql. jdbc. Driver
url = jdbc:mysql://localhost/mydb
username = root
password = 123
```

单例程序 GenericConnection 的代码如下：

```
package com. singleton. 单例程序连接 MySQL;
import java. io. * ;
import java. sql. * ;
import java. util. Properties;
public class GenericConnection {
    private static Connection con;
    /**
     * 单例获得连接的方法
     */
    public static Connection getCon() {
        if(con == null) {
            String className, url, uid, password;
            InputStream inStream =
GenericConnection. class. getResourceAsStream("jdbc. properties"); //获取配置文件的流
            Properties props = new Properties();
            try {
                props. load(inStream);
                inStream. close();
            } catch (IOException e1) {
                e1. printStackTrace();
            }
            className = props. getProperty("className");
            url = props. getProperty("url");
            uid = props. getProperty("username");
            password = props. getProperty("password");
            try {
                //加载驱动 Class. forName(className);
            } catch (ClassNotFoundException e) {
                e. printStackTrace();
            }
            try {
                //连接数据库
```

```
                con = DriverManager.getConnection(url, uid, password);
                System.out.println("数据库连接成功!");
            } catch (SQLException e) {
                System.out.println("数据库连接失败!");
                e.printStackTrace();
            }
        }
        return con;
    }
    public static void main(String[] args){
        getCon();
    }
}
```

2.5 多例模式

多例（Multiton）模式实际上就是单例模式的推广，又分为有上限多例模式和无上限多例模式两种。有上限多例模式中的多例类的实例是有上限的，当这个多例类中的上限数值等于 1 时，多例类便退化回到了单例类；而对于无上限多例模式中的多例类，它的上限是没有限制的，也就是说它的上限数值是不确定的，这个多例类并不一定能退化成单例类。

【示例】华尔街金融网站支持不同的语言

这是一个真实的面向全球消费者的项目的一部分。按照项目计划书的要求，这个网站系统要由数据库驱动，并且需要支持 19 种不同的语言，而且要在将来支持更多的语言。消费者在登录系统时可以选择自己需要的语言，系统则根据用户的选择将网站的静态文字和动态文字全部转换为用户所选择的语言。

经过讨论，设计师们同意对静态文字和动态文字采取不同的解决方案：

1）把所有的网页交给翻译公司对静态文字进行翻译。

2）网页上面的动态内容需要由程序解决。

研究后设计师们发现，需要解决的动态文字的“翻译”问题，实际是将数据库中的一些静态或半静态的数据进行“翻译”，这里形成一个典型的数据表，具体见表 2-5-1。

表 2-5-1　数据表

货币代码	货币名称	货币尾数
USD	US Dollar	2
CNY	Chinese Yuan	2
JPY	Japanese Yen	0
EUR	Euro	2

程序中货币代码不变，而货币名称应根据用户所选择的语言的不同而不同。例如，对中文读者应当翻译为表 2-5-2 所示的内容。

表 2-5-2　中文翻译表

货币代码	货币名称	货币尾数
USD	美元	2
CNY	人民币	2
JPY	日元	0
EUR	欧元	2

这样的表会在网页上作为下拉菜单出现，用户看到的是货币名称，而系统内部使用的是货币代码。

系统的内核可以是纯英文的，在内核外部增加一层，负责语言翻译工作。所谓内核就是系统的模型，而翻译层便是 MVC 模式中的视图层的一部分。对多语言的支持属于视图功能。

通过采用多例模式把对不同语言的选择变成不同的参数，并产生不同的对象，再将结果返回给读者。

"华尔街金融网站"支持不同的语言，结构图如图 2-5-1 所示。

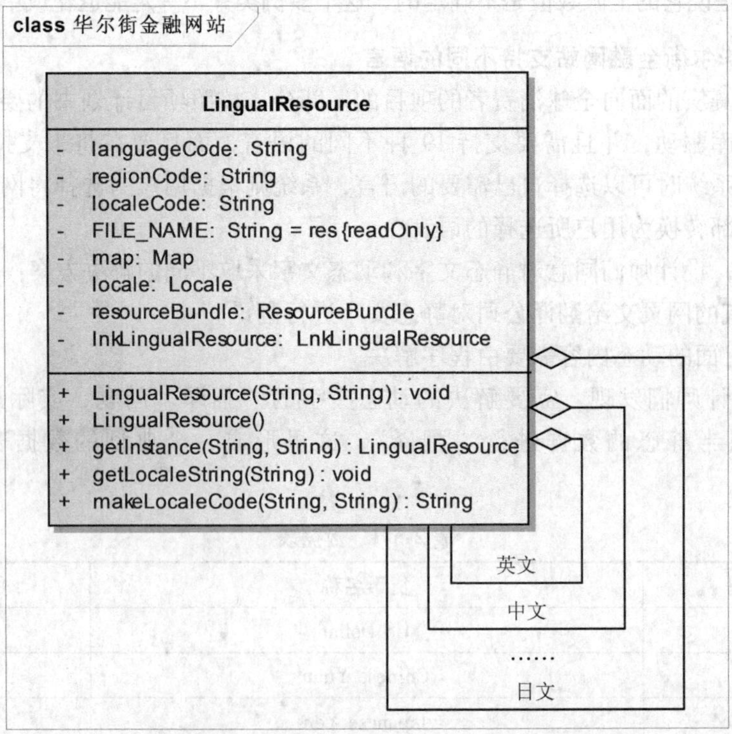

图 2-5-1　"华尔街金融网站"的实现结构图

2.5.1 多例模式的结构

多例模式与单例模式的一般性结构对比如图 2-5-2 所示。

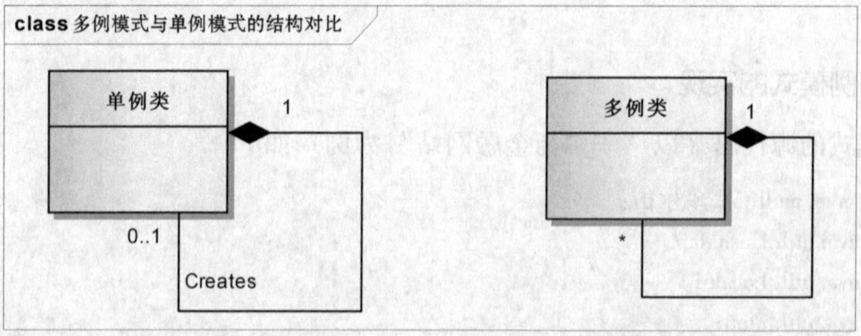

图 2-5-2　多例模式与单例模式的一般性结构对比

多例模式有如下特点：

1）多例类可以有多个实例。

2）多例类必须自己创建和管理自己的实例，并向外界提供自己的实例。

3）多例类分为有上限多例类与无上限多例类。

一个有上限的多例类已经把实例的上限当作逻辑的一部分，并建造到了多例类的内部。

两个实例的多例类示意性代码如下：

```
package com.multiton;
public class Multiton {
    private static Multiton instance1 = null;
    private static Multiton instance2 = null;
    private Multiton() { }
    public static Multiton getInstance(int whichOne) {
        if(whichOne == 1) {
            if(instance1 == null) {
                instance1 = new Multiton ();
            }
            return instance1;
        }
        else{
            if(instance2 == null) {
                instance2 = new Multiton ();
            }
            return instance2;
        }
    }
}
```

多例类的实例数目不需要有上限，实例数目没有上限的多例模式称为无上限多例模式。由于没有上限的多例类对实例的数目是没有限制的，因此，虽然这种多例模式是单例模式的推广，但这种多例类并不一定能回到单例类。一般采用聚集来管理所有的实例。

2.5.2 多例模式的实现

多例模式的源代码（以“华尔街金融网站”为例）如下：

```
package com.multiton.华尔街;
import java.util.HashMap;
import java.util.Locale;
import java.util.Map;
import java.util.ResourceBundle;
public class LingualResource {
    private String languageCode;
    private String regionCode;
    private String localeCode;
    private static final String FILE_NAME = "res";
    private static Map map = new HashMap(10);
    private Locale locale = null;
    private ResourceBundle resourceBundle = null;
    private LingualResource lnkLingualResource;
    private LingualResource(String languageCode, String regionCode){
        this.localeCode = languageCode;
        this.regionCode = regionCode;
        localeCode = makeLocaleCode(languageCode , regionCode);
        locale = new Locale(languageCode, regionCode);
        resourceBundle = ResourceBundle.getBundle(FILE_NAME, locale);
        map.put(makeLocaleCode(languageCode, regionCode), resourceBundle);
        map.put(languageCode, regionCode);
    }
    private LingualResource(){
        //do nothing
    }
    public synchronized static LingualResource getInstance(String language, String region){
        return new LingualResource( language, region );
    }
    public String getLocaleString(String code) {
        return resourceBundle.getString(code);
    }
    private static String makeLocaleCode(String language, String region){
```

```
        return language + "_" + region;
    }
    public Map getmap() {
        return map;
    }
}
```

配置文件 res_en_US. properties（该文件放在与 com 同级的目录下）的代码如下：

```
USD = US Dollar
CNY = Chinese Yuan
JPY = Japanese Yen
EUR = Euro
```

客户端代码如下：

```
package com.multiton.华尔街;
public class Client {
    public static void main(String[] args) {
        LingualResource ling = LingualResource.getInstance("en", "US");
        String usDollar = ling.getLocaleString("USD");
        System.out.println("USD = " + usDollar);
        String usDollarZh = ling.getLocaleString("CNY");
        System.out.println("CNY = " + usDollarZh);
        String usDollarJp = ling.getLocaleString("JPY");
        System.out.println("JPY = " + usDollarJp);
        String usDollarEUR = ling.getLocaleString("EUR");
        System.out.println("EUR = " + usDollarEUR);
    }
}
```

程序运行结果如图 2-5-3 所示。

图 2-5-3　程序运行结果

图 2-5-3 显示了英文情况下表 2-5-1 中的参数值，使用同样的方法可以得到其他语言的参数值。

【练习】麻将简易系统

一副麻将都需要两颗骰子，两颗骰子代表的是不同的两个状态，这里可以将骰子设计成多例类，结构如图 2-5-4 所示。

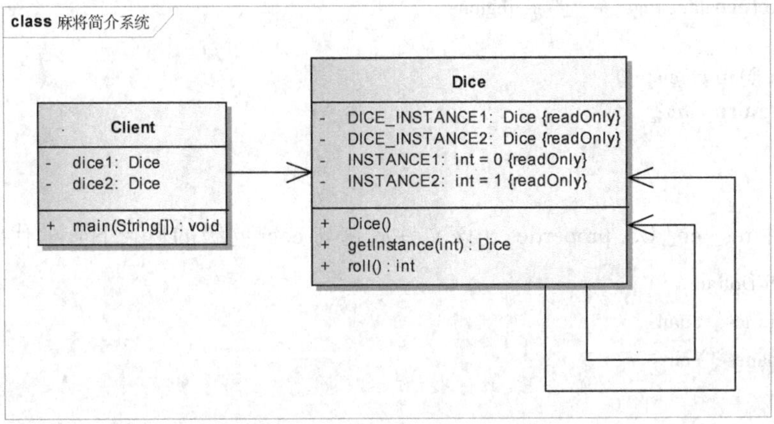

图 2-5-4 麻将简易系统的结构图

练习源代码见配套电子课件。

2.6 建造模式

建造（Builder）模式是对象的创建型模式。建造模式可以将一个产品的内部表象与产品的生产过程区分开，从而使一个建造过程可以生成具有不同的内部表象的产品对象。

产品的内部表象（Internal Representation）：一个产品常有不同的组成成分作为产品的零件，这些零件有可能是对象，也有可能不是对象。不同的产品可以有不同的内部表象，也就是不同的零件。

建造模式将产品的内部表象和产品的生成过程区分开，从而使一个建造过程可以生成具有不同的内部表象的产品对象。建造模式使得产品的内部表象可以独立地变化，客户不必知道产品内部组成的细节。建造模式可以强制实行一种分步骤进行的建造过程。

【示例】"你好"翻译机

在国外旅游，最常用的就是简单问候语。设想有一种多语言翻译机，上面每种语言都有一个按键，见到不同国家的朋友，只要按对应的键，它就能够用相应的语言说出"你好"这句话。这就是采用建造模式制造的"你好"翻译机。

2.6.1 建造模式的适用场景

有些情况下，一个对象会有一些重要的性质，在它们没有恰当的值之前，对象不能作为一个完整的产品使用。例如，一个电子邮件有发件人地址、收件人地址、主题、内容和附录等部分，而在最起码的收件人地址得到赋值之前，这个电子邮件不能发送。

有些情况下，一个对象的一些性质必须按照某个顺序赋值才有意义。在某个性质没有赋值之前，另一个性质就无法赋值。这些情况使得性质本身的建造涉及复杂的商业逻辑。这时，此对象相当于一个有待建造的产品，而对象的这些性质则相当于产品的零件，建造产品的过程是建造零件的过程。由于建造零件的过程很复杂，因此，这些零件的建造过程往往被“外部化”到另一个称为建造者的对象里，建造者对象返回给客户端的是一个全部零件都建造完毕的产品对象。

在下述情况下应当使用建造模式：

1）需要生成的产品对象有复杂的内部结构，每一个内部成分本身可以是对象，也可以仅是一个对象（即产品对象）的一个组成部分。

2）需要生成的产品对象的属性相互依赖。建造模式可以强制实行一种分步骤进行的建造过程，因此，如果产品对象的一个属性必须在另一个属性被赋值之后才可以被赋值，则使用建造模式是一个很好的设计思想。

3）在对象创建的过程中会使用系统中的其他一些对象，这些对象在产品对象的创建过程中不易得到。

2.6.2　建造模式的特点

使用建造模式可以使客户端不需要知道所生成的产品有哪些零件、每个产品的对应零件彼此有何不同、是如何建造出来的以及如何组成产品。

建造模式利用一个导演者对象和具体建造者对象一个个地建造出所有的零件，从而建造出完整的产品对象。建造者模式将产品的结构和产品的零件的建造过程对客户端隐藏起来，把对建造过程进行指挥的责任和具体建造零件的责任分割开来，达到责任划分和封装的目的。

2.6.3　建造模式的结构

建造模式分成两个很重要的部分：一部分是 Builder 接口，这里定义了如何构建各个部件，也就是知道每个部件的功能如何实现，以及如何装配这些部件到产品中；另一部分是 Director，它知道如何组合来构建产品，也就是说，Director 负责整体的构建算法，通常分步执行。

不管如何变化，建造模式都存在这两个部分，一部分是部件构造和产品装配，另一部分是整体构建的算法。认识这点是很重要的，因为在建造模式中，强调的是固定整体构建的算法，从而灵活扩展和切换部件的具体构造与产品装配的方式。

直白点说，建造模式的重心在于分离构建算法和具体的构造实现，从而使得构建算法可以重用。具体的构造实现可以很方便地进行扩展和切换，从而可以灵活地组合以构造不同的产品对象。

建造模式的示意性结构如图 2-6-1 所示。

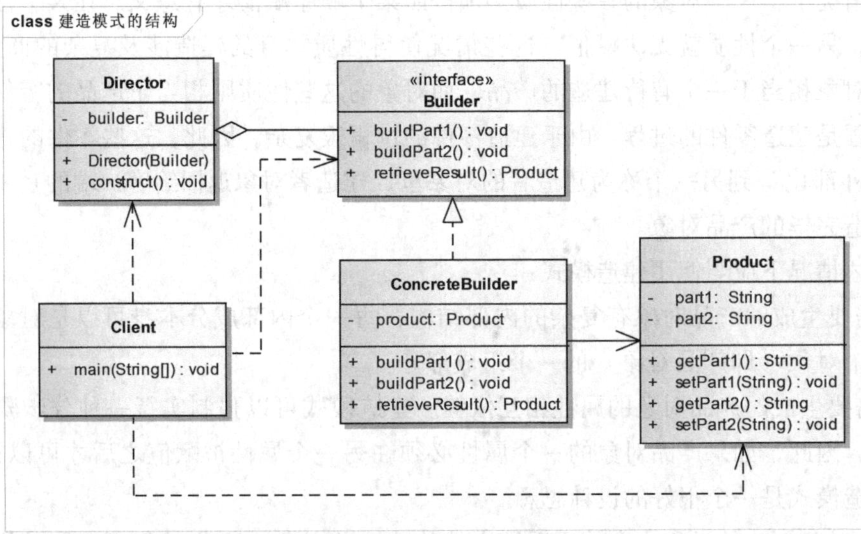

图 2-6-1　建造模式的示意性结构图

在图 2-6-1 中，最终产品 Product 只有两个零件，即 part1 和 part2，相应的建造方法也有两个，即 buildPart1( )和 buildPart2( )。同时可以看出，本模式涉及以下 4 个角色。

1）抽象建造者（Builder）角色：给出一个抽象接口，以规范产品对象的各个组成成分的建造。一般而言，此接口独立于应用程序的商业逻辑。模式中直接创建产品对象的是具体建造者（ConcreteBuilder）角色。具体建造者类必须实现这个接口所要求的两种方法：一种是建造方法（buildPart1 和 buildPart2），另一种是返还结构方法（retrieveResult）。一般来说，产品所包含的零件数目与建造方法的数目相符。换言之，有多少零件，就有多少相应的建造方法。

2）具体建造者（ConcreteBuilder）角色：担任这个角色的是与应用程序紧密相关的一些类，它们在应用程序调用下创建产品的实例。这个角色要完成的任务有：

①实现抽象建造者 Builder 所声明的接口，给出一步一步地完成创建产品实例的操作。

②在建造过程完成后，提供产品的实例。

3）导演者（Director）角色：担任这个角色的类调用具体建造者角色，以创建产品对象。应当指出的是，导演者角色并没有产品类的具体知识，真正拥有产品类的具体知识的是具体建造者角色。

4）产品（Product）角色：产品便是建造中的复杂对象。一般来说，一个系统中会有多于一个的产品类，而且这些产品类并不一定有共同的接口，而且完全可以是没有关联的。

导演者角色是与客户端打交道的角色。导演者将客户端创建产品的请求划分为对各个零件的建造请求，再将这些请求委派给具体建造者角色。具体建造者角色是做具体建造工作的，但是却不为客户端所知。

一般来说，每有一个产品类就有一个相应的具体建造者类。这些产品应当相同数目的零件，而每有一个零件就相应地在所有的建造者角色里有一个建造方法。

下面给出建造模式的完整示意性代码。

产品（Product）角色 Product 的代码如下：

```
package com.builder;
public class Product {
    /**
     * 定义一些关于产品的操作
     */
    private String part1;
    private String part2;
    public String getPart1() {
        return part1;
    }
    public void setPart1(String part1) {
        this.part1 = part1;
    }
    public String getPart2() {
        return part2;
    }
    public void setPart2(String part2) {
        this.part2 = part2;
    }
}
```

抽象建造者（Builder）角色 Builder 的代码如下：

```
package com.builder;
public interface Builder {
    public void buildPart1();
    public void buildPart2();
    public Product retrieveResult();
}
```

具体建造者（ConcreteBuilder）角色 ConcreteBuilder 的代码如下：

```
package com.builder;
public class ConcreteBuilder implements Builder {
    private Product product = new Product();
    /**
     *产品零件建造方法 1
     */
    public void buildPart1() {
        //构建产品的第一个零件
        product.setPart1("出版社编号:9527");
    }
    /**
     *产品零件建造方法 2
```

```
     */
    public void buildPart2() {
        //构建产品的第二个零件
        product.setPart2("出版社名:机械工业出版社 S");
    }
    /**
     * 产品返回方法
     */
    public Product retrieveResult() {
    return product;
    }
}
```

导演者（Director）角色 Director 的代码如下：

```
package com.builder;
public class Director {
    /**
     * 声明一个抽象建造者对象引用
     */
    private Builder builder;
    public Director(Builder builder) {
        this.builder = builder;
    }
    /**
     * 产品构造方法,负责调用各个零件的建造方法
     */
    public void construct() {
        builder.buildPart1();
        builder.buildPart2();
    }
}
```

客户端类 Client 的代码如下：

```
package com.builder;
public class Client {
    public static void main(String[] args) {
        Builder builder = new ConcreteBuilder();
        Director director = new Director(builder);
        director.construct();
        Product product = builder.retrieveResult();
        System.out.println(product.getPart1());
        System.out.println(product.getPart2());
    }
}
```

【练习】构建电子邮件信箱发送邮件模块

1. 需求分析

假设有一个系统需要定期向用户电子邮件信箱发送电子杂志。用户可以通过网页订阅电子杂志，也可以通过网页结束订阅。当客户开始订阅时，系统发送一个电子邮件表示欢迎，当客户结束订阅时，系统发送一个电子邮件表示欢送。本例就是这个系统负责发送“欢迎”和“欢送”邮件的模块。

2. 系统设计

在本例中，产品类就是发给某个客户的“欢迎”和“欢送”邮件，如图 2-6-2 所示。

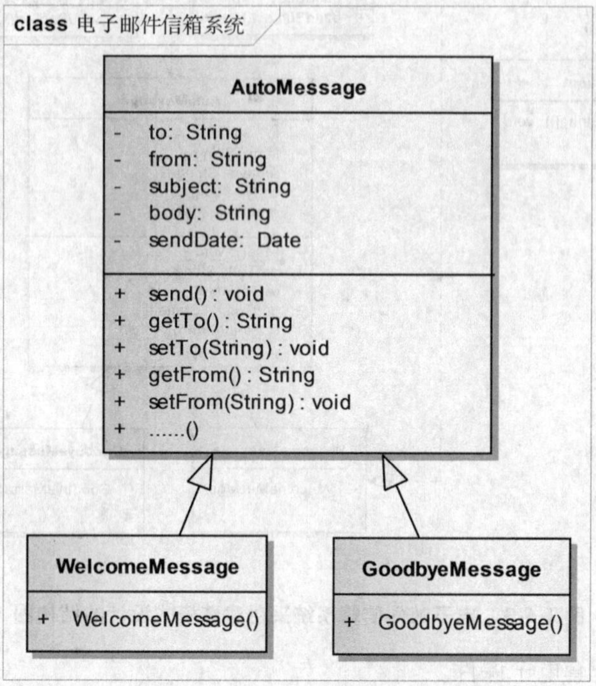

图 2-6-2　电子邮件信箱发送邮件模块

虽然各个产品类均有一个共同的接口，但这仅是本例子特有的，并不代表建造模式的特点。建造模式可以应用到具有完全不同的接口的产品类上。大多数情况下是不知道最终构建出来的产品是什么样的，所以在标准的建造模式中，一般不需要对产品定义抽象接口，因为最终构造的产品千差万别，给这些产品定义公共接口几乎是没有意义的。

图 2-6-3 所示的是本例系统采用建造模式设计的结构图。

此系统含有客户端（Client）、导演者（Director）、抽象建造者（Builder）、具体建造者（WelcomeBuilder 和 GoodbyeBuilder）和产品（WelcomeMessage 和 GoodbyeMessage）等角色。

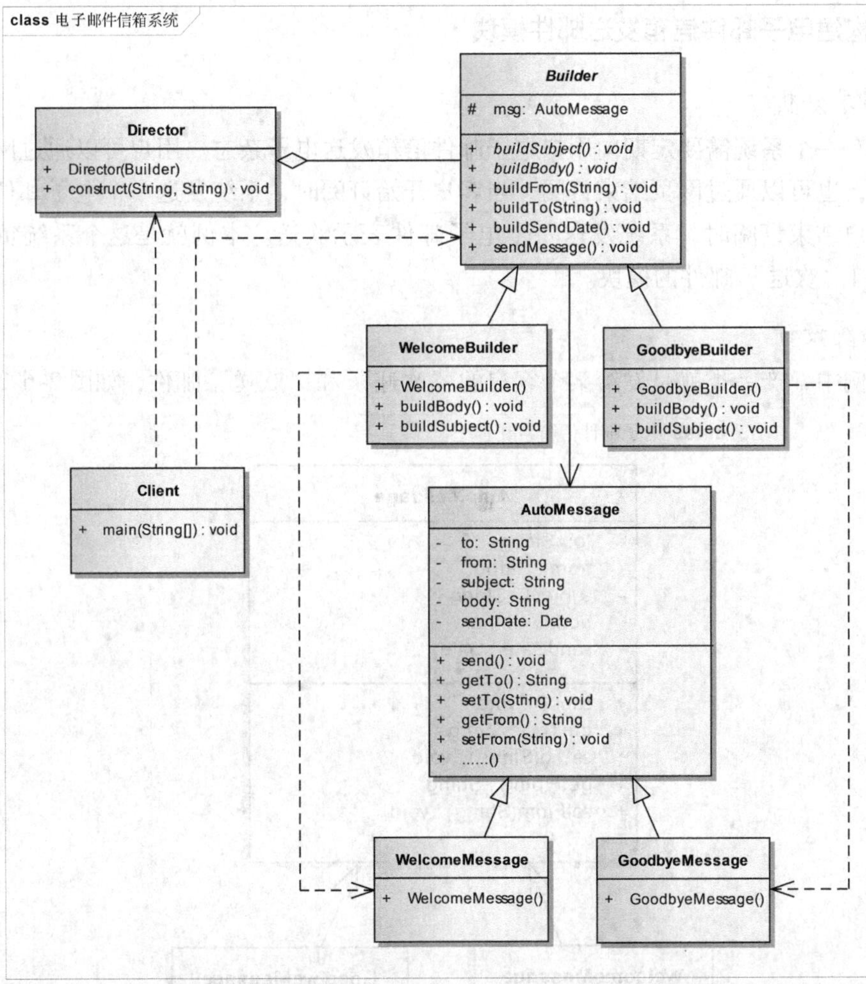

图 2-6-3　电子邮件信箱系统采用建造模式设计的结构图

练习源代码见配套电子课件。

2.7　原型模式

原型（Prototype）模式属于对象的创建型模式。通过给出一个原型对象来指明所有创建的对象的类型，然后用复制这个原型对象的方法创建出更多同类型的对象，这就是原型模式的用意。

原型模式允许动态地增加或减少产品类，产品类无须有任何事先确定的等级结构。原型模式适用于任何的等级结构，其缺点是每一个类都必须配备一个克隆方法。

【示例】孙悟空身外身法术

动画片中，孙悟空在与黄风怪的战斗中，揪下一把毫毛，往上一喷，叫声“变”，变出百十个行者，都是一样打扮，各执一根铁棒。换言之，孙悟空可以根据自己的形象，复制出很多“身外之身”来，这便是原型模式的应用。

2.7.1　原型模式的结构

原型模式要求对象实现一个可以“克隆”自身的接口，这样就可以通过复制一个实例对象本身来创建一个新的实例。这样一来，通过原型实例创建新的对象就不再需要关心这个实例本身的类型，只要实现了克隆自身的方法，就可以通过这个方法来获取新的对象，而无须通过 new 来创建。

原型模式有简单形式和登记形式两种表现形式，这两种表现形式仅是原型模式的不同实现。

1. 简单形式的原型模式

简单形式的原型模式结构如图 2-7-1 所示。

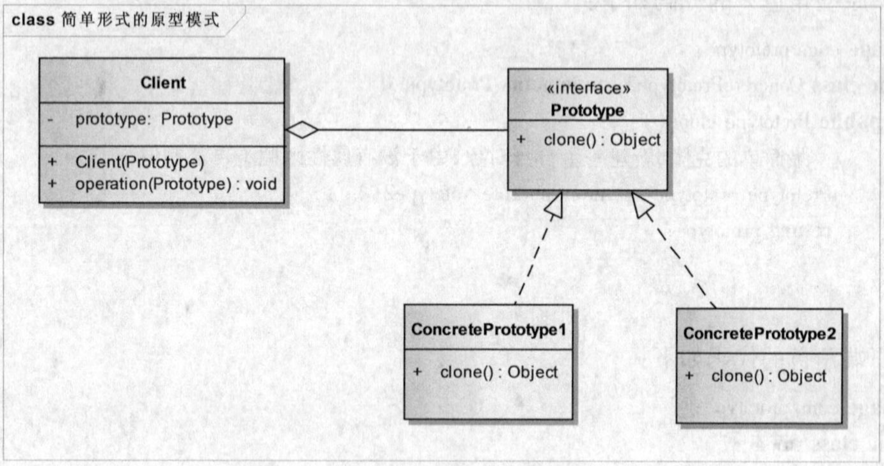

图 2-7-1　简单形式的原型模式结构图

简单形式的原型模式涉及以下 3 个角色。

1）客户（Client）角色：客户类提出创建对象的请求。

2）抽象原型（Prototype）角色：这是一个抽象角色，通常由一个接口或抽象类实现。此角色给出所有的具体原型类所需的接口。

3）具体原型（Concrete Prototype）角色：被复制的对象。此角色需要实现抽象的原型角色所要求的接口。

下面给出简单形式的原型模式的示意性源代码。

抽象原型角色的代码如下：

```
package com.prototype;
public interface Prototype {
    /**
     * 克隆自身的方法
```

```
    * @return 一个从自身克隆出来的对象
    */
    public Object clone();
}
```

具体原型角色1的代码如下：

```
package com.prototype;
public class ConcretePrototype1 implements Prototype {
    public Prototype clone() {
        //最简单的克隆,新建一个自身对象,由于没有属性因此不再复制值
        Prototype prototype = new ConcretePrototype1();
        return prototype;
    }
}
```

具体原型角色2的代码如下：

```
package com.prototype;
public class ConcretePrototype2 implements Prototype {
    public Prototype clone() {
        //最简单的克隆,新建一个自身对象,由于没有属性因此不再复制值
        Prototype prototype = new ConcretePrototype2();
        return prototype;
    }
}
```

客户端角色的代码如下：

```
package com.prototype;
public class Client {
    /**
     * 持有需要使用的原型接口对象
     */
    private Prototype prototype;
    /**
     * 构造方法传入需要使用的原型接口对象
     */
    public Client(Prototype prototype) {
        this.prototype = prototype;
    }
    public void operation(Prototype example) {
        //需要创建原型接口的对象
        Prototype copyPrototype = (Prototype)prototype.clone();
    }
}
```

2. 登记形式的原型模式

登记形式的原型模式结构如图 2-7-2 所示。

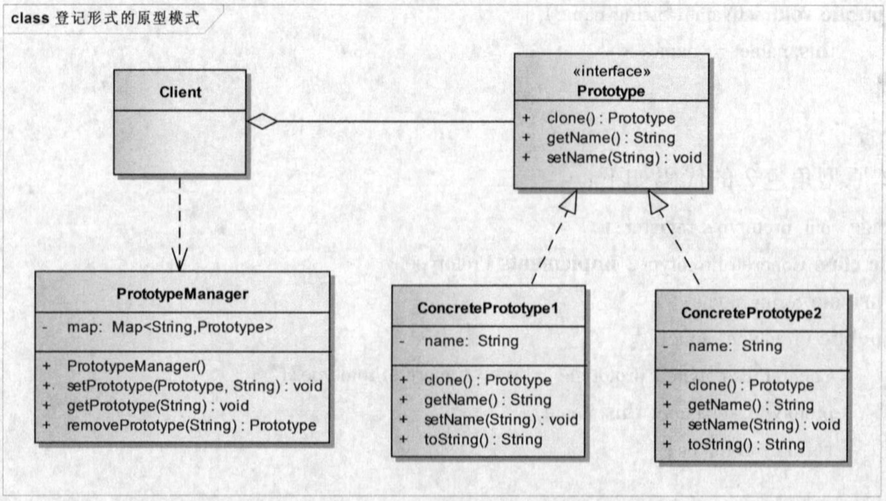

图 2-7-2　登记形式的原型模式结构图

作为原型模式的第二种形式，它多了一个原型管理器（PrototypeManager）角色，该角色的作用是创建具体原型类的对象，并记录每一个被创建的对象。

下面给出登记形式的原型模式的示意性源代码。

抽象原型角色的代码如下：

```
package com.prototype.register;
public interface Prototype{
    public Prototype clone();
    public String getName();
    public void setName(String name);
}
```

具体原型角色 1 的代码如下：

```
package com.prototype.register;
public class ConcretePrototype1 implements Prototype {
    private String name;
    public Prototype clone(){
        ConcretePrototype1 prototype = new ConcretePrototype1();
        prototype.setName(this.name);
        return prototype;
    }
    public String toString(){
        return "Now in Prototype1 , name = " + this.name;
    }
```

```
    public String getName() {
        return name;
    }
    public void setName(String name) {
        this.name = name;
    }
}
```

具体原型角色 2 的代码如下：

```
package com.prototype.register;
public class ConcretePrototype2 implements Prototype {
    private String name;
    public Prototype clone() {
        ConcretePrototype2 prototype = new ConcretePrototype2();
        prototype.setName(this.name);
        return prototype;
    }
    public String toString() {
        return "Now in Prototype2 , name = " + this.name;
    }
    public String getName() {
        return name;
    }
    public void setName(String name) {
        this.name = name;
    }
}
```

原型管理器角色保持一个聚集，作为对所有原型对象的登记，这个角色提供必要的方法，供外界增加新的原型对象和取得已经登记过的原型对象，具体代码如下：

```
package com.prototype.register;
import java.util.HashMap;
import java.util.Map;
public class PrototypeManager {
    /**
     * 记录原型的编号和原型实例的对应关系
     */
    private static Map<String, Prototype> map = new HashMap<String, Prototype>();
    /**
     * 私有化构造方法,避免外部创建实例
     */
    private PrototypeManager() {}
```

```
    /**
     * 向原型管理器中添加或修改某个原型注册
     * prototypeId 原型编号
     * prototype 原型实例
     */
    public synchronized static void setPrototype(String prototypeId,Prototype prototype){
        map.put(prototypeId, prototype);
    }
    /**
     * 从原型管理器中删除某个原型注册
     * @param prototypeId 原型编号
     */
    public synchronized static void removePrototype(String prototypeId){
        map.remove(prototypeId);
    }
    /**
     * 获取某个原型编号对应的原型实例
     *原型编号
     *原型编号对应的原型实例
     *如果原型编号对应的实例不存在,则抛出异常
     */
    public synchronized static Prototype getPrototype(String prototypeId) throws Exception{
        Prototype prototype = map.get(prototypeId);
        if(prototype == null){
            throw new Exception("您希望获取的原型还没有注册或已被销毁");
        }
        return prototype;
    }
}
```

客户端角色的代码如下:

```
package com.prototype.register;
public class Client {
    /**
     *@param args
     */
    public static void main(String[] args) {
        try{
            Prototype p1 = new ConcretePrototype1();
            PrototypeManager.setPrototype("p1", p1);
            //获取原型来创建对象
            Prototype p3 = PrototypeManager.getPrototype("p1").clone();
            p3.setName("张三");
```

```
                System.out.println("第一个实例:" + p3);
                //有人动态地切换了实现
                Prototype p2 = new ConcretePrototype2();
                PrototypeManager.setPrototype("p1", p2);
                //重新获取原型来创建对象
                Prototype p4 = PrototypeManager.getPrototype("p1").clone();
                p4.setName("李四");
                System.out.println("第二个实例:" + p4);
                //有人注销了这个原型
                PrototypeManager.removePrototype("p1");
                //再次获取原型来创建对象
                Prototype p5 = PrototypeManager.getPrototype("p1").clone();
                p5.setName("王五");
                System.out.println("第三个实例:" + p5);
            }catch(Exception e){
                e.printStackTrace();
            }
        }
}
```

程序运行结果如图 2-7-3 所示。

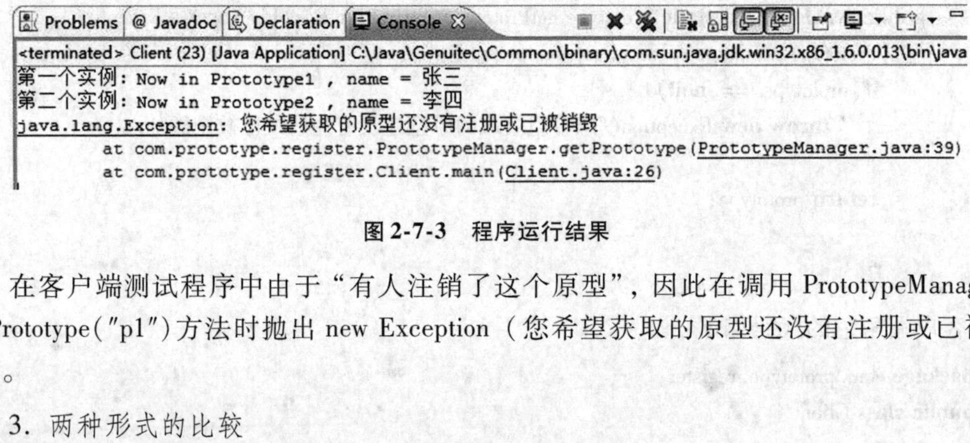

图 2-7-3　程序运行结果

在客户端测试程序中由于“有人注销了这个原型”，因此在调用 PrototypeManager.getPrototype("p1")方法时抛出 new Exception（您希望获取的原型还没有注册或已被销毁）。

3. 两种形式的比较

简单形式和登记形式的原型模式各有其长处和短处。

如果需要创建的原型对象数目较少且比较固定，则可以采取简单形式的原型模式。在这种情况下，原型对象的引用可以由客户端自己保存。

如果要创建的原型对象数目不固定，则可以采取登记形式的原型模式。在这种情况下，客户端不保存对原型对象的引用，这个任务被交给管理员对象。在复制一个原型对象之前，客户端可以查看管理员对象是否已经有了一个满足要求的原型对象。如果有，则可以直接从管理员类取得这个对象引用；如果没有，则客户端需要自行复制此原型对象。

【示例】原型模式的应用——Java 中的克隆方法

克隆（复制）有两种方式，这两种方式分别叫作浅克隆（浅复制）和深克隆（深复制）。无论是自己实现克隆方法，还是采用 Java 提供的克隆方法，都存在一个浅度克隆和深度克隆的问题。

1）浅克隆：只负责克隆按值传递的数据（如基本数据类型和 String 类型），而不克隆其所引用的对象，换言之，所有的对其他对象的引用都仍然指向原来的对象。

2）深克隆：除了浅度克隆要克隆的值外，还负责克隆引用类型的数据。那些引用其他对象的变量将指向被克隆过的新对象，而不再是原有的那些被引用的对象。换言之，深克隆把要克隆的对象所引用的对象都克隆了一遍，而这种对被引用的对象的克隆叫作间接克隆。

深克隆要深入到多少层，是一个不易确定的问题。在决定以深克隆的方式克隆一个对象的时候，必须决定对间接克隆的对象是采取浅克隆还是继续采用深克隆。因此，在采取深克隆时，需要决定多深才算深。此外，在深克隆的过程中，很可能会出现循环引用的问题，因此必须小心处理。

利用序列化实现深克隆把对象写到流里的过程是序列化（Serialization）过程；而把对象从流中读出来的过程则叫反序列化（Deserialization）过程。应当指出的是，写到流里的是对象的一个复制品，而原对象依然存在于 JVM 中。

在 Java 语言里深克隆一个对象，常常可以先使对象实现 Serializable 接口，然后把对象（实际上只是原对象的复制品）写到一个流里（序列化），再从流里读回来（反序列化），便可重建对象。

深克隆示例代码如下：

```
public Object deepClone() throws IOException, ClassNotFoundException{
    //将对象写到流里
    ByteArrayOutputStream bos = new ByteArrayOutputStream();
    ObjectOutputStream oos = new ObjectOutputStream(bos);
    oos.writeObject(this);
    //从流里读回来
    ByteArrayInputStream bis = new ByteArrayInputStream(bos.toByteArray());
    ObjectInputStream ois = new ObjectInputStream(bis);
    return ois.readObject();
}
```

这样做的前提就是对象以及对象内部所有引用的对象都是可序列化的，否则，就需要仔细考察那些不可序列化的对象可否设成 transient，从而将之排除在复制过程之外。

浅克隆显然比深克隆更容易实现，因为 Java 语言的所有类都会继承一个 clone 方法，而这个 clone 方法所做的正是浅克隆。

有一些对象，如线程（Thread）对象或 Socket 对象，是不能进行简单复制或共享的，不管是使用浅克隆还是深克隆，只要涉及这样的间接对象，就必须把间接对象设成 transient 而不予复制，或由程序自行创建相当的同种对象，暂且当作复制品使用。

2.7.2 原型模式的优点与缺点

1. 原型模式的优点

原型模式允许在运行时动态改变具体的实现类型。原型模式可以在运行期间，由客户来注册符合原型接口的实现类型，也可以动态地改变具体的实现类型，看起来接口没有任何变化，但其实运行的已经是另外一个类实例了，因为克隆一个原型就类似于实例化一个类。

2. 原型模式的缺点

原型模式的缺点是每一个类都必须配备一个克隆方法。配备克隆方法需要对类的功能进行通盘考虑，这对于全新的类来说不是很难，但对于已经有的类则不容易实现，特别是当一个类引用了不支持序列化的间接对象时，或引用中含有循环结构时。

【练习】“孙悟空身外身法术”的实现

1. 浅克隆实现

孙悟空的变身本领如果在 Java 语言中使用原型模式来实现的话，会怎么样呢？首先，齐天大圣（The Greatest Sage），即 TheGreatestSage 类扮演客户角色。齐天大圣持有一个猢狲（Monkey）的实例，而猢狲就是大圣本尊。Monkey 类具有继承自 java. lang. Object 的 clone 方法，因此，可以通过调用这个克隆方法来复制一个 Monkey 实例，结构如图 2-7-4 所示。

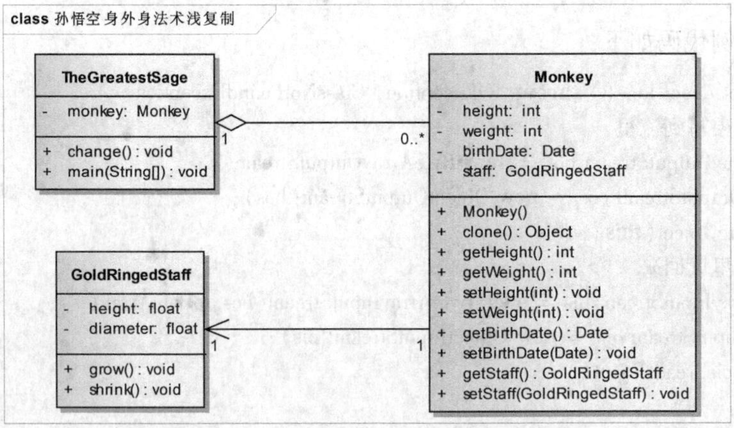

图 2-7-4 孙悟空身外身法术浅克隆的结构图

可以看出，首先，复制的大圣本尊具有和原始的大圣本尊对象一样的 birthDate，而本尊对象不相等，这表明二者是克隆关系；其次，复制的大圣本尊所持有的金箍棒和原始的大圣本尊所持有的金箍棒为同一个对象，这表明二者所持有的金箍棒是一根，而不是两根。

正如前面所述，继承自 java. lang. Object 类的 clone 方法是浅克隆。换言之，齐天大圣的所有化身所持有的金箍棒引用全都是指向一个对象的。

2. 深克隆实现

为做到深克隆，所有需要复制的对象都需要实现 java. io. Serializable 接口，结构如图 2-7-5 所示。

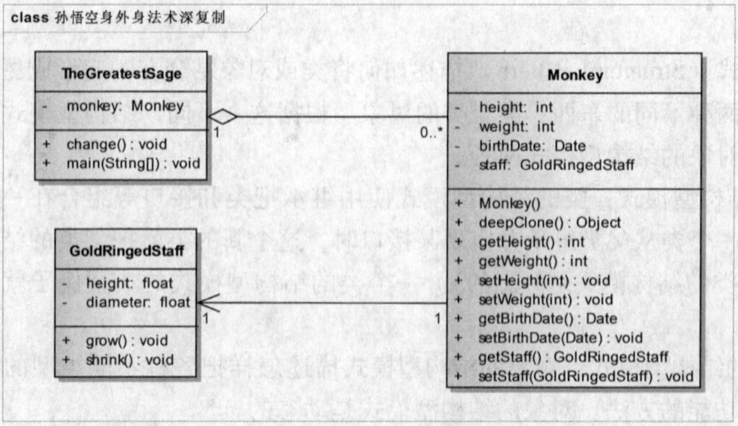

图 2-7-5　孙悟空身外身法术深克隆的结构图

练习源代码见配套电子课件。

第3章　结构型模式

结构型模式（Structural Pattern）描述如何将类或对象结合在一起形成更大的结构。结构型模式描述两种不同的东西：类与类的对象。根据这一不同，结构型模式可以分为类的结构型模式和对象的结构型模式两种。

1）类的结构型模式：类的结构型模式使用继承把类和接口等组合在一起，以形成更大的结构。当一个类从父类继承并实现某接口时，这个新的类就把父类的结构和接口的结构结合起来（类的结构模式是静态的）。一个类的结构型模式的典型例子就是类形式的适配器模式。

2）对象的结构型模式：对象的结构型模式描述怎样把各种不同类型的对象组合在一起，以实现新功能的方法。对象的结构型模式是动态的。

一个典型的对象的结构型模式就是代理人模式，其他的例子包括后面将要介绍的合成模式、享元模式、装饰模式以及对象形式的适配器模式等。

有一些模式会有类形式和对象形式两种，例如下面将要介绍的适配器模式。

本章将要介绍的结构型模式包括适配器模式、缺省适配器模式、合成模式、装饰模式、代理模式、享元模式、门面模式和桥梁模式。

3.1　适配器模式

适配器（Adapter）模式把一个类的接口变换成客户端所期待的另一种接口，从而使原本因接口不匹配而无法在一起工作的两个类能够在一起工作。适配类可以根据参数返回一个合适的实例给客户端。

【示例】电源适配器

变压器把一种电压变换为另一种电压。把美国的电器拿回中国使用时，用户就面临电压不同的问题。美国的生活用电电压是110V，而中国的是220V。如果要在中国使用美国的电器，就必须有一个能把220V电压转换成110V电压的变压器。而这正像是本模式所做的事，因此适配器模式也常被称为变压器模式。

另外，笔记本电脑的插头一般都是三相的，即除了正、负极外，还有一个地极。而有些地方的电源插座只有两极，没有地极。电源插座与笔记本电脑的电源插头不匹配使得笔记本电脑无法使用。此时，一个三相到两相的转换器（适配器）就能解决此问题，而这也正像是本模式所做的事情。

3.1.1　适配器模式的结构

适配器模式有类的适配器模式和对象的适配器模式两种不同的形式。

1. 类的适配器模式

类的适配器模式把适配的类的 API 转换成为目标类的 API，其结构如图 3-1-1 所示。

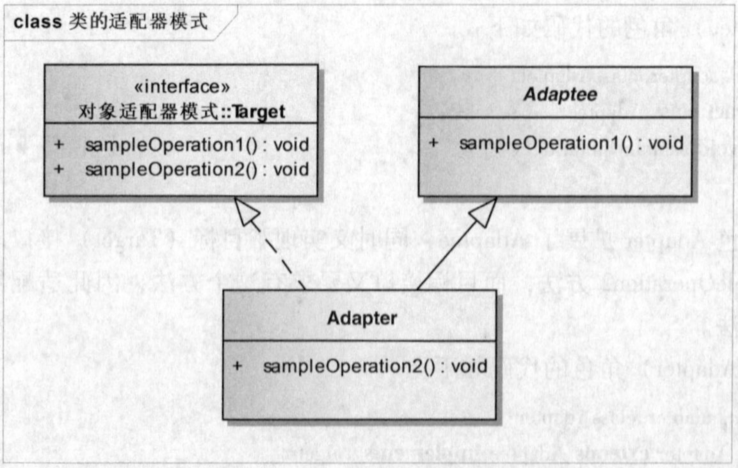

图 3-1-1　类的适配器模式结构图

在图 3-1-1 中可以看出，Adaptee 类并没有 sampleOperation2 方法，而客户端则需要这个方法。为使客户端能够使用 Adaptee 类，因此提供一个中间环节，即类 Adapter，以把 Adaptee 类的 API 与 Target 类的 API 衔接起来。Adapter 与 Adaptee 是继承关系，这决定了这个适配器模式是类的适配器模式。

上述模式所涉及的角色有以下 3 种。

1）目标（Target）角色：这就是所期待得到的接口。注意，由于这里讨论的是类的适配器模式，因此目标不可以是类。

2）源（Adaptee）角色：现在需要适配的接口。

3）适配器（Adapter）角色：适配器类是本模式的核心。适配器把源接口转换成目标接口。显然，这一角色不可以是接口，而必须是具体类。

下面给出类的适配器模式的示意性源代码。

目标（Target）角色的代码如下：

```
package com.adapter.classAdapter;
public interface Target {
    /**
    * 这是源类 Adaptee 也有的方法
    */
    public void sampleOperation1();
    /**
    * 这是源类 Adaptee 没有的方法
    */
    public void sampleOperation2();
}
```

目标角色是以一个 Java 接口的形式实现的。可以看出，这个接口声明了两个方法，即 sampleOperation1( ) 和 sampleOperation2( )。而源角色 Adaptee 是一个具体类，它有一个 sampleOperation1 方法，但是没有 sampleOperation2 方法。

源（Adaptee）角色的代码如下：

```
package com.adapter.classAdapter;
public abstract class Adaptee {
    public void sampleOperation1() {}
}
```

适配器角色 Adapter 扩展了 Adaptee，同时又实现了目标（Target）接口。由于 Adaptee 没有提供 sampleOperation2 方法，而目标接口又要求有这个方法，因此适配器角色 Adapter 实现了这个方法。

适配器（Adapter）角色的代码如下：

```
package com.adapter.classAdapter;
public class Adapter extends Adaptee implements Target {
    /**
     * 由于源类 Adaptee 没有方法 sampleOperation2，因此适配器补充上这个方法
     */
    public void sampleOperation2() {
        //写相关的代码
    }
}
```

2. 对象的适配器模式

与类的适配器模式一样，对象的适配器模式把被适配的类的 API 转换为目标类的 API，与类的适配器模式不同的是，对象的适配器模式不是使用继承关系，而是使用委派关系连接到 Adaptee 类。对象的适配器模式结构如图 3-1-2 所示。

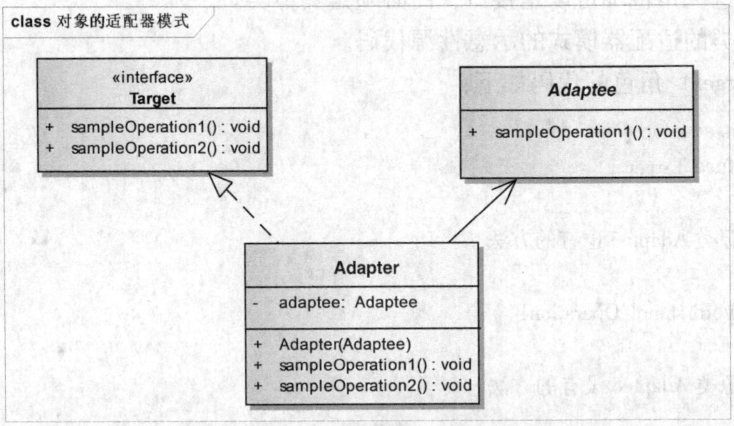

图 3-1-2　对象的适配器模式结构图

从图 3-1-2 中可以看出，Adaptee 类并没有 sampleOperation2 方法，而客户端则期待这个方法。为使客户端能够使用 Adaptee 类，因此需要提供一个包装（Decorator）类 Adapter。这个包装类包装了一个 Adaptee 的实例，从而此包装类能够把 Adaptee 的 API 与 Target 类的 API 衔接起来。Adapter 与 Adaptee 是委派关系，这决定了此适配器模式是对象的。

下面给出对象的适配器模式的示意性源代码。

目标（Target）角色的代码如下：

```java
package com.adapter.objectAdapter;
public interface Target {
  /**
  * 这是源类 Adaptee 也有的方法
  */
    public void sampleOperation1();
  /**
  * 这是源类 Adaptee 没有的方法
  */
    public void sampleOperation2();
}
```

适配器（Adapter）角色的代码如下：

```java
package com.adapter.objectAdapter;
public abstract class Adaptee {
    public void sampleOperation1(){}
}
```

源（Adaptee）角色的代码如下：

```java
package com.adapter.objectAdapter;
public class Adapter implements Target{
    private Adaptee adaptee;
    public Adapter(Adaptee adaptee){
        this.adaptee = adaptee;
    }
  /**
  * 源类 Adaptee 有方法 sampleOperation1(), 因此适配器类直接委派即可
  */
    public void sampleOperation1(){
        this.adaptee.sampleOperation1();
    }
  /**
  * 源类 Adaptee 没有方法 sampleOperation2(), 因此需要由适配器类补充此方法
  */
```

```
    public void sampleOperation2(){
        //写相关的代码
    }
}
```

3. 类的适配器和对象的适配器的权衡

1）类的适配器使用对象继承的方式，是静态的定义方式；而对象的适配器使用对象组合的方式，是动态组合的方式。

2）对于类的适配器，由于适配器直接继承了 Adaptee，因此使得适配器不能和 Adaptee 的子类一起工作，因为继承是静态的关系，所以当适配器继承了 Adaptee 后，就不可能再去处理 Adaptee 的子类了。对于对象的适配器，一个适配器可以把多种不同的源适配到同一个目标，换言之，同一个适配器可以把源类和其子类都适配到目标接口。因为对象适配器采用的是对象组合的关系，所以只要对象类型正确，是不是子类没有关系。

3）对于类的适配器，适配器可以重定义 Adaptee 的部分行为，相当于子类覆盖父类的部分实现方法。对于对象的适配器，则要重定义 Adaptee 的行为，这比较困难，在这种情况下，需要定义 Adaptee 的子类来实现重定义，然后让适配器组合子类。虽然重定义 Adaptee 的行为比较困难，但是想要增加一些新的行为则很方便，而且新增加的行为可同时适用于所有的源。

4）对于类的适配器，仅仅引入了一个对象，并不需要额外的引用来间接得到 Adaptee。而对于对象的适配器，则需要额外的引用来间接得到 Adaptee。

建议尽量使用对象的适配器的实现方式，多用合成/聚合，少用继承。当然，具体问题具体分析，根据需要来选用实现方式，最适合的才是最好的。

3.1.2 适配器模式的实现

下面给出适配器模式的实现代码。

目标（Target）角色的代码如下：

```
package com.adapter;
/**
 * 目标角色
 */
public interface Target {
    int get110v();
    int get220v();
}
```

类的适配器（Adapter）角色的代码如下：

```
package com.adapter;
/**
```

```
* 类的适配器角色:扩展源角色,实现目标角色,从而使得当目标角色改动时,不用改动源角色,只
* 需改动适配器
*/
public class Adapter extends Adaptee implements Target{
    public int get220v(){
        Adaptee adaptee = new Adaptee();
        //这里是转换函数
        int t = adaptee.get110v();
        t = t*2;
        return t;
    }
}
```

对象的适配器（Adapter）角色的代码如下：

```
package com.adapter;
//对象的适配器
public class OAdapter implements Target{
    Adaptee adaptee;
    public OAdapter(Adaptee adaptee) {
        super();
        this.adaptee = adaptee;
    }
    public int get110v(){
        return adaptee.get110v();
    }
    public int get220v(){
        Adaptee adaptee = new Adaptee();
        //这里是转换函数
        int t = adaptee.get110v();
        t = t*2;
        return t;
    }
}
```

源（Adaptee）角色的代码如下：

```
package com.adapter;
/**
 *需要适配的类
 */
public class Adaptee {
    public int get110v(){
        return 110;
    }
}
```

类客户端的实现代码如下：

```java
package com.adapter;
/**
 * 测试类的适配器
 */
public class Client {
    public static void main(String rags[]) {
        new Client().test();
    }
    public void test() {
        Target target = newAdapter();
        //转换前
        int v1 = target.get110v();
            System.out.println("转换前:" + v1);
            //转换后
            int v2 = target.get220v();
                System.out.println("转换后: " + v2);
    }
}
```

对象客户端的实现代码如下：

```java
package com.adapter;
//测试对象的适配器
public class OClient {
    public static void main(String[] args) {
        new Client().test();
    }
    public void test() {
        Adaptee adaptee = new Adaptee();
        Target target = new OAdapter(adaptee);
        //转换前
        int v1 = target.get110v();
        System.out.println("转换前:" + v1);
        //转换后
        int v2 = target.get220v();
        System.out.println("转换后: " + v2);
    }
}
```

两种适配器的程序运行结果相同，如图 3-1-3 所示。

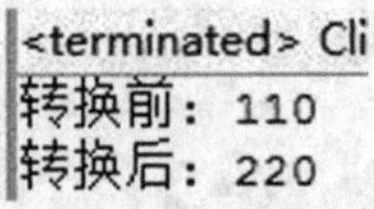

图 3-1-3　适配器程序运行结果

3.1.3 适配器模式的优点与缺点

1．适配器模式的优点

1）更好的复用性。系统需要使用现有的类，而此类的接口不符合系统的需要，那么通过适配器模式就可以让这些功能得到更好的复用。

2）更好的扩展性。在实现适配器功能时，可以调用自己开发的功能，从而自然地扩展系统的功能。

2．适配器模式的缺点

过多地使用适配器，会让系统非常零乱，不易进行整体把握。例如，明明看到调用的是 A 接口，其实内部被适配成了 B 接口的实现，一个系统如果出现太多这种情况，则无异于一场灾难。因此如果不是很有必要，可以不使用适配器，而是直接对系统进行重构。

【练习】利用适配器模式“指方为圆”

中国古代有赵高指鹿为马的故事，而《楚辞·九辩》中说：“圜凿而方枘兮，吾固知其鉏铻而难入。”不论是指鹿为马还是指方为圆，都需要适配器模式来实现。本练习就用适配器模式实现“指方为圆”。

适配器模式在本例中的结构如图 3-1-4 所示。

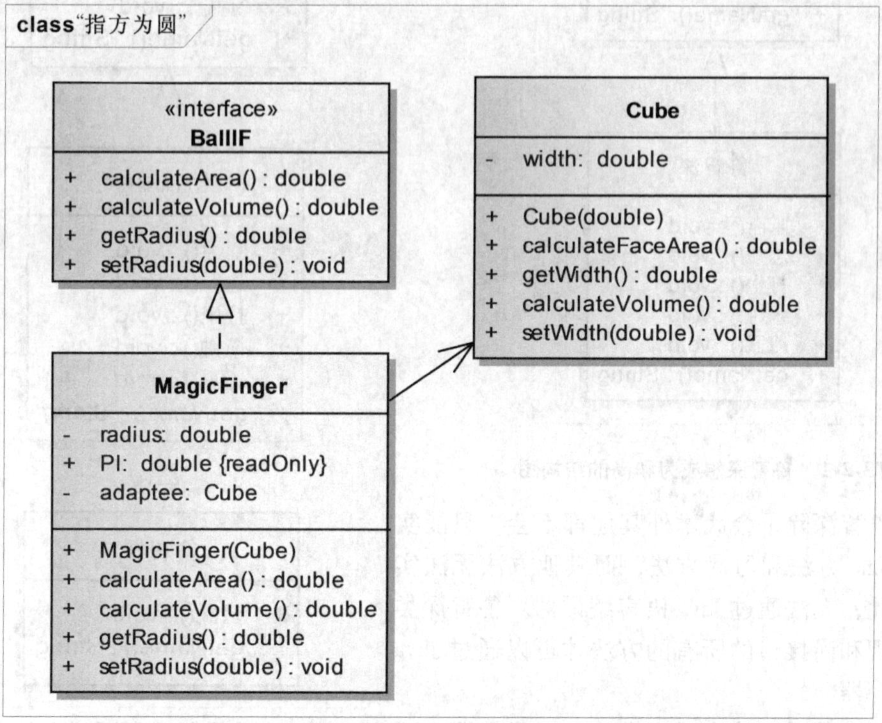

图 3-1-4　“指方为圆”适配器模式实现的结构图

练习源代码见配套电子课件。

3.2 缺省适配器模式

缺省适配器（Default Adapter）模式为一个接口提供缺省实现，这样类型可以从这个缺省实现进行扩展，而不必从原有接口进行扩展。作为适配器模式的一个特例，缺省适配器模式在 Java 语言中有着特殊的应用。

【示例】鲁智深受戒

和尚要吃斋、念经、打坐、撞钟和习武等。按照常规的做法鲁智深想成为一个和尚的结构如图 3-2-1 所示。

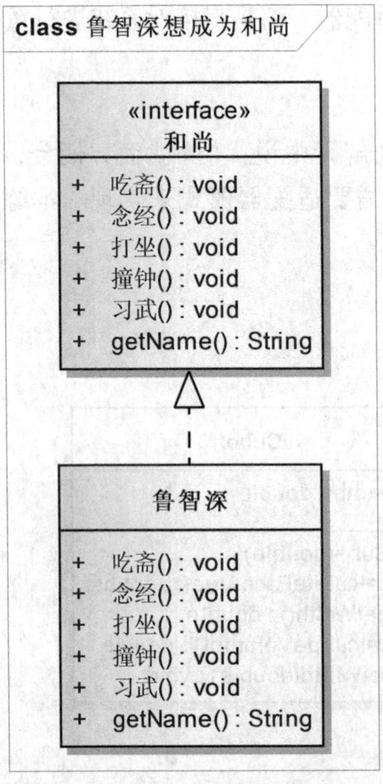

图 3-2-1　鲁智深想成为和尚的结构图

而鲁智深除了会武术外其他都不会，只能实现 getName 方法和习武方法，而其他方法无法实现。因此，无法通过 Java 语言编译器。鲁智深类只有实现和尚接口的所有的方法才可以通过 Java 语言编译器。

此时，若采用缺省适配模式，则鲁智深也可成为真正的和尚，结构如图 3-2-2 所示。

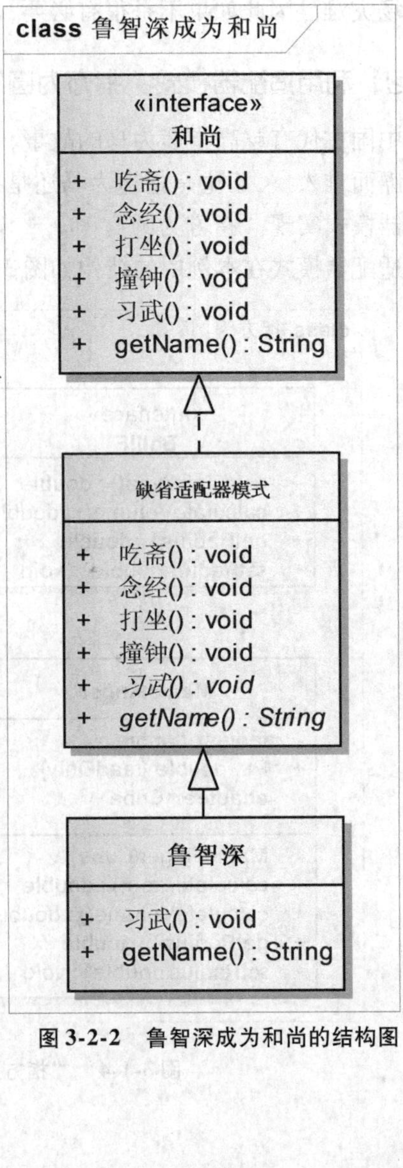

图 3-2-2　鲁智深成为和尚的结构图

3.2.1　缺省适配器模式的结构

在很多情况下，必须让一个具体类实现某一个接口，但是这个类又用不到接口所规定的所有方法。此时通常的处理方法是，这个具体类要实现所有的方法，那些有用的方法要有实现，那些没有用的方法也要有空的、平庸的实现。

这些空的方法是一种浪费，有时也是一种混乱。除非看过这些空方法的代码，否则程序员可能会以为这些方法不是空的。即便程序员知道其中有一些方法是空的，也不一定知道哪些方法是空的，哪些方法不是空的，除非看过这些方法的源代码或是文档。缺省适配模式是一种“平庸”化的适配器模式，它可以很好地处理这一情况，可以设计一个抽象的适配器类实现接口，此抽象类要给接口所要求的每一种方法都提供一个空的方法。

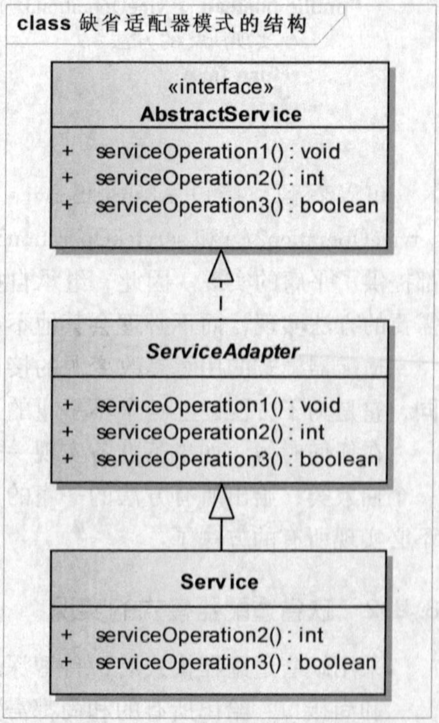

图 3-2-3　缺省适配器模式的结构图

缺省适配器模式的结构如图 3-2-3 所示。

下面给出缺省适配器模式示意性源代码。

接口 AbstractService 类的代码如下：

```
package com.defaultAdapter;
public interface AbstractService {
    public void serviceOperation1();
    public int serviceOperation2();
    public boolean serviceOperation3();
}
```

抽象适配器 ServiceAdapter 类的代码如下：

```
package com.defaultAdapter;
public abstract class ServiceAdapter implements AbstractService {
    public void serviceOperation1() {
    }
    public abstract int serviceOperation2();
    public abstract boolean serviceOperation3();
}
```

继承自抽象类 ServiceAdapter 的具体类 Service 的代码如下：

```
package com.defaultAdapter;
public class Service extends ServiceAdapter {
    public int serviceOperation2() {
        // 实现所需的方法
        return 0;
    }
```

```
    public boolean serviceOperation3() {
        //实现所需的方法
        return false;
    }
}
```

可以看到，接口 AbstractService 要求定义 3 个方法，分别是 serviceOperation1()、serviceOperation2()和 serviceOperation3()；而抽象适配器类 ServiceAdapter 则为这 3 种方法都提供了平庸的实现。因此，继承自抽象类 ServiceAdapter 的具体类 Service 可以选择它所需要的方法实现，而不必理会其他不需要的方法。

适配器模式的用意是改变源的接口，以便目标接口相容。而缺省适配器的用意稍有不同，它是为了方便建立一个不平庸的适配器类而提供的一种平庸实现。

在任何时候，如果不准备实现一个接口的所有方法，则可以使用缺省适配器模式制造一个抽象类，给出所有方法的平庸的具体实现。这样，从这个抽象类再继承下去的子类就不必实现所有的方法了。

3.2.2 缺省适配器模式的实现

采用缺省适配器模式后，鲁智深成为和尚的实现代码如下。

和尚接口，给出所有的和尚都需要实现的方法，代码如下：

```
package com.defaultAdapter.monk;
public interface 和尚 {
    public void 吃斋();
    public void 念经();
    public void 打坐();
    public void 撞钟();
    public void 习武();
    public String getName();
}
```

抽象类作为适配器类，代码如下：

```
package com.defaultAdapter.monk;
public abstract class 缺省适配器模式 implements 和尚 {
    public void 吃斋(){}
    public void 念经(){}
    public void 打坐(){}
    public void 撞钟(){}
    public abstract void 习武();
    public abstract String getName();
}
```

鲁智深类继承抽象类“缺省适配器模式”的代码如下：

```
package com.defaultAdapter.monk;
public class 鲁智深 extends 缺省适配器模式{
    public void 习武(char ch){
        Character c = null;
        ch = c.toUpperCase(ch);
        switch(ch){
            case 'A':
                System.out.println("拳打镇关西");
                break;
            case 'B':
                System.out.println("大闹五台山");
                break;
            case 'C':
                System.out.println("大闹桃花村");
                break;
            case 'D':
                System.out.println("火烧瓦罐寺");
                break;
            case 'E':
                System.out.println("倒拔垂杨柳");
                break;
            default:{
                System.out.println("退出,再见!");
                System.exit(0);
                break;
            }
        }
    }
    public String getName(){
        return "我是鲁智深";
    }
}
```

客户端代码如下：

```
package com.defaultAdapter.monk;
import java.util.Scanner;
public class Client {
    public static void main(String[] args) {
        String i;
        char ch;
        鲁智深鲁智深 = new 鲁智深();
        System.out.println(鲁智深.getName());
        System.out.println("请输入 A~E,不区分大小写,其他字符退出:");
```

```
            Scanner sc;
            while(true){
                sc = new Scanner(System.in);
                i = sc.next();
                ch = i.charAt(0);
                鲁智深.习武(ch);
            }
        }
    }
```

程序运行结果如图 3-2-4 所示。

图 3-2-4 程序运行结果

3.3 合成模式

合成（Composite）模式属于对象的结构型模式，有时又称为“部分—整体”模式。合成模式将对象组织到树结构中，可以用来描述整体与部分的关系。合成模式可以使客户端将单纯元素与复合元素同等看待。

【示例】送女朋友礼物

女朋友今天过生日。“我过生日，你要送我一件礼物哦。”“嗯，好吧，去商店，你自己挑。”“这件上衣挺漂亮，买！这条裙子好看，买！这个包也不错，买！”“咦，怎么买了 3 件了呀，我只答应送一件礼物啊。”“呵呵，上衣加裙子加包包，正好配成一套呀，服务员小姐，麻烦你给包起来。”这就是合成模式的形象应用，具体结构如图 3-3-1 所示。

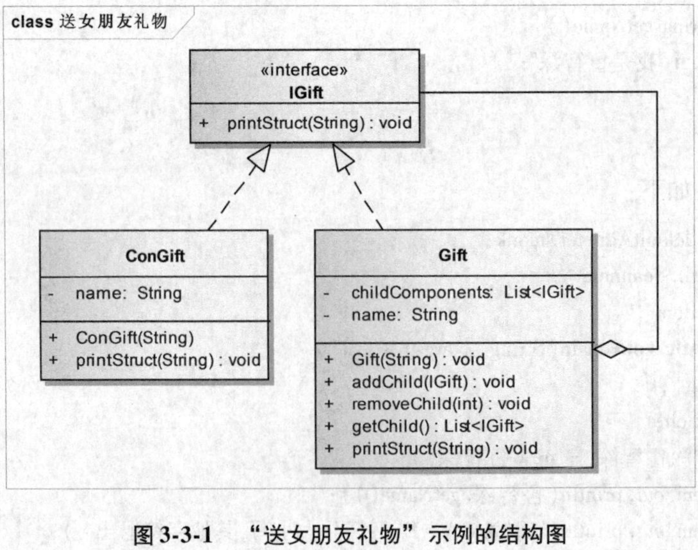

图 3-3-1 “送女朋友礼物”示例的结构图

3.3.1　合成模式的结构

合成模式把部分和整体的关系用树结构表示出来，使得客户端把一个个单独的成分对象和由其复合而成的合成对象同等看待。

合成模式可以不提供父对象的管理方法，但是合成模式必须在合适的地方提供对子对象的管理方法，如 add( )、remove( )和 getChild( )等。

合成模式的实现根据所实现接口的不同分为两种形式，即安全式和透明式。

1. 安全式合成模式的结构

安全式的合成模式要求管理聚集的方法只出现在树枝构件类中，而不出现在树叶构件类中，其结构如图 3-3-2 所示。

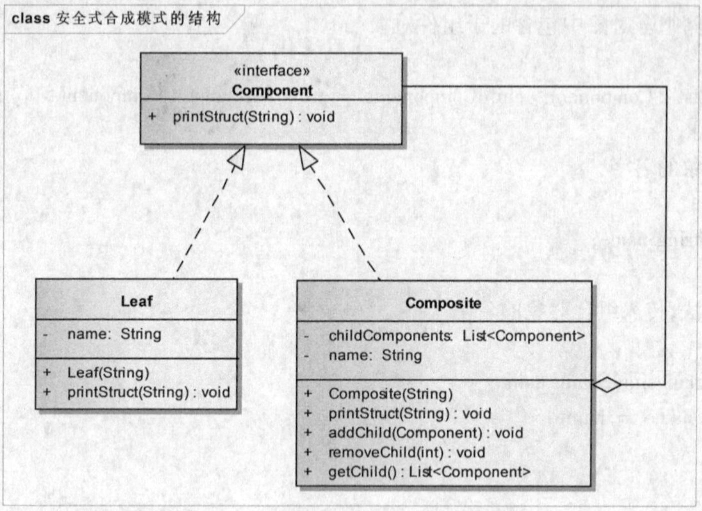

图 3-3-2　安全式合成模式的结构图

从图 3-3-2 中可以看出，这种形式涉及以下 3 个角色。

1）抽象构件（Component）角色：这是一个抽象角色，它给参加组合的对象定义公共的接口及其默认行为，可以用来管理所有的子对象。合成对象通常把它所包含的子对象当作类型为 Component 的对象。在安全式的合成模式里，构件角色并不定义管理子对象的方法，这一定义由树枝构件对象给出。

2）树叶构件（Leaf）角色：树叶对象是没有下级子对象的对象，用于定义参加组合的原始对象的行为。

3）树枝构件（Composite）角色：代表参加组合的拥有下级子对象的对象。树枝构件类给出所有管理子对象的方法，如 add( )、remove( )和 getChild( )。

下面给出安全式合成模式的示意性源代码。

抽象构件角色类的代码如下：

```
package com.composite.safe;
public interface Component {
    /**
    * 输出组建自身的名称
    */
    public void printStruct(String preStr);
}
```

树枝构件角色类的代码如下：

```
package com.composite.safe;
import java.util.ArrayList;
import java.util.List;
public class Composite implements Component{
    /**
    * 用来存储组合对象中包含的子组件对象
    */
    private List<Component> childComponents = new ArrayList<Component>();
    /**
    * 组合对象的名字
    */
    private String name;
    /**
    * 构造方法,传入组合对象的名字
    */
    public Composite(String name){
        this.name = name;
    }
    /**
    * 聚集管理方法,增加一个子构件对象
    */
    public void addChild(Component child){
        childComponents.add(child);
    }
    /**
    * 聚集管理方法,删除一个子构件对象
    * @param index 子构件对象的下标
    */
    public void removeChild(int index){
        childComponents.remove(index);
    }
    /**
    * 聚集管理方法,返回所有子构件对象
    */
    public List<Component> getChild(){
```

```
        return childComponents;
    }
    /**
    * 输出对象的自身结构
    * preStr 前缀按照层级拼接空格,实现向后缩进
    */
    public void printStruct(String preStr) {
        //先把自己输出
        System.out.println(preStr + "+" + this.name);
        //如果还包含子组件,则输出这些子组件对象
        if(this.childComponents != null){
            //添加两个空格,表示向后缩进两个空格
            preStr += "  ";
            //输出当前对象的子对象
            for(Component c:childComponents){
                //递归输出每个子对象
                c.printStruct(preStr);
            }
        }
    }
}
```

树叶构件角色类的代码如下:

```
package com.composite.safe;
public class Leaf implements Component {
    /**
    * 叶子对象的名字
    */
    private String name;
    /**
    * 构造方法,传入叶子对象的名称
    * @param name 叶子对象的名字
    */
    public Leaf(String name){
        this.name = name;
    }
    /**
     * 输出叶子对象的结构,叶子对象没有子对象,即输出叶子对象的名字
     * preStr 前缀,主要是按照层级拼接的空格,实现向后缩进
     */
    public void printStruct(String preStr) {
```

```
            // TODO Auto-generated method stub
            System.out.println(preStr + "-" + name);
        }
    }
```

客户端类的代码如下：

```
package com.composite.safe;
public class Client {
    public static void main(String[] args) {
        Composite root = new Composite("服装");
        Composite c1 = new Composite("男装");
        Composite c2 = new Composite("女装");
        Leaf leaf1 = new Leaf("衬衫");
        Leaf leaf2 = new Leaf("夹克");
        Leaf leaf3 = new Leaf("裙子");
        Leaf leaf4 = new Leaf("套装");
        root.addChild(c1);
        root.addChild(c2);
        c1.addChild(leaf1);
        c1.addChild(leaf2);
        c2.addChild(leaf3);
        c2.addChild(leaf4);
        root.printStruct("");
    }
}
```

程序运行结果如图 3-3-3 所示。

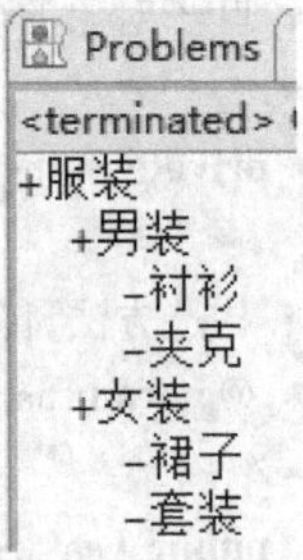

图 3-3-3　程序运行结果

从上述代码中可以看出，树枝构件类（Composite）给出了方法 addChild( )、removeChild( )和 getChild( ) 等的声明和实现，而树叶构件类（Leaf）则没有给出这些方法的声明或实现。这样的做法是安全的做法，由于这个特点，客户端应用程序不可能错误地调用树叶构件的聚集方法，因为树叶构件没有这些方法，调用会导致编译错误。另外，客户端在声明对象时分别是对树枝构件类（Composite）和树叶构件类（Leaf）自己的引用，没有使用公共接口。

安全式合成模式的缺点是不够透明，因为树叶类和树枝类具有不同的接口。

2. 透明式合成模式的结构

与安全式的合成模式不同的是，透明式合成模式要求所有的具体构件类，不论树枝构件还是树叶构件，均符合一个固定接口，具体结构如图 3-3-4 所示。

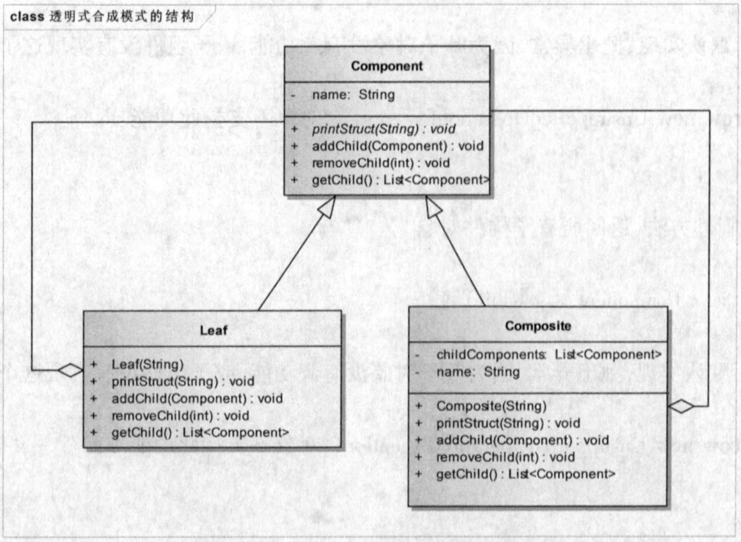

图 3-3-4　透明式合成模式的结构图

下面给出透明式合成模式的示意性源代码。

抽象构件角色类的代码如下：

```
package com.composite.transparent;
import java.util.List;
public abstract class Component {
    /**
     * 输出组建自身的名称
     */
    public abstract void printStruct(String preStr);
    /**
     * 聚集管理方法,增加一个子构件对象
     * @param child 子构件对象
     */
    public void addChild(Component child) {
        /**
         * 默认实现,抛出异常,因为叶子对象没有此功能,或子组件没有实现这个功能
         */
        throw new UnsupportedOperationException("对象不支持此功能");
    }
    /**
     * 聚集管理方法,删除一个子构件对象
     * @param index 子构件对象的下标
     */
    public void removeChild(int index) {
```

```
        /**
         * 默认实现,抛出异常,因为叶子对象没有此功能,或子组件没有实现这个功能
         */
        throw new UnsupportedOperationException("对象不支持此功能");
    }
    /**
    * 聚集管理方法,返回所有子构件对象
    */
    public List<Component> getChild(){
        /**
         * 默认实现,抛出异常,因为叶子对象没有此功能,或子组件没有实现这个功能
         */
        throw new UnsupportedOperationException("对象不支持此功能");
    }
}
```

树枝构件角色类的代码如下（此类将 implements Component 改为 extends Component，其他同安全式)：

```
public class Composite extends Component{
    …
}
```

树叶构件角色类的代码如下（此类将 implements Component 改为 extends Component，其他其他同安全式)：

```
public class Leaf extends Component {
    …
}
```

客户端类的主要变化是不再区分 Composite 对象和 Leaf 对象，代码如下：

```
package com.composite.transparent;
public class Client {
    public static void main(String[]args){
        Component root = new Composite("服装");
        Component c1 = new Composite("男装");
        Component c2 = new Composite("女装");
        Component leaf1 = new Leaf("衬衫");
        Component leaf2 = new Leaf("夹克");
        Component leaf3 = new Leaf("裙子");
        Component leaf4 = new Leaf("套装");
        root.addChild(c1);
        root.addChild(c2);
        c1.addChild(leaf1);
        c1.addChild(leaf2);
```

```
        c2.addChild(leaf3);
        c2.addChild(leaf4);
        root.printStruct("");
    }
}
```

程序运行如图 3-3-5 所示。

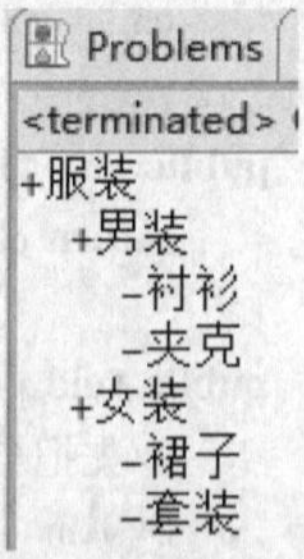

图 3-3-5　程序运行结果

从上述代码中可以看出，客户端无须再区分操作的是树枝对象（Composite）还是树叶对象（Leaf）；对于客户端而言，操作的都是 Component 对象。

3. 两种实现方法的对比选择

安全性合成模式是指从客户端使用合成模式上看，是否更安全，如果是安全的，则不会有发生误操作的可能，能访问的方法都是被支持的。

透明性合成模式是指从客户端使用合成模式上看，是否需要区分到底是"树枝对象"还是"树叶对象"。如果是透明的，则不用区分，对于客户而言，都是 Component 对象，具体的类型对于客户端而言是透明的，是无须关心的。

对于合成模式而言，在安全性和透明性上，会更看重透明性，毕竟合成模式的目的是让客户端不再区分操作的是树枝对象还是树叶对象，而是以一个统一的方式来操作。而对于安全性的实现，则需要区分是树枝对象还是树叶对象。有时，需要将对象进行类型转换，却发现类型信息丢失了，只好强行进行转换，这种类型转换必然是不够安全的。因此在使用合成模式时，建议多采用透明式的实现方式。

3.3.2　合成模式的实现

下面给出合成模式的实现代码。

抽象构件角色类的代码如下：

```
package com.composite.gift;
public interface IGift {
    public void printStruct(String preStr);
}
```

树枝构件角色类的代码如下：

```
package com.composite.gift;
import java.util.ArrayList;
import java.util.List;
public class Gift implements IGift{
    private List<IGift> childComponents = new ArrayList<IGift>();
    private String name;
    public Gift(String name){
```

```
            this.name = name;
        }
        public void addChild(IGift child) {
            childComponents.add(child);
        }
        public void removeChild(int index) {
            childComponents.remove(index);
        }
        public List<IGift> getChild() {
            return childComponents;
        }
        public void printStruct(String preStr) {
            //先把自己输出
            System.out.println(preStr + "+" + this.name);
            //如果还包含子组件,则输出这些子组件对象
            if(this.childComponents != null) {
                //添加两个空格,表示向后缩进两个空格
                preStr += "  ";
                //输出当前对象的子对象
                for(IGift c : childComponents) {
                    //递归输出每个子对象
                    c.printStruct(preStr);
                }
            }
        }
    }
```

树叶构件角色类的代码如下：

```
package com.composite.gift;
public class ConGift implements IGift {
    private String name;
    public ConGift(String name) {
        this.name = name;
    }
    public void printStruct(String preStr) {
        System.out.println(preStr + "-" + name);
    }
}
```

客户端代码如下：

```
package com.composite.gift;
public class Client {
    public static void main(String[] args) {
        Gift root = new Gift("一件礼物");
```

```
        ConGift leaf1 = new ConGift("上衣");
        ConGift leaf2 = newConGift("裙子");
        ConGift leaf3 = new ConGift("包包");
        root.addChild(leaf1);
        root.addChild(leaf2);
        root.addChild(leaf3);
        root.printStruct("");
    }
}
```

程序运行结果如图 3-3-6 所示。

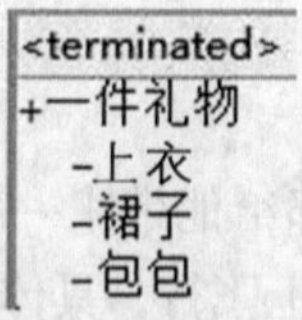

图 3-3-6　程序运行结果

【练习】通过逻辑树实现计算机 XP 文件系统中的文件和文件夹管理

本练习要求将树的逻辑关系成功展示出来。系统采用安全式实现，结构如图 3-3-7 所示。

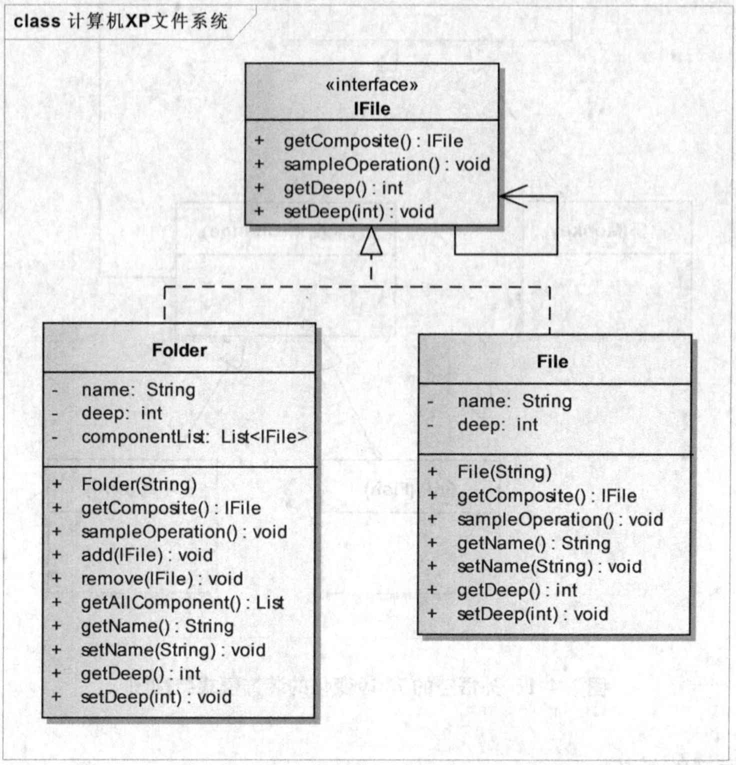

图 3-3-7　计算机 XP 文件系统的结构图

运行结果如图 3-3-8 所示。

练习源代码见配套电子课件。

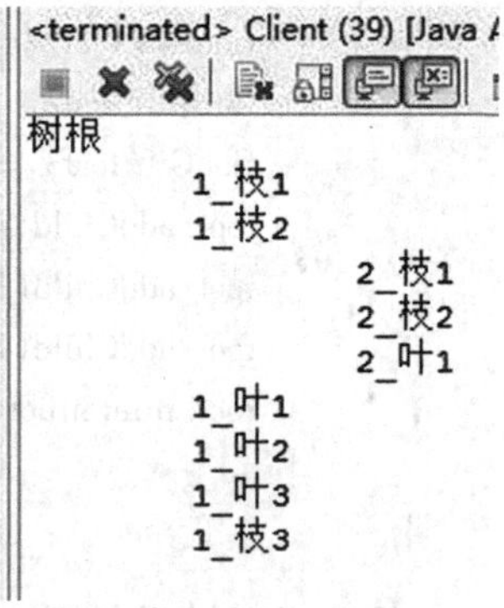

图 3-3-8　运行结果

3.4　装饰模式

装饰（Decorator）模式又称为包装模式。装饰模式以对客户端透明的方式扩展对象的功能，是继承关系的一个替代方案。它提供比继承更多的灵活性，动态地给一个对象增加功能，这些功能可以再动态地撤销，还可以增加一些由基本功能排列组合而产生的更多新功能。

【示例】孙悟空的 72 般变化

孙悟空有 72 般变化，每一种变化都给他带来一种附加的本领。他变成鱼儿时，就可以到水里游泳；变成小鸟时，就可以在天上飞行，具体结构如图 3-4-1 所示。

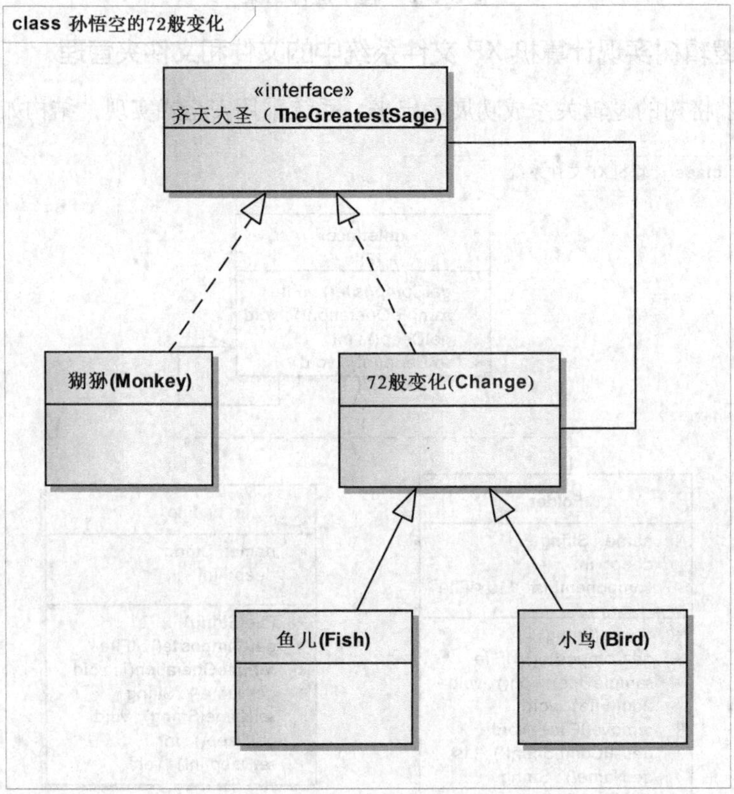

图 3-4-1　孙悟空的 72 般变化的装饰模式结构图

3.4.1　装饰模式的结构

装饰模式以对客户透明的方式动态地给一个对象附加上更多的责任。换言之，客户端并不会觉得对象在装饰前和装饰后有什么不同。装饰模式可以在不创造更多子类的情况下，将对象的功能加以扩展。

装饰模式的结构如图 3-4-2 所示。

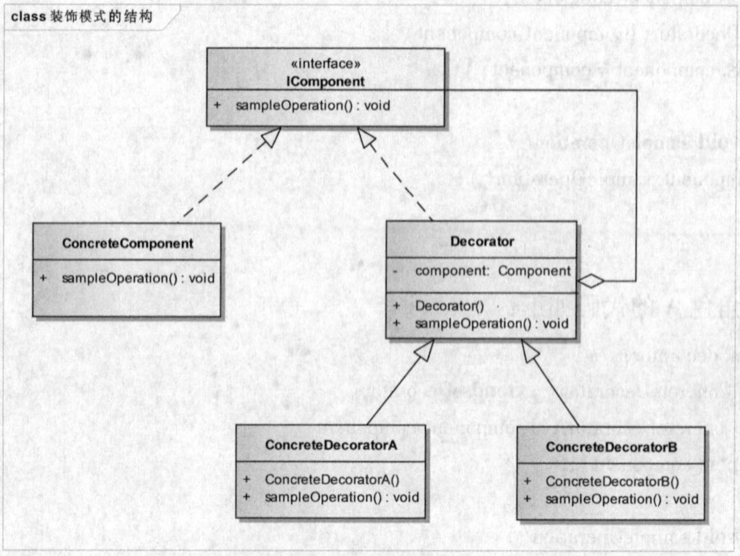

图 3-4-2　装饰模式的结构图

在装饰模式中涉及的角色有以下 4 种。

1）抽象构件（Component）角色：给出一个抽象接口，以规范准备接收附加责任的对象。

2）具体构件（ConcreteComponent）角色：定义一个将要接收附加责任的类。

3）装饰（Decorator）角色：持有一个构件（Component）对象的实例，并定义一个与抽象构件接口一致的接口。

4）具体装饰（ConcreteDecorator）角色：负责给构件对象“贴上”附加的责任。

下面给出装饰模式的示意性源代码。

抽象构件角色的代码如下：

```
package com. decorator;
public interface IComponent {
    public void sampleOperation ( );
}
```

具体构件角色的代码如下：

```
package com. decorator;
public class ConcreteComponent implements IComponent {
    public ConcreteComponent( ) { }
    public void sampleOperation( ) {
        System. out. println("开车");
    }
}
```

装饰角色的代码如下：

```
package com.decorator;
public class Decorator implements IComponent {
    private IComponent component;
    public Decorator(IComponent component) {
        this.component = component;
    }
    public void sampleOperation() {
        component.sampleOperation();
    }
}
```

具体装饰角色 A 的代码如下：

```
package com.decorator;
public class ConcreteDecoratorA extends Decorator{
    public ConcreteDecoratorA(IComponent component) {
        super(component);
    }
    public void sampleOperation() {
        this.addedOperation();
        super.sampleOperation();
    }
    private void addedOperation() {
        System.out.println("晚上");
    }
}
```

具体装饰角色 B 的代码如下：

```
package com.decorator;
public class ConcreteDecoratorB extends Decorator{
    public ConcreteDecoratorB(IComponent component) {
        super(component);
    }
    public void sampleOperation() {
        this.addedOperation();
        super.sampleOperation();
    }
    private void addedOperation() {
        System.out.println("早上");
    }
}
```

客户端类的代码如下：

```
package com.decorator;
public class Client {
    public static void main(String[] args) {
        IComponent component = new ConcreteComponent();
        Decorator decorator = new ConcreteDecoratorA(component);
        decorator.sampleOperation();
        decorator = new ConcreteDecoratorB(component);
        decorator.sampleOperation();
    }
}
```

程序运行结果如图 3-4-3 所示。

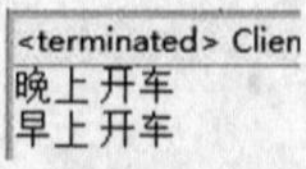

图 3-4-3　程序运行结果

3.4.2　装饰模式的实现

在示例“孙悟空 72 般变化”中，IComponent 的角色便由齐天大圣扮演；ConcreteComponent 的角色属于大圣本尊，就是猢狲本人；Decorator 的角色由大圣的 72 变扮演；而 ConcreteDecorator 的角色便是鱼儿、小鸟等 72 般变化。

抽象构件角色“齐天大圣”接口定义了一个 move 方法，这是所有的具体构件类和装饰类必须实现的。具体代码如下：

```
package com.decorator.monkey;
public interface I齐天大圣 {
    public void I齐天大圣();
    public void move();
}
```

具体构件角色“大圣本尊”猢狲类的代码如下：

```
package com.decorator.monkey;
public class 大圣本尊 implements I齐天大圣 {
    public 大圣本尊(){
      System.out.println("我就是大圣本尊!");
    }
    public void move() {
        System.out.println("我来也!");
    }
    public void I齐天大圣() {
    System.out.println("我是齐天大圣孙悟空!");
    }
}
```

抽象装饰角色“72 变”的代码如下：

```
package com. decorator. monkey;
public abstract class 72 变 {
    private I 齐天大圣 c;
    public 72 变(I 齐天大圣 c){
        this. c = c;
    }
    public void move(){
        c. move();
    }
    abstractpublic void 外形();
}
```

具体装饰角色“鱼儿”的代码如下：

```
package com. decorator. monkey;
public class 鱼儿 extends 72 变 {
    public 鱼儿(I 齐天大圣 c) {
        外形();
    }
    public void move(){
        System. out. print("在水中,");
        super. move();
    }
    public void 外形() {
        System. out. println("哈哈,看我变成一条鱼!");
    }
}
```

具体装饰角色“小鸟”的代码如下：

```
package com. decorator. monkey;
public class 小鸟 extends 72 变 {
    public 小鸟(I 齐天大圣 c) {
        super(c);
        外形();
    }
    public void move(){
        System. out. print("在空中,");
        super. move();
    }
    public void 外形() {
        System. out. println("哈哈,看我变成一只鸟!");
    }
}
```

客户端类的代码如下：

```
package com. decorator. monkey;
public class Client{
    public static void main(String[ ] args) {
        I齐天大圣  monkeyKing;
        monkeyKing = new 大圣本尊( );
        monkeyKing. move( );

        72 变 change ;
        change = new 鱼儿(monkeyKing);
        change. move( );
        change = new 小鸟(monkeyKing);
        change. move( );
    }

}
```

程序运行结果如图 3-4-4 所示。

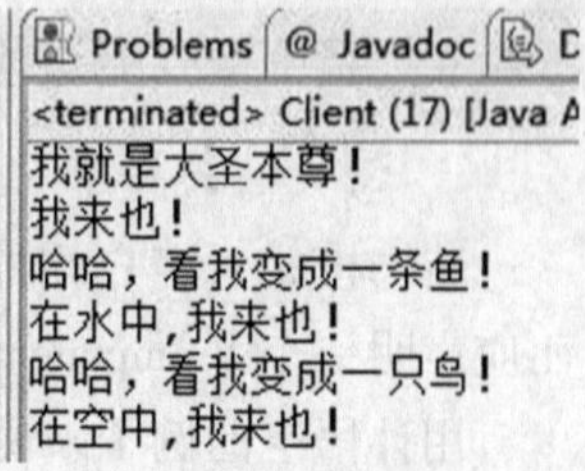

图 3-4-4　程序运行结果

“大圣本尊”是 ConcreteComponent 类，而“小鸟”和“鱼儿”是装饰类，要装饰的是“大圣本尊”，即“猢狲”实例。

3.4.3　装饰模式的简化

大多数情况下，装饰模式的实现都比上述给出的示意性例子简单。

如果只有一个 ConcreteComponent 类，那么可以考虑去掉抽象的 IComponent 类（接口），把 Decorator 作为一个 ConcreteComponent 子类，具体结构如图 3-4-5 所示。

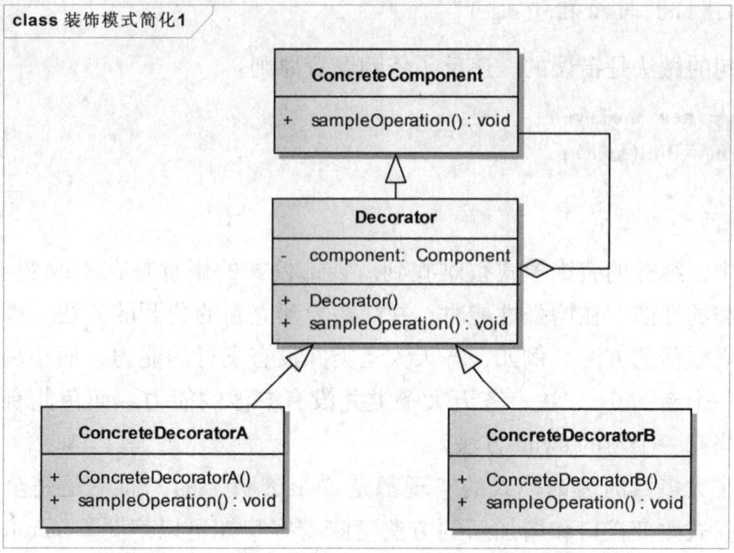

图 3-4-5　简化的装饰模式结构图

如果只有一个 ConcreteDecorator 类，那么就没有必要建立一个单独的 Decorator 类，此时可以把 Decorator 和 ConcreteDecorator 的责任合并成一个类，甚至在只有两个 ConcreteDecorator 类的情况下，都可以这样做，具体结构如图 3-4-6 所示。

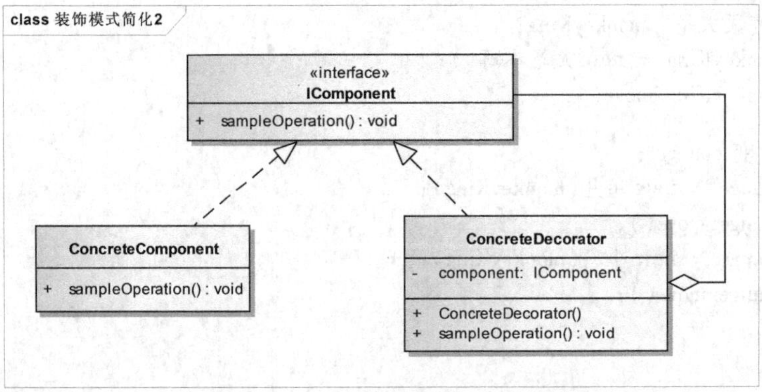

图 3-4-6　进一步简化的装饰模式结构图

3.4.4　装饰模式的进阶

1. 透明性的要求

装饰模式对客户端的透明性要求程序不要声明一个 ConcreteComponent 类型的变量，而应声明一个 IComponent 类型的变量。

用孙悟空的例子来说，必须永远把孙悟空的所有变化都当成孙悟空来对待，而如果把孙悟空变成的鱼儿当成鱼儿，那就被孙悟空骗了，这是不应当发生的。以下语句的做法是正确的：

```
TheGreatestSage sage  = new Monkey( );
TheGreatestSage bird  = new Bird( sage);
```

而以下语句的做法是错误的，违反了依赖倒置原则：

```
Monkey sage  =  new Monkey( );
Bird bird  =  new Bird( sage);
```

2. 半透明的装饰模式

实际应用中，纯粹的装饰模式很难找到。装饰模式的用意是在不改变接口的前提下，增强所考虑的类的性能。在增强性能时，往往需要建立新的公开的方法。即便是在孙悟空的系统里，也需要新的方法。例如，齐天大圣类并没有飞行的能力，而小鸟有，这就意味着小鸟应当有一个新的 fly 方法；齐天大圣类并没有游泳的能力，而鱼儿有，这就意味着在鱼儿类里应当有一个新的 swim 方法。

这就导致了大多数的装饰模式的实现都是“半透明”的，而不是完全透明的。换言之，允许装饰模式改变接口和增加新的方法意味着客户端可以声明 ConcreteDecorator 类型的变量，从而调用 ConcreteDecorator 类中才有的方法，如以下代码：

```
TheGreatestSage sage = new Monkey();
Bird bird = new Bird(sage);
bird.fly();
```

半透明的装饰模式是介于装饰模式和适配器模式之间的。适配器模式的用意是改变所考虑的类的接口，也可以通过改写一个或几个方法，或增加新的方法来增强或改变所考虑的类的功能。大多数的装饰模式实际上是半透明的装饰模式，这样的装饰模式也称为半装饰、半适配器模式。

3. 装饰模式的优点

1）装饰模式与继承关系的目的都是要扩展对象的功能，但是装饰模式可以提供比继承更多的灵活性。装饰模式允许系统动态决定“贴上”一个需要的“装饰”，或删除一个不需要的“装饰”。而继承关系则不同，继承关系是静态的，它在系统运行前就决定了。

2）通过使用不同的具体装饰类以及这些装饰类的排列组合，设计师可以创造很多不同行为的组合。

4. 装饰模式的缺点

使用装饰模式可以比使用继承关系需要较少数目的类。使用较少的类，当然使设计比较易于进行。但是，使用装饰模式会产生比使用继承关系更多的对象。更多的对象会使查错变得困难，特别是这些对象看上去都很相像。

【练习】电子销售系统

1. 需求分析

一个电子销售系统需要打印顾客所购买的商品的发票。一张发票可以分为以下3个部分：

1）发票头部（Header）：上面有顾客的名字和销售的日期。

2）发票主部：销售的货物清单，仅包括商品名字、购买的数量、单价和小计。

3）发票尾部（Footer）：商品总金额。

发票的头部和尾部可以有很多种可能的格式，客户端必须可以随意地选择某一个头部格式和某一个尾部格式的组合，并与主部格式结合起来。

2. 系统设计

为了解决所面临的问题，必须选择一个合适的设计，使得系统可以处理很多的头部格式和尾部格式的组合，而这就暗示着设计师会考虑使用装饰模式。装饰模式可以将更多的功能动态地附加到一个对象上。对功能扩展而言，装饰模式提供了一个灵活的、可以替代继承的选择。

如果在这个系统里使用装饰模式，那么发票的头部和尾部都可以分别由具体装饰类HeaderDecorator和具体装饰类FooterDecorator来代表。有多少种头部和尾部，就可以有多少种相应的具体装饰类。这样一来，这些头部和尾部的组合就可以给出大量的选择。

此系统的结构如图 3-4-7 所示。

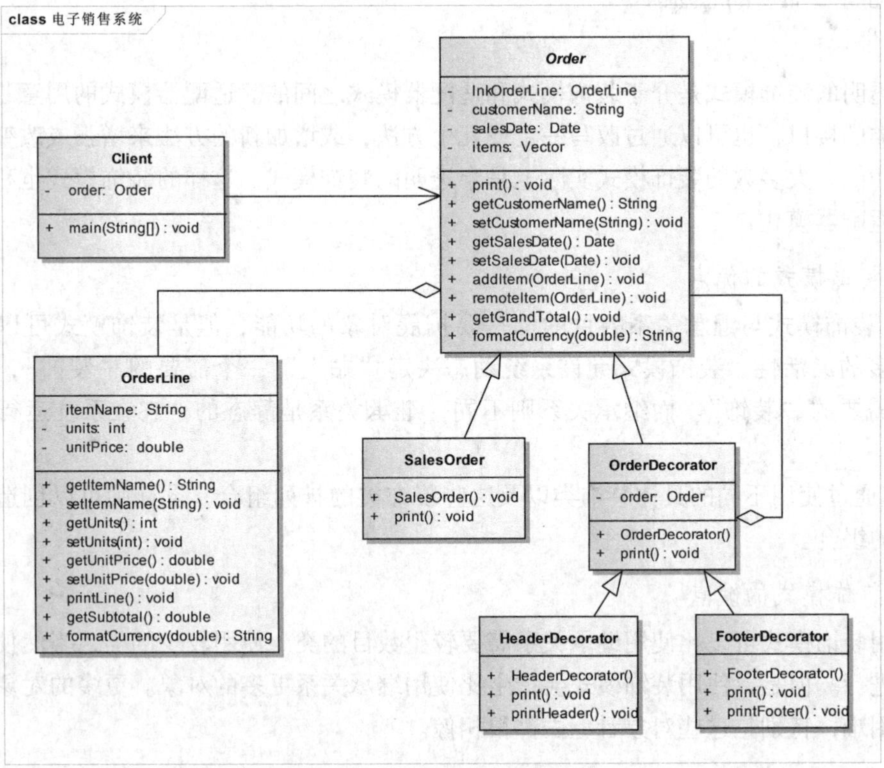

图 3-4-7　电子销售系统的结构图

其中，SalesOrder 代表发票的主部，Order 是抽象构件角色，OrderDecorator 是抽象装饰角色。OrderLine 是一个发票的货品清单中的一行，给出产品名、产品单价、所购单位数和小计金额等。Order 类有一个 Vector 聚集，用以存储任意多个 OrderLine 对象。

HeaderDecorator 提供的打印功能比被装饰的对象的打印功能更强大，它除了调用被装饰的对象的 print 方法外，还调用自己的私有方法 printHeader( )，打印发票的头部。

FooterDecorator 也一样，除了调用被装饰的对象的 print 方法外，还调用自己的私有方法 printFooter( )，打印发票的尾部。

为了节省篇幅，在设计中仅给出了一个头部装饰类和一个尾部装饰类，但是读者可以根据自己系统的需要，加入更多的头部装饰类和尾部装饰类，并动态地选择头部装饰类和尾部装饰类的各种组合，这样才能充分发挥装饰模式的优势。

练习源代码见配套电子课件。

3.5　代理模式

代理（Proxy）模式是对象的结构型模式。代理模式给某一个对象提供一个代理对象，并由代理对象控制对原对象的引用。代理就是一个人或一个机构代表另一个人或一个机构采取行动。某些情况下，客户不想或不能直接引用一个对象，则代理对象可以在客户和目标对象之间直接起到中介的作用。客户端无法分辨代理主题对象与真实主题对象。

代理模式可以不知道真正的被代理对象，而仅持有一个被代理对象的接口，这时代理对象不能创建被代理对象，被代理对象必须由系统的其他角色代为创建并传入。

代理模式的思想是为了提供额外的处理或不同的操作，而在实际对象与调用者之间插入一个代理对象。这些额外的操作通常需要与实际对象进行通信。

【示例】网上聊天

在网上聊天，一开头总是“hi，你好”“你是哪里人？”“你多大了？”对此，可以编写一个程序，凡是接收到这些话都自动回复设置好的回答，接收到其他的话时再通知聊天者回答。

另外，Windows 系统提供的快捷方式可以使被代理对象的映像同时出现在多个地方，对快捷方式的调用完全与对原对象的调用一样，换言之，快捷方式对客户端是完全透明的，所有的快捷方式都有一个小箭头在图标的左下方。这就是说，用户可以区分原对象和指向原对象的代理。

3.5.1　代理模式的结构

代理模式的结构如图 3-5-1 所示。

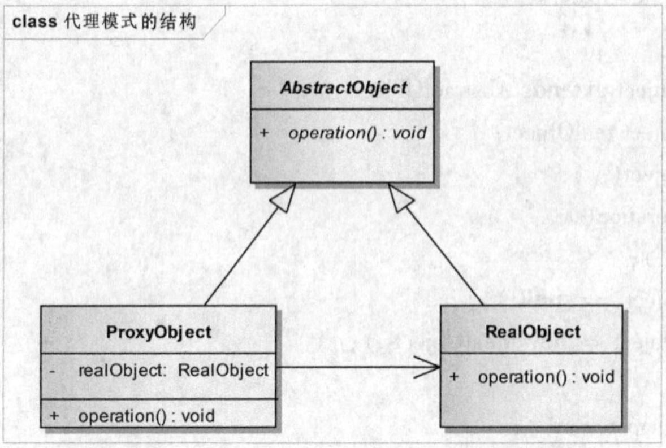

图 3-5-1　代理模式的结构图

代理模式中涉及的角色有以下 3 种。

1）抽象对象（AbstractObject）角色：声明了目标对象和代理对象的共同接口，这样一来，在任何可以使用目标对象的地方都可以使用代理对象。

2）目标对象（RealObject）角色：定义了代理对象所代表的目标对象。

3）代理对象（ProxyObject）角色：代理对象的内部含有对目标对象的引用，从而可以在任何时候操作目标对象；代理对象提供一个与目标对象相同的接口，以便在任何时候均可替代目标对象。代理对象通常在客户端调用并传递给目标对象之前或之后，执行某个操作，而不是单纯地将调用传递给目标对象。

3.5.2 代理模式的实现

下面给出代理模式的实现代码。

抽象对象角色的代码如下：

```
package com.proxy;
public abstract class AbstractObject {
    /**
    * 声明一个抽象的请求方法
    */
    public abstract void operation();
}
```

目标对象角色的代码如下：

```
package com.proxy;
public class RealObject extends AbstractObject {
    public void operation(){
        System.out.println("调用代理模式的目标对象操作");
    }
}
```

代理对象角色的代码如下：

```
package com.proxy;
public class ProxyObject extends AbstractObject {
    private RealObject realObject;
    public ProxyObject() {}
    public void operation(){
        preObject();
        if( realObject == null ){
            realObject = new RealObject();
        }
        realObject.operation();
        postObject();
    }
    private void preObject() {
        System.out.println("调用代理模式前的操作。");
    }
    private void postObject() {
        System.out.println("调用代理模式后的操作。");
    }
}
```

客户端类的代码如下：

```
package com.proxy;
public class Client {
    public static void main(String[] args) {
        AbstractObject obj = new ProxyObject();
        obj.operation();
    }
}
```

从上述代码中可以看出，代理对象将客户端的调用委派给目标对象，在调用目标对象的方法之前和之后，都可以执行特定的操作。

【练习】高老庄悟空降八戒

1. 需求分析

悟空与唐僧赶路西行，一日来到高老庄。听罢高太公的哭诉，悟空便决定扮做高家三小姐，收降那猪八戒："……行者却弄神通，摇身一变，变得就如那女子一般，独自个坐在房里等那妖精……"

2. 系统设计

悟空的手法是将高家三小姐的神貌和她本人分割开来，这和"开—闭"原则有异曲同工之妙。这样一来，"高家三小姐本人"也就变成了"高家三小姐神貌"的具体实现，而"高家三小姐神貌"则变成了抽象角色。悟空巧妙地实现了"高家三小姐神貌"，也就是说同样变成了"高家三小姐神貌"的子类。这样就可以扮演高家三小姐，并借机收降八戒。

显然这就是代理模式的应用。具体地讲，这是保护代理模式的应用。只有代理对象认为合适时，才会将客户端的请求传递给真实主题对象。在《西游记》里，猪八戒根本分辨不出悟空扮演的"高家三小姐替身"和"高家三小姐本人"。而客户端分辨不出代理主题对象与真实主题对象，这是代理模式的一个重要用意。悟空代替高家三小姐会见八戒的静态结构如图 3-5-2 所示。

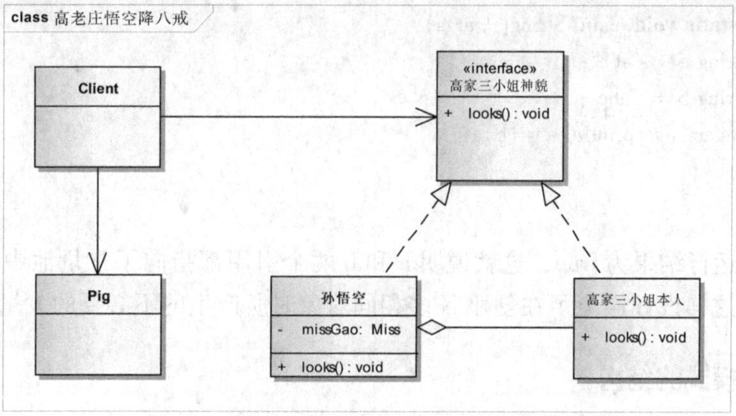

图 3-5-2　"高老庄悟空降八戒"示例的静态结构图

练习源代码见配套电子课件。

3.6 享元模式

享元（Flyweight）模式是结构型模式之一，它通过与其他类似对象共享数据来减小内存占用。享元模式以共享的方式高效地支持大量的细粒度对象，如一篇 Word 文档中的“a”字符可以有很多，但每个 a 的字体和字号可以不同。

享元模式能做到共享的关键是区分内蕴状态和外蕴状态。内蕴状态存储在享元内部，不会随环境的改变而有所不同。外蕴状态是随环境的改变而改变的。外蕴状态不能影响内蕴状态，它们是相互独立的，将可以共享的状态和不可以共享的状态从常规类中区分开来，将不可以共享的状态从类里删去。

客户端不可以直接创建被共享的对象，而应当使用一个工厂对象负责创建被共享的对象。享元模式大幅度地降低内存中对象的数量。在一个系统中如果有多个相同的对象，那么只共享一份即可，不必每个都去实例化一个对象。在享元模式中，由于要产生各种各样的对象，因此在享元模式中常出现工厂模式。

享元模式是一个提高程序效率和性能的模式，可以大大加快程序的运行速度。

【示例】发短信

每天要跟女朋友发很多短信，最近买了个新手机，可以在里面存储 100 条句子，要用的时候直接拿出来，在前面加上女朋友的名字即可发送，再不用一个字一个字地输入。共享的句子就是享元，女朋友的名字就是提取出来的外部特征，然后根据上下文情况使用。

另外，在 Java 语言中，String 类型也使用了享元模式。String 对象是 final 类型，一旦创建就不可改变。在 Java 语言中，字符串常量都是存在于常量池中的，Java 会确保一个字符串常量在常量池中只有一个复制。例如，String a ="abc"，其中“"abc"”就是一个字符串常量，示例代码如下：

```
package com.flyweight;
public class Test {
    public static void main(String[] args) {
        String a = "abc";
        String b = "abc";
        System.out.println(a == b);
    }
}
```

上述代码运行结果为 true，这就说明 a 和 b 两个引用都指向了常量池中的同一个字符串常量"abc"。这样设计避免了在创建 N 多相同对象时所产生的不必要的大量的资源消耗。

3.6.1 享元模式的结构

享元模式采用一个共享来避免大量拥有相同内容对象的开销，这种开销最常见、最直观的就是内存的损耗。

享元对象能做到共享的关键是区分内蕴状态（Internal State）和外蕴状态（External State），具体介绍如下：

1）一个内蕴状态是存储在享元对象内部的，并且不会随环境的改变而有所不同。因此，一个享元可以具有内蕴状态并可共享。

2）一个外蕴状态是随环境的改变而改变的，且不可以共享。享元对象的外蕴状态必须由客户端保存，并在享元对象被创建后，在需要使用的时候再传入享元对象内部。外蕴状态不可以影响享元对象的内蕴状态，它们是相互独立的。

例如，Word 文档中的“a”字符就可以是内蕴状态，而每个 a 的字体和字号则是其外蕴状态。

享元模式可以分为单纯享元模式和复合享元模式两种。

1. 单纯享元模式

在单纯享元模式中，所有的享元对象都是可以共享的，其结构如图 3-6-1 所示。

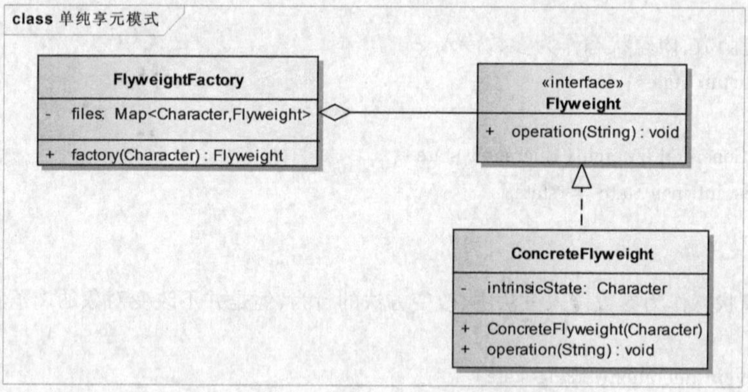

图 3-6-1　单纯享元模式的结构图

单纯享元模式涉及以下 3 种角色。

1）抽象享元（Flyweight）角色：给出一个抽象接口，以规定所有具体享元角色需要实现的方法。

2）具体享元（ConcreteFlyweight）角色：实现抽象享元角色所规定的接口。如果有内蕴状态，则必须负责为内蕴状态提供存储空间。

3）享元工厂（FlyweightFactory）角色：本角色负责创建和管理享元角色，并且必须保证享元对象可以被系统适当地共享。当一个客户端对象调用一个享元对象时，享元工厂角色会检查系统中是否已经有一个符合要求的享元对象。如果已经有了，则享元工厂角色就应当提供这个已有的享元对象；如果系统中没有一个适当的享元对象，则享元工厂角色就应当创建一个合适的享元对象。

下面给出单纯享元模式的示意性程序代码。

抽象享元角色类的代码如下：

```
package com.flyweight;
public interface Flyweight {
    //一个示意性方法,参数 state 是外蕴状态
    public void operation(String state);
}
```

具体享元角色类 ConcreteFlyweight 有一个内蕴状态，在本例中以一个 Character 类型的 intrinsicState 属性作为代表，它的值应当在享元对象被创建时赋予。所有的内蕴状态在对象创建完成后，就不会再改变了。

如果一个享元对象有外蕴状态，则所有的外部状态都必须存储在客户端中，在使用享元对象时，再由客户端传入享元对象。这里只有一个外蕴状态，operation 方法的参数 state 就是由外部传入的外蕴状态。具体代码如下：

```
package com.flyweight;
public class ConcreteFlyweight implements Flyweight {
    private Character intrinsicState = null;
    /**
     * 构造函数,内蕴状态作为参数传入
     * @param state
     */
    public ConcreteFlyweight(Character state){
        this.intrinsicState = state;
    }
    /**
     * 外蕴状态作为参数传入方法中,改变方法的行为,但是并不改变对象的内蕴状态
     */
    public void operation(String state) {
        System.out.println("内蕴状态 = " + this.intrinsicState);
        System.out.println("外蕴状态 = " + state);
    }
}
```

必须指出的是，客户端不可以直接将具体的享元类实例化，而必须通过一个工厂对象，利用一个 factory 方法得到享元对象。一般而言，享元工厂对象在整个系统中只有一个，因此也可以使用单例模式。

当客户端需要单纯享元对象时，需要调用享元工厂的 factory 方法，并传入所需的单纯享元对象的内蕴状态，再由工厂方法产生所需的享元对象。具体代码如下：

```
package com.flyweight;
import java.util.HashMap;
import java.util.Map;
public class FlyweightFactory {
    private Map<Character,Flyweight> files = new HashMap<Character,Flyweight>();
    public Flyweight factory(Character state){
```

```
            //先从缓存中查找对象
            Flyweight fly = files.get(state);
            if(fly == null){
                //如果对象不存在,则创建一个新的 Flyweight 对象
                fly = new ConcreteFlyweight(state);
                //把新的 Flyweight 对象添加到缓存中
                files.put(state, fly);
            }
        return fly;
        }
}
```

客户端类的代码如下：

```
package com.flyweight;
public class Client {
    public static void main(String[] args) {
        FlyweightFactory factory = new FlyweightFactory();
        Flyweight fly = factory.factory(new Character('a'));
        fly.operation("First Call");
        fly = factory.factory(new Character('b'));
        fly.operation("Second Call");
        fly = factory.factory(new Character('a'));
        fly.operation("Third Call");
    }
}
```

虽然客户端申请了 3 个享元对象，但是实际创建的享元对象只有两个，这就是共享的含义。程序运行结果如图 3-6-2 所示。

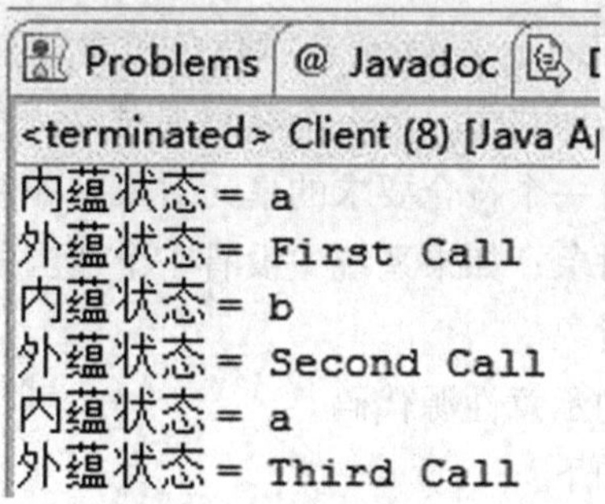

图 3-6-2　程序运行结果

2. 复合享元模式

在单纯享元模式中，所有的享元对象都是单纯享元对象，也就是说都是可以直接共享的。还有一种较为复杂的情况就是将一些单纯享元使用合成模式加以复合，形成复合享元对象。这样的复合享元对象本身不能共享，但是它们可以分解成单纯享元对象，而后者则

可以共享。复合享元模式的结构如图 3-6-3 所示。

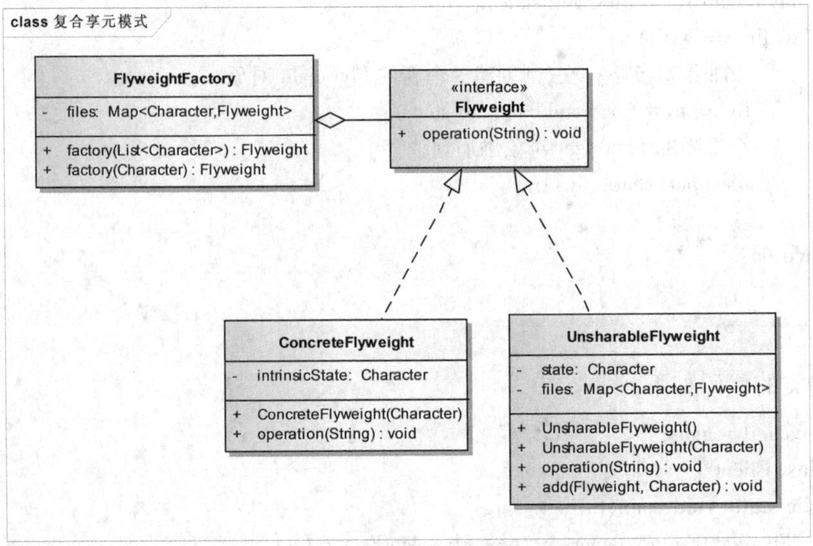

图 3-6-3　复合享元模式的结构图

复合享元角色涉及以下 4 种角色。

1）抽象享元（Flyweight）角色：给出一个抽象接口，以规定所有具体享元角色需要实现的方法。

2）具体享元（ConcreteFlyweight）角色：实现抽象享元角色所规定的接口。如果有内蕴状态，则必须负责为内蕴状态提供存储空间。

3）复合享元（UnsharableFlyweight）角色：复合享元角色所代表的对象是不可以共享的，但是一个复合享元对象可以分解为多个本身是单纯享元对象的组合。复合享元角色又称为不可共享的享元对象。

4）享元工厂（FlyweightFactory）角色：本角色负责创建和管理享元角色，并且必须保证享元对象可以被系统适当地共享。当一个客户端对象调用一个享元对象时，享元工厂角色会检查系统中是否已经有一个符合要求的享元对象。如果已经有了，则享元工厂角色就应当提供这个已有的享元对象；如果系统中没有一个适当的享元对象，则享元工厂角色就应当创建一个合适的享元对象。

下面给出复合享元模式的示意性源代码。

抽象享元角色类的代码如下：

```
package com.flyweight.unsharableFly;
public interface Flyweight {
    //一个示意性方法,参数 state 是外蕴状态
    public void operation(String state);
}
```

具体享元角色类的代码如下：

```
package com.flyweight.unsharableFly;
public class ConcreteFlyweight implements Flyweight {
    private Character intrinsicState = null;
    /**
    * 构造函数,内蕴状态作为参数传入
    */
    public ConcreteFlyweight(Character state) {
        this.intrinsicState = state;
    }
    /**
    * 外蕴状态作为参数传入方法中,改变方法的行为,但是并不改变对象的内蕴状态
    */
    public void operation(String state) {
        System.out.println("内蕴状态 = " + this.intrinsicState);
        System.out.println("外蕴状态 = " + state);
    }
}
```

复合享元对象是由单纯享元对象通过复合而成的，因此它提供了 add（）这样的聚集管理方法。由于一个复合享元对象具有不同的聚集元素，这些聚集元素在复合享元对象被创建之后加入，这意味着复合享元对象的状态是会改变的，因此复合享元对象是不能共享的。

复合享元角色实现了抽象享元角色所规定的接口，也就是 operation 方法，这个方法有一个参数，代表复合享元对象的外蕴状态。

一个复合享元对象的所有单纯享元对象的外蕴状态都是与复合享元对象的外蕴状态相等的；而一个复合享元对象所含有的单纯享元对象的内蕴状态一般是不相等的，不然就没有使用价值了。具体代码如下：

```
package com.flyweight.unsharableFly;
import java.util.HashMap;
import java.util.Map;
public class UnsharableFlyweight implements Flyweight {
    Character state;
    private Map<Character, Flyweight> files = new HashMap<Character, Flyweight>();
    //FlyweightFactory 中的复合享元工厂方法需要
    public UnsharableFlyweight() {}
    //FlyweightFactory 中的单纯享元工厂方法需要
    public UnsharableFlyweight(Character state) {
        this.state = state;
    }
    /**
    * 增加一个新的单纯享元对象到聚集中
    */
    public void add(Character key, Flyweight fly) {
```

```
            files.put(key,fly);
        }
        /**
         * 外蕴状态作为参数传入到方法中
         */
        public void operation(String state) {
            Flyweight fly = null;
            for(Object o : files.keySet()) {
                fly = files.get(o);
                fly.operation(state);
            }
        }
    }
```

享元工厂角色提供两种不同的方法，一种用于提供单纯享元对象，另一种用于提供复合享元对象。具体代码如下：

```
package com.flyweight.unsharableFly;
import java.util.HashMap;
import java.util.List;
import java.util.Map;
public class FlyweightFactory {
    private Map<Character,Flyweight> files = new HashMap<Character,Flyweight>();
    /**
     * 复合享元工厂方法
     */
    public Flyweight factory(List<Character> unsharableState) {
        UnsharableFlyweight unsharableFly = new UnsharableFlyweight();
        for(Character state : unsharableState) {
            unsharableFly.add(state, this.factory(state));
        }
        return unsharableFly;
    }
    /**
     * 单纯享元工厂方法
     */
    public Flyweight factory(Character state) {
        //先从缓存中查找对象
        Flyweight fly = files.get(state);
        if(fly == null) {
            //如果对象不存在,则创建一个新的 Flyweight 对象
            fly = new UnsharableFlyweight(state);
            //把新的 Flyweight 对象添加到缓存中
            files.put(state, fly);
```

```
        }
        return fly;
    }
}
```

客户端角色的代码如下：

```
package com.flyweight.unsharableFly;
import java.util.ArrayList;
import java.util.List;
public class Client {
    public static void main(String[] args) {
        List<Character> unsharableState = new ArrayList<Character>();
        unsharableState.add('a');
        unsharableState.add('b');
        unsharableState.add('c');
        unsharableState.add('a');
        unsharableState.add('b');
        FlyweightFactory flyFactory = new FlyweightFactory();
        Flyweight unsharableFly1 = flyFactory.factory(unsharableState);
        Flyweight unsharableFly2 = flyFactory.factory(unsharableState);
        unsharableFly1.operation("Unsharable Call");
        System.out.println("--------------------------------------");
        System.out.println("复合享元模式是否可以共享对象:" + (unsharableFly1 == unsharableFly2));
        //取 unsharableState 中的某个元素做测试,此处取第一个
        Character state = unsharableState.get(0);
        Flyweight fly1 = flyFactory.factory(state);
        Flyweight fly2 = flyFactory.factory(state);
        System.out.println("单纯享元模式是否可以共享对象:" + (fly1 == fly2));
    }
}
```

运行结果如图 3-6-4 所示。

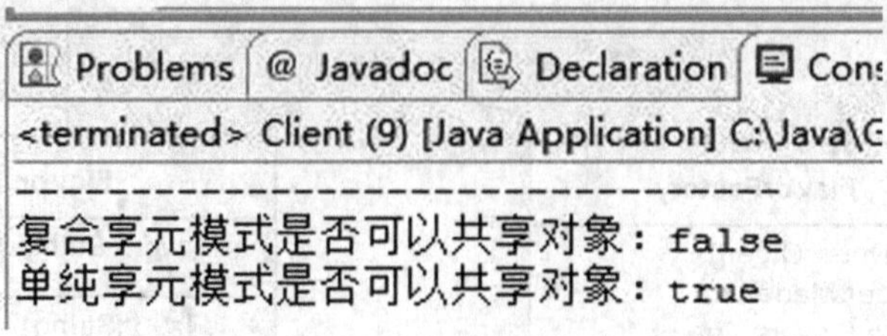

图 3-6-4　运行结果

3.6.2　享元模式的优点与缺点

享元模式的优点在于它大幅度地降低了内存中对象的数量。但是，它做到这一点所付出的代价也是很高的：

1）享元模式使系统变得更加复杂。为了使对象可以共享，需要将一些状态外部化，这使得程序的逻辑复杂化。

2）享元模式要将享元对象的状态外部化，其中读取外部状态会使运行时间稍微变长。

【练习】无外蕴状态的单纯享元模式——一个咖啡店

1. 需求分析

在咖啡店所使用的系统中，有一系列的咖啡“风味（Flavor）”（如拿铁、摩卡和卡布奇诺等）。客人到店里购买咖啡，所有的咖啡均放在台子上，客人拿到咖啡后就离开，没有座位。

每一种风味的咖啡不论卖出多少杯，都是一样的。所谓共享，就是咖啡风味的共享和制造方法的共享等。因此，享元模式对咖啡店来说，就意味着不需要为每位顾客单独调制。店主可以在需要时，一次性地调制出足够一天出售的某一种风味的咖啡。

2. 系统设计

如果系统为每一杯咖啡都创建一个独立的对象，那么就需要创建很多细小的对象。这样就不如把咖啡按照种类（即“风味”）划分，每一种风味的咖啡只创建一个对象，并实行共享。如果这家店接到分订单要几十杯咖啡，那么显然咖啡的口味就可以设置成共享的，而不必单独制作每一杯咖啡。

很显然，这里适合使用单纯享元模式，咖啡有内蕴状态，即咖啡的风味；咖啡没有环境因素（如桌位），即没有外蕴状态。

本系统的结构如图 3-6-5 所示。

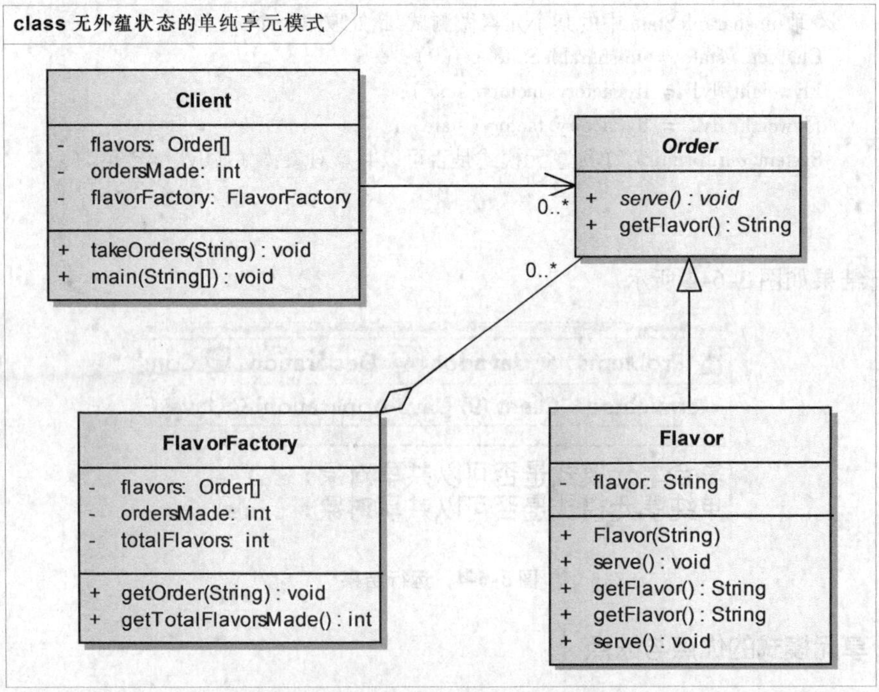

图 3-6-5　咖啡店系统的结构图

【练习】有外蕴状态的单纯享元模式——咖啡屋

1. 需求分析

在前面的咖啡店项目里，由于没有供客人坐的椅子，所有的咖啡均不受环境的影响。换言之，咖啡仅有内蕴状态，也就是咖啡的种类，而没有外蕴状态。

下面考虑一个规模稍稍大一点的咖啡屋（CoffeeShop）项目。屋子里有很多的椅子供客人坐，系统除了需要提供咖啡的“风味”之外，还需要跟踪咖啡被送到哪一个桌位上，因此，咖啡就有了桌椅作为外蕴状态。

2. 系统设计

由于外蕴状态的存在，因此没有外蕴状态的单纯享元模式不再符合要求。系统的设计可以利用有外蕴状态的单纯享元模式，结构如图 3-6-6 所示。

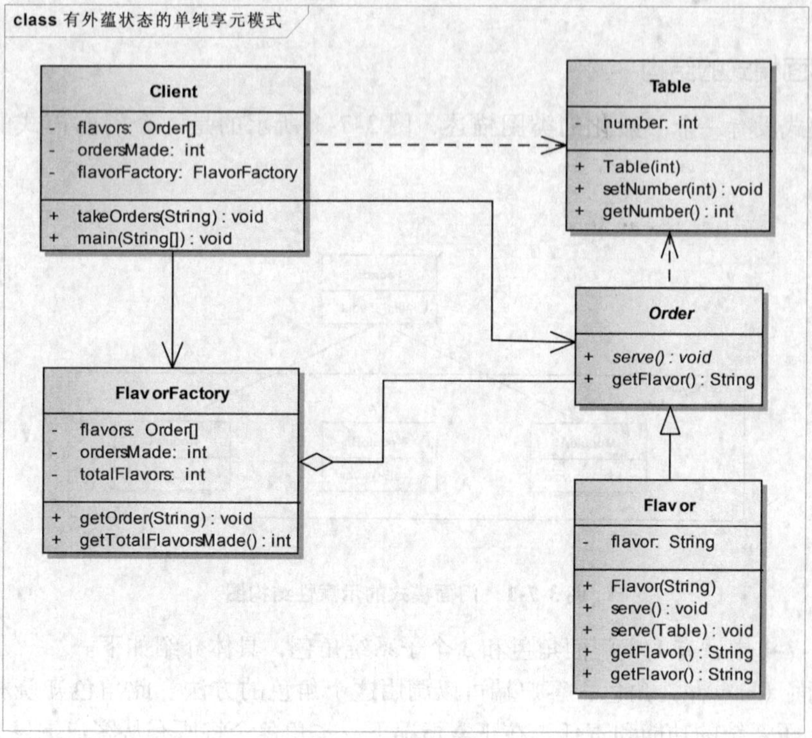

图 3-6-6　咖啡屋系统的结构图

练习源代码见配套电子课件。

3.7　门面模式

门面（Facade）模式是对象的结构型模式，外部与一个子系统的通信必须通过一个统一的门面对象进行。门面模式提供一个高层次的接口，使得子系统更易于使用。每一个子系统只有一个门面类，而且此门面类只有一个实例，也就是说，它是一个单例模式。但是，整个系统可以有多个门面类。

一般而言，门面模式是为了降低子系统之间、客户端与实现化层之间的依赖性。当在构建一个层次化的系统时，也可以通过使用门面模式定义系统中每一层的入口，从而简化层与层之间的依赖关系。

【示例】用相机自动档拍照

专业人士使用专业相机可以自己手动调光圈和快门，这样照出来的照片更好看。非专业人士不懂这些，但幸好相机有门面设计模式，把相机调整到自动档，只要对准目标按快门即可，一切由相机自动调整，不再需要手动调光圈和快门。

如同专业相机的自动档一样，门面模式的门面类将拍照人与专业相机的内部复杂性分隔开，使得客户端只需与门面对象（自动档）打交道，而不需要与子系统内部的很多对象打交道。

3.7.1 门面模式的结构

门面模式没有一个一般化的类图描述，图 3-7-1 所示的是一个门面模式的示意性结构图。

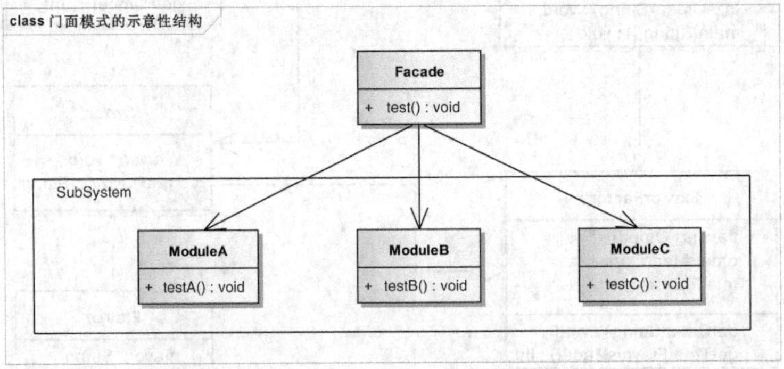

图 3-7-1 门面模式的示意性结构图

在图 3-7-1 中，有 1 个门面角色和 3 个子系统角色，具体介绍如下。

1）门面（Facade）角色：客户端可以调用这个角色的方法。此角色知晓相关的（一个或多个）子系统的功能和责任。在正常情况下，本角色会将所有从客户端发来的请求委派到相应的子系统中。

2）子系统（Subsystem）角色：可以同时有一个或多个子系统。每一个子系统都不是一个单独的类，而是一个类的集合。每个子系统都可以被客户端直接调用，或被门面角色调用。子系统并不知道门面的存在，对于子系统而言，门面仅是另外一个客户端而已。

3.7.2 门面模式的实现

下面给出门面模式的实现代码。

门面（Facade）角色的代码如下：

```java
package com.facade;
public class Facade {
    public void test() {
        ModuleA a = new ModuleA();
        a.testA();
        ModuleB b = new ModuleB();
        b.testB();
        ModuleC c = new ModuleC();
        c.testC();
    }
}
```

子系统（Subsystem）角色 ModuleA 的代码如下：

```java
package com.facade;
public class ModuleA {
    public void testA() {
        System.out.println("调用 ModuleA 中的 testA 方法");
    }
}
```

子系统（Subsystem）角色 ModuleB 的代码如下：

```java
package com.facade;
public class ModuleB {
    public void testB() {
        System.out.println("调用 ModuleB 中的 testB 方法");
    }
}
```

子系统（Subsystem）角色 ModuleC 的代码如下：

```java
package com.facade;
public class ModuleC {
    public void testC() {
        System.out.println("调用 ModuleC 中的 testC 方法");
    }
}
```

客户端类的代码如下：

```java
package com.facade;
public class Client {
    public static void main(String[] args) {
        Facade facade = new Facade();
        facade.test();
    }
}
```

程序运行结果如图 3-7-2 所示。

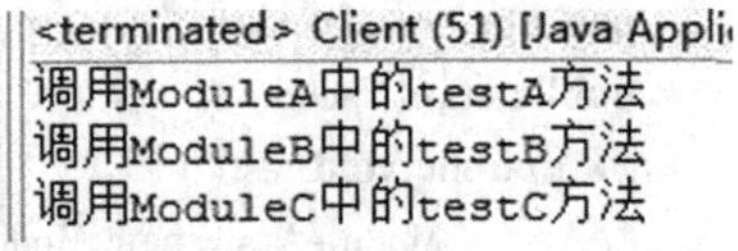

图 3-7-2　程序运行结果

3.7.3　门面模式的进阶

在门面模式中，通常只需要一个门面类，并且此门面类只有一个实例，换言之，它是一个单例类。当然，这并不意味着在整个系统里只能有一个门面类，而仅是说每个子系统只有一个门面类；或者说，如果一个系统有很多个子系统，则每个子系统均有一个门面类，整个系统可以有多个门面类。

初学者往往以为通过继承一个门面类便可在子系统中加入新的行为，这是错误的。门面模式的用意是为子系统提供一个集中化和简化的沟通管道，而不能向子系统中加入新的行为。

在以下情况下应使用门面模式：

1）为一个复杂子系统提供一个简单接口。

2）提高子系统的独立性。

3）在层次化结构中，可以使用门面模式定义系统中的每一层的入口。

【练习】保安管理系统

下面以保安管理系统为例，说明门面模式的功效。一个保安管理系统由两个录像机、3 个电灯、一个遥感器和一个警报器组成。保安管理系统的操作人员需要经常将这些仪器启动和关闭。

1. 不使用门面模式的设计

首先，在不使用门面模式的情况下，操作这个保安管理系统的操作员必须直接操作所有的部件。图 3-7-3 所示的是在不使用门面模式的情况下系统的结构图。

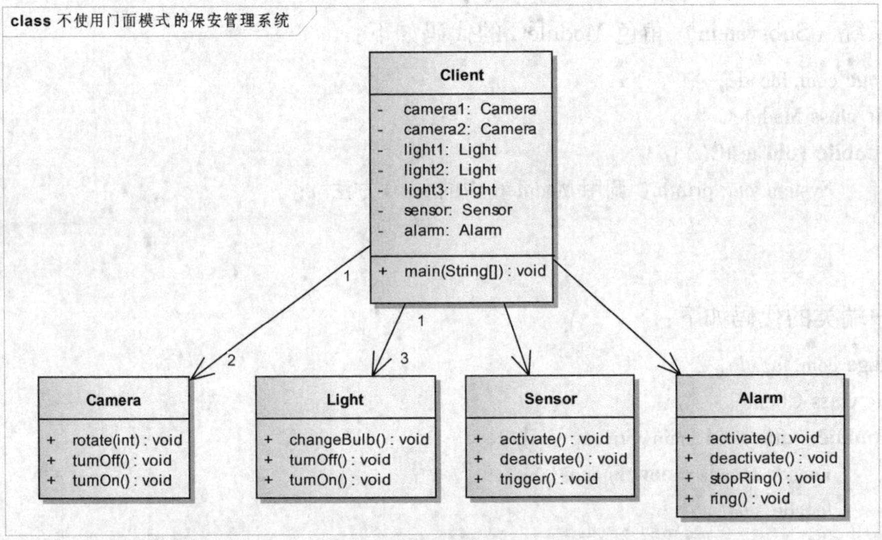

图 3-7-3　不使用门面模式的保安管理系统结构图

从图 3-7-3 中可以看出，Client 对象需要引用所有的录像机（Camera）、电灯（Light）、感应器（Sensor）和警报器（Alarm）对象。下面给出每个对象的具体代码和客户端的具体代码。

录像机（Camera）的代码如下：

```
package com.facadeno;
public class Camera {
    public void turnOn() {
        System.out.println("Turning on the camera.");
    }
    public void turnOff() {
        System.out.println("Turning off the camera.");
    }
    public void rotate(int degrees) {
        System.out.println("rotating the camera by" + degrees + "degrees.");
    }
}
```

电灯（Light）的代码如下：

```
package com.facadeno;
public class Light {
    public void turnOn() {
        System.out.println("Turning on the light");
    }
    public void turnOff() {
        System.out.println("Turning off the light");
    }
    public void changeBulb() {
        System.out.println("changing the light - bulb.");
    }
}
```

感应器（Sensor）的代码如下：

```
package com.facadeno;
public class Sensor {
    public void activate() {
        System.out.println("Activating the sensor");
    }
    public void deactivate() {
        System.out.println("Deactivate the sensor");
    }
    public void trigger() {
        System.out.println("The sensor has been triggered.");
    }
}
```

警报器（Alarm）的代码如下：

```
package com.facadeno;
public class Alarm {
    public void activate() {
        System.out.println("Activating the alarm.");
    }
    public void deactivate() {
        System.out.println("Deactivating the alarm.");
    }
    public void ring() {
        System.out.println("Ringing the alarm.");
    }
    public void stopRing() {
        System.out.println("Stop the alarm.");
    }
}
```

客户端（Client）的代码如下：

```
package com.facadeno;
public class Client {
    static private Camera camera1 = new Camera(), camera2 = new Camera();
    static private Light light1 = new Light(), light2 = new Light(), light3 = new Light();
    static private Sensor sensor = new Sensor();
    static private Alarm alarm = new Alarm();
    public static void main(String[] args) {
        // TODO Auto-generated method stub
        camera1.turnOn();
        camera2.turnOn();
        light1.turnOn();
        light2.turnOn();
        light3.turnOn();
        sensor.activate();
        alarm.activate();
    }
}
```

程序运行结果如图 3-7-4 所示。

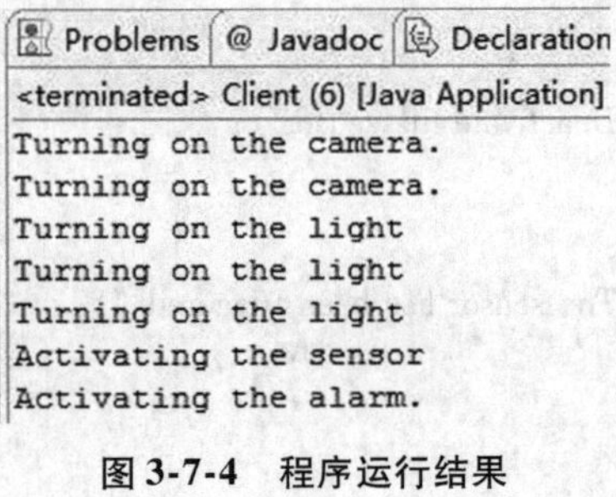

图 3-7-4　程序运行结果

2. 使用门面模式的设计

一个合情合理的改进方法就是准备一个系统的控制台，以作为保安管理系统的用户界面，结构如图 3-7-5 所示。

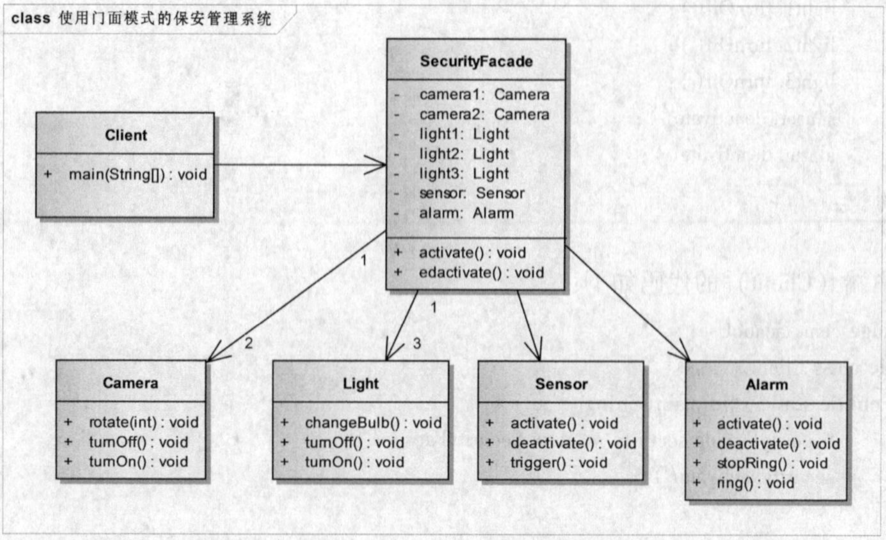

图 3-7-5　使用门面模式的保安管理系统结构图

录像机（Camera）、电灯（Light）、感应器（Sensor）和警报器（Alarm）的代码同前，本处增加了一个门面类（即 SecurityFacade），修改了客户端。

门面类（SecurityFacade）的代码如下：

```
package com.facadeUse;
import com.facadeno.Alarm;
import com.facadeno.Camera;
import com.facadeno.Light;
import com.facadeno.Sensor;
public class SecurityFacade {
    private Camera camera1 = new Camera(), camera2 = new Camera();
    private Light light1 = new Light(), light2 = new Light(), light3 = new Light();
    private Sensor sensor = new Sensor();
    private Alarm alarm = new Alarm();
    public void activate(){
        camera1.turnOn();
        camera2.turnOn();
        light1.turnOn();
        light2.turnOn();
        light3.turnOn();
        sensor.activate();
        alarm.activate();
```

```
    }
    public void deactivate() {
        camera1.turnOff();
        camera2.turnOff();
        light1.turnOff();
        light2.turnOff();
        light3.turnOff();
        sensor.deactivate();
        alarm.deactivate();
    }
}
```

客户端（Client）的代码如下：

```
package com.facadeUse;
public class Client {
    public static void main(String[] args) {
        SecurityFacade security = new SecurityFacade();
        security.activate();
    }
}
```

程序运行结果与前面相同。

使用门面模式还有一个附带的好处，就是可以有选择性地暴露方法。在一个模块中定义的方法可以分成两部分，一部分给子系统外部使用，另一部分是当子系统内部模块之间相互调用时使用。

有了门面类，用于子系统内部模块之间相互调用的方法就不用暴露给子系统外部了。

3.8 桥梁模式

桥梁（Bridge）模式是对象的结构型模式。桥梁模式将抽象化与实现化脱耦，使得二者可以独立地变化，也就是说，将它们之间的强关联变成弱关联，即在一个软件系统的抽象化和实现化之间使用组合/聚合关系，而不是使用继承关系，从而使两者可以独立地变化。

【示例】飞机信息系统

首先解释“重构”的概念，所谓重构，就是在不增加或减少一个软件系统的功能的情况下，对代码结构进行优化。

下面演示如何从一个简单的飞机信息系统初级设计方案，通过重构开发具有高复用性的、以桥梁模式为基础的设计方案。

1. 需求分析

空中客车（Airbus）、波音（Boeing）和麦道（McDonnell-Douglas）都是飞机制造商，都生产载客飞机（Passenger Plane）和载货飞机（Cargo Plane）。现在需要设计一个系统来描述这些飞机制造商以及其所制造的飞机种类。

2. 设计方案一

首先，系统是关于飞机的，因此可以设计一个总的飞机接口，这里命名为 Airplane。其他所有的飞机都是这个总接口的子接口或具体实现。

图 3-8-1 所示的是不使用桥梁模式设计的飞机信息系统结构图，可以看出，这是一个不太高明的设计，有很多理不清的复杂关系。

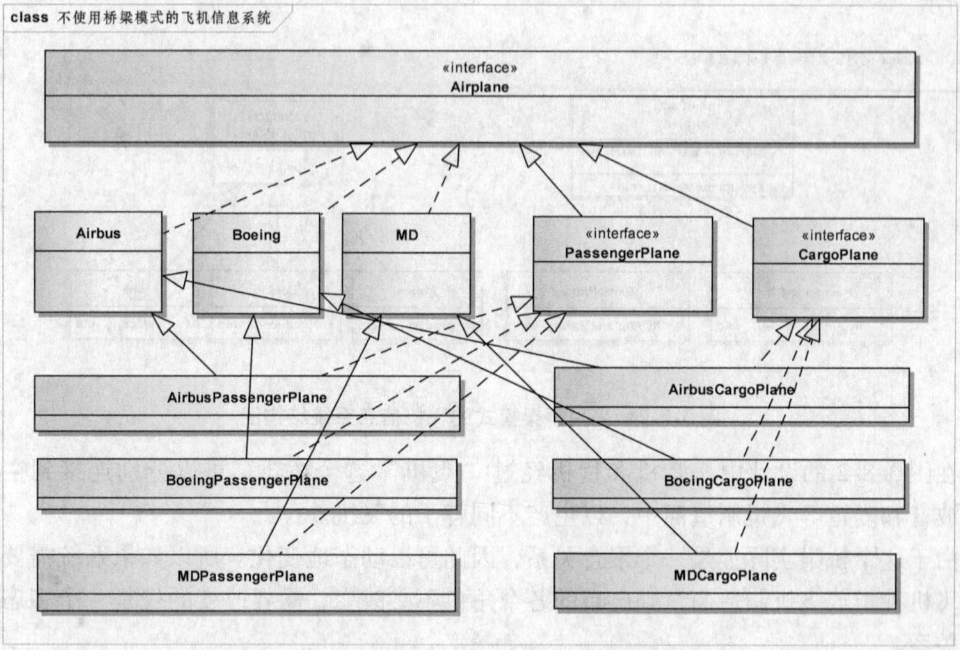

图 3-8-1　不使用桥梁模式的飞机信息系统结构图

此设计方案中，出现了两个子接口，分别表示客机和货机。所有的具体飞机又都要继承自 Airbus、Boeing 和 MD 等超类。这样一来，每一个具体飞机都带有两个超类型，即飞机制造商类型和客、货机类型。

仔细思考一下就会发现，这样的设计从“开—闭”原则来看有一个很大的缺陷：在具体飞机与飞机制造商和飞机种类之间的耦合过强。一旦出现以下情况，系统的设计就不可避免地需要修改：

1）需要向系统引进新的飞机制造商。

2）需要向系统引进新的飞机类型。

组合/聚合复用原则讲的是要尽量地使用合成/聚合，而不是使用继承关系来达到扩展系统功能的目的。组合/聚合复用原则是达到“开—闭”原则要求的必要手段。显然，在这个系统设计中，过多地使用了继承关系。由于继承关系是一种静态的关联，因此很多涉及此关系的变化都会导致代码的修改。

改变这一局面的办法已经由组合/聚合复用原则指出来了，那就是放弃继承关系，通过动态地委派改进系统的设计。

3．设计方案二

要克服第一个设计方案的缺点，可以使用桥梁模式这一“锐利武器”。使用桥梁模式的关键在于准确地找出这个系统的抽象化角色和具体化角色。从系统所面对的问题不难看出，代表飞机的抽象化的是它的类型，即“客机”或“货机”，而代表飞机的实现化的则是飞机制造商。因此，可以给出一个更有灵活性的设计，采用了桥梁模式的新结构如图 3-8-2 所示。

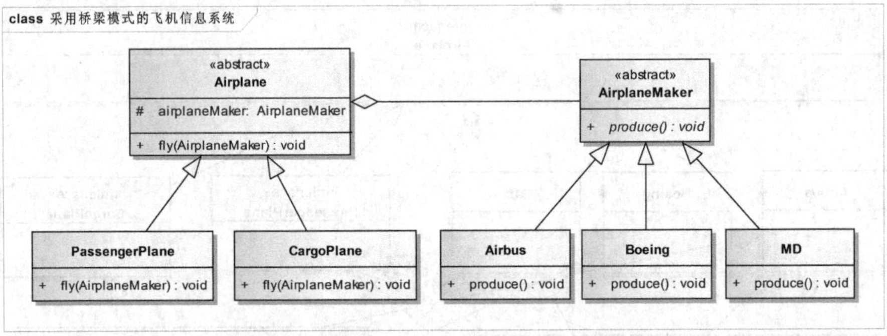

图 3-8-2 采用桥梁模式的飞机信息系统结构图

在图 3-8-2 的设计中，客机和货机经过“飞机”这个桥梁，可以分别连接到空中巴士、波音和麦道等飞机制造商中，以生产不同牌子的飞机。

由于这个桥梁实际上是一个聚合关系，因此可以动态地变化。所以如果系统需要加入新的飞机种类或飞机制造商，则已有的各个角色不必改变，需要改变的仅是一个多态性的聚合关系。

3.8.1 桥梁模式的定义

桥梁模式是“将抽象化（Abstraction）与实现化（Implementation）脱耦，使得二者可以独立地变化”，这句话有 3 个关键词，即抽象化、实现化和脱耦。

1）抽象化：存在于多个实体中的共同的概念性联系就是抽象化。作为一个过程，抽象化就是忽略一些信息，从而把不同的实体当作相同的实体对待。在设计程序过程中，会经常使用抽象类或接口来完成抽象的过程。

2）实现化：抽象化给出的具体实现就是实现化。

3）脱耦：所谓耦合，就是两个实体的行为的某种强关联，而将它们的强关联去掉，就是耦合的解脱，或称为脱耦。这里，脱耦是指将抽象化和实现化之间的耦合解脱开，或说是将它们之间的强关联改为弱关联。将两个角色之间的继承关系改为聚合关系，就是将它们之间的强关联改为弱关联。因此，桥梁模式中的脱耦，就是指在一个软件系统的抽象化和实现化之间使用组合/聚合关系而不是继承关系，从而使两者可以相对独立地变化。这就是桥梁模式的用意。

3.8.2　桥梁模式的结构

桥梁模式主要由抽象类、修正抽象类、实现类和具体实现类组成。

1）抽象类：制订接口，同时给出一个实现化的引用。

2）修正抽象类（扩展抽象类）：修正或改变抽象类中指定的接口。

3）实现类：提供实现化角色的接口，但不具体实现过程，该接口不一定给出与抽象类相同的接口，只是提供实现的方式。

4）具体实现类：完成实现类中定义的实现接口的具体实现过程。

桥梁模式的示意性结构如图 3-8-3 所示。

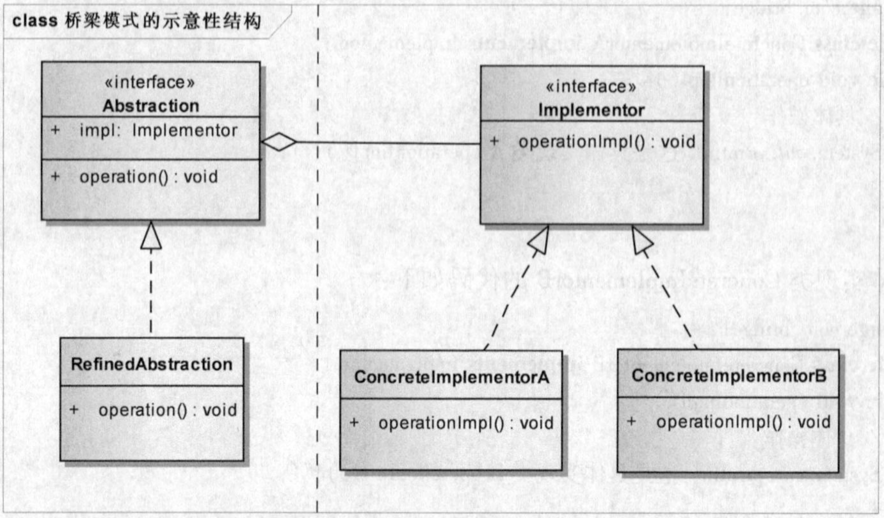

图 3-8-3　桥梁模式的示意性结构

从图 3-8-3 中可以看出，此系统含有两个等级结构：

1）由实现化角色和两个具体实现化角色所组成的实现化等级结构，如图 3-8-3 右侧所示。

2）由抽象化角色和修正抽象化角色组成的抽象化等级结构，如图 3-8-3 左侧所示。

在系统设计中，总是充满了各种变数，这是不可避免的。例如，客户代表可能要求修改某个需求，如增加某种功能等。面对各种变动，程序员只能不停地修改设计和代码，并且开始新的一轮测试。

那采取什么样的方式可以较好地解决变化带给系统的影响呢？我们可以分析变化的种类，将不变的框架使用抽象类进行定义，然后再将变化的内容使用具体的子类来分别实现。这样面向客户的只是一个抽象类，这种方式可以较好地减小为抽象类中现有接口添加新的实现所带来的影响。但是，这可能造成子类数量的爆炸，并且在某些时候不是很灵活。

但是，当各个子类的行为经常发生变化，或有一定的重复和组合关系时，我们不妨将这些行为提取出来，也采用接口的方式进行提供，然后以组合的方式将服务提供给原来的子类。这样就实现了前端和被使用的后端能独立地变化，且实现了后端的重用。其实，这就是桥梁模式的诞生原因。

下面给出桥梁模式的示意性源代码。

实现类的代码如下：

```
package com.bridge;
public interface Implementor {
    void operationImpl();
}
```

具体实现类 ConcreteImplementorA 的代码如下：

```
package com.bridge;
public class ConcreteImplementorA implements Implementor {
public void operationImpl() {
    //具体操作
    System.out.println("这是具体实现类 A operationImpl()!");
    }
}
```

具体实现类 ConcreteImplementorB 的代码如下：

```
package com.bridge;
public class ConcreteImplementorB implements Implementor {
public void operationImpl() {
    //具体操作
    System.out.println("这是具体实现类 B operationImpl()!");
    }
}
```

抽象类的代码如下：

```
package com.bridge;
public abstract class Abstraction {
    private Implementor impl;
    // 约束子类必须实现该构造函数
    public Abstraction(Implementor impl) {
        this.impl = impl;
    }
    //示例方法
    public void operation() {
        impl.operationImpl();
        System.out.println("这是抽象类 operation()!");
    }
}
```

修正抽象类的代码如下：

```
package com. bridge;
public class RefinedAbstraction extends Abstraction {
    public RefinedAbstraction(Implementor impl) {
    super(impl);
    }
    //其他操作方法
    public void otherOperation() {
        System. out. println("这是修正抽象类 otherOperation()!");
    }
    public void operation() {
        super. operation();
        System. out. println("这是修正抽象类 operation()!");
    }
}
```

测试代码如下：

```
package com. bridge;
publicclass Client {
    public static void  main(String[] args) {
        // 定义一个实现化角色
        Implementor imp = new ConcreteImplementorA();
        // 定义一个抽象化角色
        Abstraction abs = new RefinedAbstraction(imp);
        // 执行
        abs. operation();
        RefinedAbstraction rabs = (RefinedAbstraction) abs;
        rabs. otherOperation();
        System. out. println("==========================");
        imp = new ConcreteImp lementorB();
        abs = new RefinedAbstraction(imp);
        abs. operation();
        rabs = (RefinedAbstraction) abs;
        rabs. otherOperation();
    }
}
```

程序运行结果如图 3-8-4 所示。

```
<terminated> Client (49) [Java Application]
这是具体实现类A operationImpl()!
这是抽象类 operation()!
这是修正抽象类operation()!
这是修正抽象类 otherOperation()!
==========================
这是具体实现类B operationImpl()!
这是抽象类 operation()!
这是修正抽象类operation()!
这是修正抽象类 otherOperation()!
```

图 3-8-4　程序运行结果

3.8.3 桥梁模式的优点

桥梁模式的优点如下：

1）分离抽象部分和实现部分。桥梁模式分离了抽象部分和实现部分，从而极大地提供了系统的灵活性。让抽象部分和实现部分独立出来，分别定义接口，这有助于对系统进行分层，从而生成更好的结构化的系统。

2）更好的扩展性。桥梁模式使得抽象部分和实现部分可以分别独立地扩展而不会相互影响，从而大大提高了系统的可扩展性。

3.8.4 桥梁模式的实现

下面给出桥梁模式的实现代码。

实现类的代码如下：

```
package com.bridge.planes;
public abstract class AirplaneMaker {
    public abstract void produce();
}
```

具体实现类 Airbus 的代码如下：

```
package com.bridge.planes;
public class Airbus extends AirplaneMaker {
    public void produce() {
        System.out.println("我是 Airbus 制造!");
    }
}
```

具体实现类 Boeing 的代码如下：

```
package com.bridge.planes;
public class Boeing extends AirplaneMaker {
    public void produce() {
        System.out.println("我是 Boing 制造!");
    }
}
```

具体实现类 MD 的代码如下：

```
package com.bridge.planes;
public class MD extends AirplaneMaker {
    public void produce() {
        System.out.println("我是 MD 制造!");
    }
}
```

抽象类的代码如下：

```
package com.bridge.planes;
public abstract classAirplane {
    protected AirplaneMaker am;
    public abstract void fly();
}
```

修正抽象类 CargoPlane 的代码如下：

```
package com.bridge.planes;
public class CargoPlane extends Airplane {
    public CargoPlane(AirplaneMaker am) {
        this.am = am;
    }
    public void fly() {
        System.out.print("我是货机,");
        am.produce();
    }
}
```

修正抽象类 PassengerPlane 的代码如下：

```
package com.bridge.planes;
public class PassengerPlane extends Airplane {
    public PassengerPlane(AirplaneMaker am) {
        this.am = am;
    }
    public void fly() {
        System.out.print("我是客机,");
        am.produce();
    }
}
```

测试代码如下：

```
package com.bridge.planes;
public class Client {
    public static void main(String[] args) {
        AirplaneMaker am = new Airbus();
        Airplane plane = new PassengerPlane(am);
        Airplane cplane = new CargoPlane(am);
        getPlane(am,cplane);
        getPlane(am,plane);
        System.out.println("================");
        am = new Boeing();
        getPlane(am,cplane);
        getPlane(am,plane);
```

```
        System.out.println("================");
        am = new MD();
        getPlane(am,cplane);
        getPlane(am,plane);
    }
    private static void getPlane(AirplaneMaker am,Airplane plane){
        am = new Airbus();
        plane.fly();
    }
}
```

程序运行结果如图 3-8-5 所示。

```
我是货机,我是Airbus制造!
我是客机,我是Airbus制造!
================
我是货机,我是Boing制造!
我是客机,我是Boing制造!
================
我是货机,我是MD制造!
我是客机,我是MD制造!
```

图 3-8-5　程序运行结果

第 4 章　行为型模式

行为型模式（Behavioral Pattern）是对在不同的对象之间划分责任和算法的抽象化。它不仅是关于类和对象的，而且是关于它们之间的相互作用的。行为型模式分为类的行为型模式和对象的行为型模式两种。

1）类的行为型模式：使用继承关系在几个类之间分配行为。

2）对象的行为型模式使用对象的聚合来分配行为。

本章将介绍的行为型模式包括不变模式、策略模式、模板方法模式、观察者模式、迭代子模式、责任链模式、命令模式、备忘录模式、状态模式、访问者模式、解释器模式和调停者模式。

4.1　不变模式

不变（Immutable）模式只涉及一个类。一个类的内部状态创建后，当其在整个生命周期都不发生变化时，这样的类称为不变类。使用不变类的做法称为不变模式。

一个对象的状态在对象被创建之后就不再变化，这就是不变模式的精髓。

顾名思义，不变模式的状态在其生命周期内是永恒的，是不会改变的。对于其中的不变类，其实例可以在运行期间保持状态，永远不会被改变，所以不需要采取共享互斥机制来保护它，如果运用得当可以节省大量的时间成本。

需要说明的是，不变类只是不变模式中的一个组成部分，不变类和与之相辅的可变类，以及它们之间的关系才共同构成不变模式。所以，在涉及不变模式时一定要研究一个类是不变的还是可变的（Mutable）。

不变模式可增强对象的强壮性（Robustness）。不变模式允许多个对象共享某一个对象，降低了对该对象进行并发访问时的同步化开销。如果需要修改一个不变对象的状态，则需要建立一个新的同类型对象，并在创建时将这个新的状态存储在新对象里。

【示例】JDK 中的 String

在 JDK 中的 String 被设计为不可变类，一旦生成一个 String 对象，则其所有属性就不会改变，任何方法要么返回这个对象本身的原始状态，要么抛弃原来的字符串返回一个新字符串，而绝对不会返回被修改了的字符串对象，如下述代码所示。

```
String s0 ="kvill";
String s1 = new String("kvill");
String s2 ="kv" + new String("ill");
System.out.println( s0 == s1 );
System.out.println( s0 == s2 );
System.out.println( s1 == s2 );
```

比较的结果如图 4-1-1 所示。

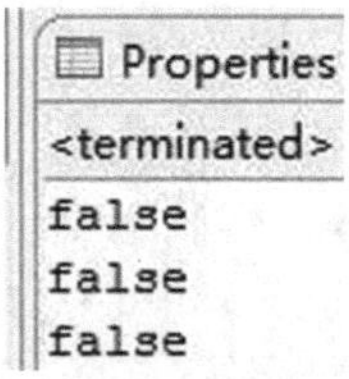

图 4-1-1　字符串 s0、s1 和 s2 比较的结果

很多时候，返回新字符串、抛弃原来的字符串对象，这样的操作十分浪费资源，特别是当循环操作时，例如下述语句：

```
String s = "Axman";
for(int i = 0;i < 1000 * 1000;i ++ ) s + = "x";   //这样的操作是致命的
```

此时需要将原始的、不变的 s 包装成可变的 StringBuffer 来操作，如此性能的改变可能是成千上万倍的：

```
StringBuffer sb = new StringBuffer(s);. //将不变的 String 包装成可变的 String
for(int i = 0; i < 1000 * 1000; i ++ )
    sb.append("x");
s = new String(sb); /* 将可变类封装成不变类;虽然可以调用 toString(),但那不是可变到不变的
                      转换 */
```

4.1.1　“不变”和“只读”的区别

“不变”与“只读”（Read Only）是不同的。当一个变量是“只读”时，变量的值不能直接改变，但是可以在其他变量发生改变时发生改变。

例如，一个人的出生年月日是“不变”属性，而一个人的年龄便是“只读”属性，不是“不变”属性。随着时间的变化，一个人的年龄会随之发生变化，而人的出生年月日则不会变化。这就是“不变”和“只读”的区别。

4.1.2　不变模式的结构

不变模式有两种形式，一种是弱不变模式，另一种是强不变模式。

1. 弱不变模式

一个类的实例的状态是不可改变的，但是这个类的子类的实例具有可能变化的状态，这样的类符合弱不变模式的定义。

要实现弱不变模式，一个类必须满足以下几个条件：

1）所考虑的对象没有任何方法会修改对象的状态，这样一来，当对象的构造函数将对象的状态初始化后，对象的状态便不再改变。

2）所有属性都应是私有的。不要声明任何公开的属性，以防客户端对象直接修改任何的内部状态。

3）这个对象所引用的对象如果是可变对象，则必须设法限制外界对这个对象的访问，以防止这些对象被修改。如果可能，应该尽量在不变对象的内部进行初始化。

弱不变模式的缺点如下：

1）一个弱不变对象的子对象可以是可变对象，换言之，一个弱不变对象的子对象可能是可变的。

2）这个可变的子对象可能可以修改父对象的状态，从而可能允许外界修改父对象的状态。

2. 强不变模式

一个类的实例不会改变，同时其子类的实例也具有不可变化的状态，这样的类符合强不变模式的定义。要实现强不变模式，一个类必须首先满足弱不变模式所要求的所有条件，并且还要满足以下条件之一：

1）所考虑的类的所有方法都应是 final 的，这样这个类的子类便不能置换此类的方法。

2）这个类本身就是 final 的，那么这个类就不可能有子类，从而也就不可能有被子类修改的问题。

4.1.3　不变模式在 Java 中的应用

不变模式在 Java 中最著名的应用便是 java. lang. String 类。String 类是一个强不变类型，例如如下语句：

```
String a = "test";
String b = "test";
String c = "test";
```

Java 虚拟机其实只会创建这样一个字符串的实例，而这 3 个 String 对象都在共享这一值。

4.1.4　不变模式的安全应用

1. 不安全的例子

当将可变类封装到不变类时要特别小心，因为传入的引用在外面是可以被修改的。即使不变类本身不能改变属性，但属性有一个外部引用可以在外面进行修改，例如如下语句：

```
final class MutableDog{
    private String name;
    private int age;
    public MutableDog(String name, int age){
        this. name = name;
        this. age = age;
    }
    …
}
```

使用 MutableDog 类，代码如下：

```
final class ImmatableDog{
        …
    public ImmatableDog(MutableDog dog){
        this. name = dog. getName();
        this. age = dog. getAge();
    }
    …
}
```

通过上面代码的第 3 ~5 行，可以发现这个方法是不安全的。当一个属性为“"Sager", 100”的 dog 被传进来后，执行语句“this. name = dog. getName( )”，如果线程切换到其他线程执行，那么 dog 的属性就可能是“"p4", 80”，这时再执行语句“this. age = dog. getAge( )”将得到一个属性为“"Sager", 80”的、错误的不可变对象。

2. 问题的改进

对于上述传入参数，可以将其在方法类中复制为本地变量，如下述示例中的 tmp 变量：

```
public static void test(Object[ ] objs){
        Object tmp = new Object[objs. lenth];
        System. arrayCopy(objs, 0,tmp,0,objs. lenth);
    ...
}
```

4.1.5 不变模式的优点与缺点

1. 不变模式的优点

1）因为不能修改一个不变对象的状态，所以可以避免由此引起的不必要的程序错误；换言之，一个不变的对象要比可变的对象更加容易维护。

2）因为没有任何一个线程能够修改不变对象的内部状态，所以一个不变对象自动就是线程安全的，这样可以节省处理同步化的开销。一个不变对象可以自由地被不同的客户端共享。

2. 不变模式的缺点

不变模式唯一的缺点是：一旦需要修改一个不变对象的状态，就只能创建一个新的同类对象。在需要频繁修改不变对象的环境里，会有大量的不变对象作为中间结果被创建出来，再被 Java 垃圾收集器收集走，这是一种资源上的浪费。

在设计任何一个类时，都应当慎重考虑其状态是否有需要变化的可能性。除非其状态有变化的必要，不然应将其设计成不变类。

4.2 策略模式

策略（Strategy）模式属于对象的行为型模式，其用意是针对一组算法，将每一个算法封装到具有共同接口的独立的类中，从而使它们可以相互替换。策略模式使得算法可以在不影响客户端的情况下发生变化。

策略模式把行为和环境分开。环境类负责维持和查询行为类，各种算法则在具体的策略类中提供。由于算法和环境独立开来，因此算法的增减和修改都不会影响环境和客户端。

【示例】诸葛亮的锦囊妙计

三国中赵云保护刘备入吴国迎娶孙尚香，诸葛亮给了他 3 个锦囊，内有 3 条妙计，嘱咐赵云伺机行事。这 3 个锦囊妙计很符合策略模式的定义。3 个锦囊妙计的静态结构如图 4-2-1 所示。

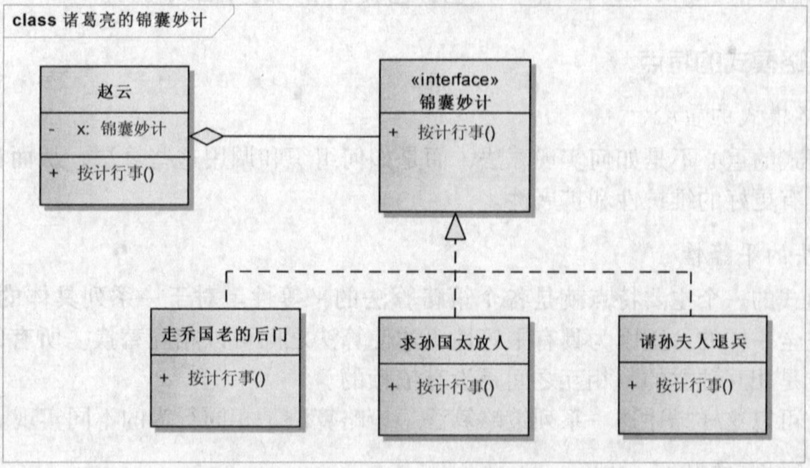

图 4-2-1　锦囊妙计的静态结构图

从图 4-2-1 中可以看出，赵云扮演了环境角色，而“走乔国老的后门”“求孙国太放人”和“请孙夫人退兵”则是具体策略角色。诸葛亮设定这些“锦囊妙计”的做法便是抽象策略角色，其规定了具体的策略类的接口。

4.2.1 策略模式的结构

策略模式是对算法的包装，是把使用算法的责任和算法本身分割开来，并委派给不同的对象管理。策略模式通常把一系列的算法包装到一系列的策略类中，作为一个抽象策略类的子类，即“准备一组算法，并将每一个算法封装起来，使得它们可以互换”。策略模式的示意性结构如图 4-2-2 所示。

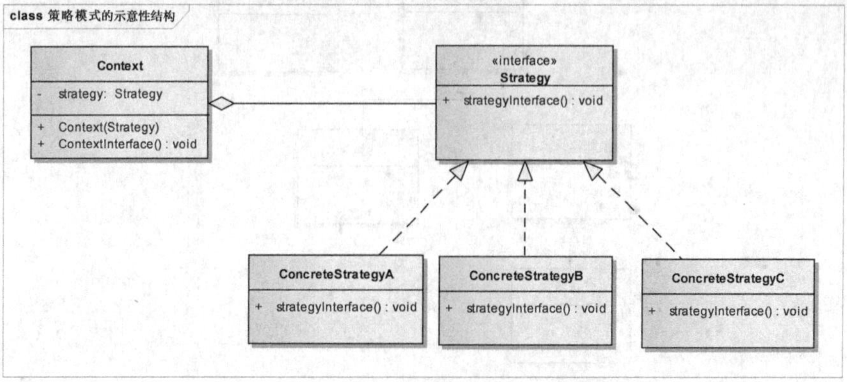

图 4-2-2　策略模式的示意性结构

此模式涉及以下 3 个角色。

1）环境（Context）角色：持有一个策略的引用。

2）抽象策略（Strategy）角色：这是一个抽象角色，通常由一个接口或抽象类实现。此角色给出所有的具体策略类所需的接口。

3）具体策略（ConcreteStrategy）角色：包装了相关的算法或行为。

4.2.2 策略模式的特点

1. 策略模式的重心

策略模式的重心不是如何实现算法，而是如何组织和调用这些算法，从而让程序结构更灵活，具有更好的维护性和扩展性。

2. 算法的平等性

策略模式的一个主要特点就是各个策略算法的平等性。对于一系列具体的策略算法，其地位是完全一样的，正因为具有平等性，才使算法之间可以相互替换。所有的策略算法在实现上也是相互独立的，相互之间是没有依赖的。

因此，可以这样描述这一系列策略算法：策略算法是相同行为的不同实现。

3. 运行时策略的唯一性

运行期间，策略模式在每一个时刻只能使用一个具体的策略实现对象，虽然可以动态地在不同的策略实现中切换，但是每一时刻只能使用一个。

4. 公有的行为

经常见到的是，所有的具体策略类都有一些公有的行为，有时应把这些公有的行为放到共同的抽象策略角色类中。当然，这时抽象策略角色必须使用 Java 抽象类来实现，而不能使用接口。这其实也是典型的将代码的继承等级结构向上方集中的标准做法，其结构如图 4-2-3 所示。

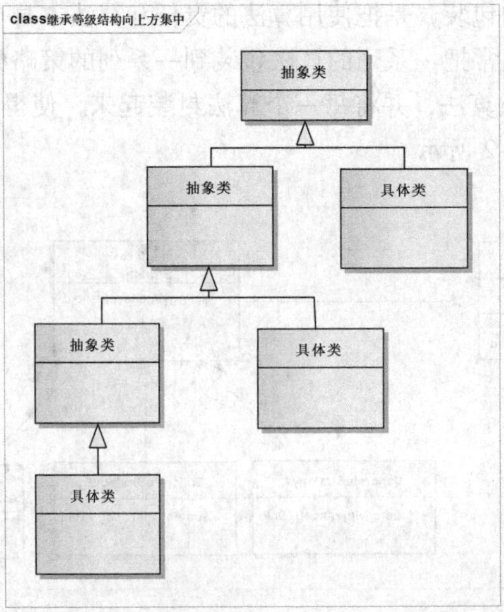

图 4-2-3　继承等级结构向上方集中的结构图

4.2.3　策略模式的实现

下面给出策略模式的实现代码。

环境角色类的代码如下：

```
package com. Strategy;
public class Context {
    //持有一个具体策略的对象
    private Strategy strategy;
    /**
     * 构造函数,传入一个具体策略对象
     * @param strategy   具体策略对象
     */
    public Context(Strategy strategy){
        this. strategy = strategy;
    }
    /**
     * 策略方法
     */
    public void ContextInterface(){
        strategy. strategyInterface();
    }
}
```

抽象策略类的代码如下：

```
package com. Strategy;
public interface Strategy {
    /**
     * 策略方法
     */
    public void strategyInterface();
}
```

具体策略类 A 的代码如下：

```
package com. Strategy;
public class ConcreteStrategyA implements Strategy{
    public void strategyInterface() {
        //相关的业务
    }
}
```

具体策略类 B 的代码如下：

```
package com. Strategy;
public class ConcreteStrategyB implements Strategy {
    public void strategyInterface( ) {
        //相关的业务
    }
}
```

4.2.4 策略模式的优点与缺点

1. 策略模式的优点

1）策略模式提供了与管理相关的算法族的方法。策略类的等级结构定义了一个算法或行为族。恰当地使用继承可以把公共的代码移到父类里，从而避免代码重复。

2）使用策略模式可以避免使用多重条件（if-else）语句。多重条件语句不易维护，它把采取哪一种算法或采取哪一种行为的逻辑与算法或行为的逻辑混合在一起，统统列在一个多重条件语句中，比使用继承的方法还要原始和落后。

2. 策略模式的缺点

1）客户端必须知道所有的策略类，并自行决定使用哪一个策略类。这就意味着客户端必须理解这些算法的区别，以便适时选择恰当的算法类。换言之，策略模式只适用于客户端知道算法或行为的情况。

2）由于策略模式把每个具体的策略实现都单独封装成类，因此，如果备选的策略很多，则对象的数目就会很可观。

【示例】排序策略系统

假设设计一个排序系统（Sorter System），动态地决定采用二元排序（Binary Sort）、泡沫排序（Bubble Sort）、堆栈排序（Heap Sort）、快速排序（Quick Sort）和基数排序（Radix Sort）中的哪一种排序方式。

显然，采用策略模式把几种排序算法包装到不同的算法类中，让所有的算法类具有相同的接口，这是一个很好的设计。排序策略系统的结构如图 4-2-4 所示。

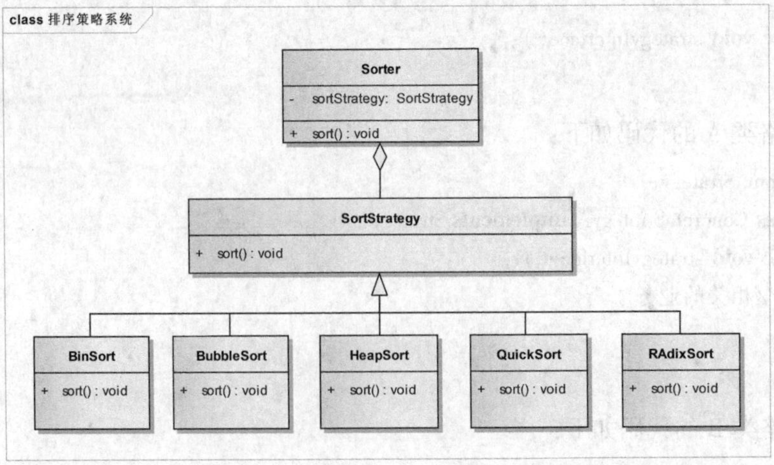

图 4-2-4　排序策略系统的结构图

这样就可以很方便地按照需要调用不同的排序算法。

【练习】电子商务网站之购物车系统

1. 需求分析

设计一个出售各类书籍的电子商务网站的购物车系统。一个最简单的情况就是把所有货品的单价乘以数量，但是实际情况肯定比这要复杂。例如，本网站可能对所有的高级会员提供每本 20% 的促销折扣；对中级会员提供每本 10% 的促销折扣；对初级会员没有折扣。

2. 系统设计

根据描述，折扣是根据以下几个算法中的一个进行的。

算法 1：对初级会员没有折扣。

算法 2：对中级会员提供 10% 的促销折扣。

算法 3：对高级会员提供 20% 的促销折扣。

使用策略模式实现的系统结构如图 4-2-5 所示。

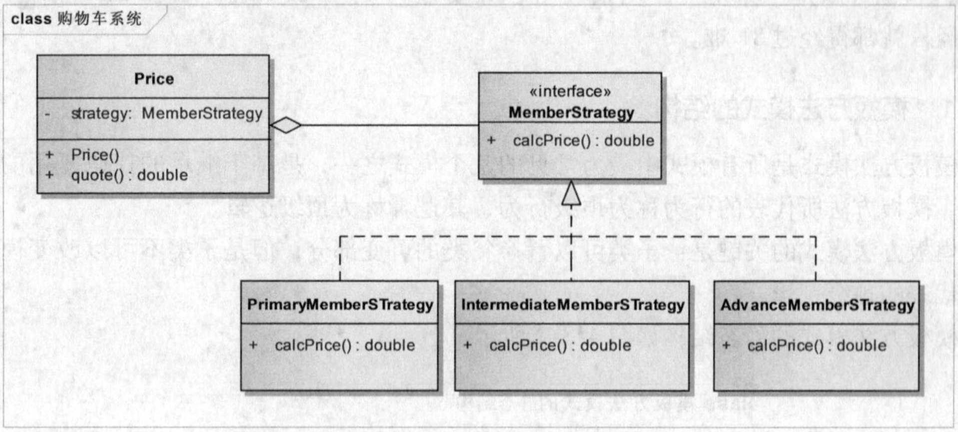

图 4-2-5　购物车系统的结构图

从图 4-2-5 中可以看出，策略模式仅封装算法、提供新的算法插入到已有系统和使老算法从系统中“退休”的方法，策略模式并不决定在何时使用何种算法。在什么情况下使用什么算法是由客户端决定的。

练习源代码见配套电子课件。

4.3　模板方法模式

模板方法（Template Method）模式是类的行为型模式。准备一个抽象类，将部分逻辑以具体方法和具体构造函数的形式实现，然后声明一些抽象方法来迫使子类实现剩余的逻辑。

不同的子类可以不同的方式实现这些抽象方法，从而对剩余的逻辑有不同的实现，先制定一个顶级框架，而将逻辑的细节留给具体的子类去实现，这就是模板方法模式的用意。

【示例】西天取经 81 难

唐僧到西天取经途中经历的苦难均是菩萨所控制的一个项目。下面以模板方法模式的观点加以分析，以助理解。

唐僧经历的 81 难均是菩萨在事先制定了一个顶级逻辑框架，而将逻辑的细节留给具体的子类（这里就是“唐僧”类）去实现，结构如图 4-3-1 所示。

由此可见，菩萨当年就是使用模版方法模式来处理唐僧去西天取经的项目安排的。在这个模拟系统中，关键性的角色就是抽象类“取经人”，具体子类（“唐僧”类）只是按照事先安排好的步骤一步步实现而已。

按照模版方法模式的观点，具体子类可以是“唐僧”，也可以是“宋僧”“明僧”等，只要是去取经，就都得经过 81 难。

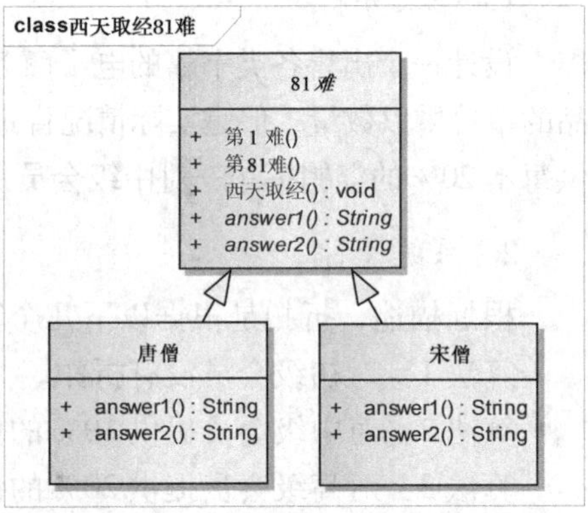

图 4-3-1　西天取经 81 难

4. 3. 1　模板方法模式的结构

模板方法模式是所有模式中最为常见的几个模式之一，是基于继承的代码复用的基本技术。模板方法所代表的行为称为顶级行为，其逻辑称为顶级逻辑。

模板方法模式的关键是：子类可以置换父类的可变部分，但是子类不可以改变模板方法所代表的顶级逻辑。

模板方法模式的静态结构如图 4-3-2 所示。

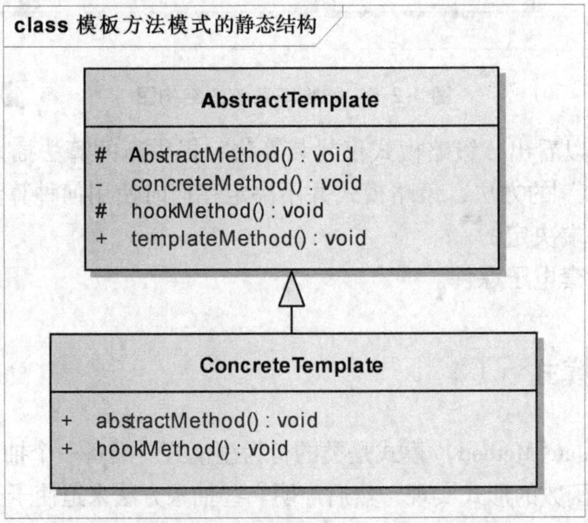

图 4-3-2　模板方法模式的静态结构图

模板方法模式涉及以下两个角色。

1）抽象模板（AbstractTemplate）角色：有如下两个责任。

①定义了一个或多个抽象操作，以便让子类实现。这些抽象操作叫作基本操作，它们是一个顶级逻辑的组成步骤。

②定义并实现了一个模板方法。这个模板方法一般是一个具体方法，它给出了一个顶级逻辑的框架，而逻辑的组成步骤则在相应的抽象操作中，推迟到子类实现。顶级逻辑也有可能调用一些具体方法。

2）具体模板（ConcreteTemplate）角色：有如下两个责任。

①实现父类所定义的一个或多个抽象方法，它们是一个顶级逻辑的组成步骤。

②每一个抽象模板角色都可以有任意多个具体模板角色与之对应，而每一个具体模板角色都可以给出这些抽象方法（也就是顶级逻辑的组成步骤）的不同实现，从而使得顶级逻辑的实现各不相同。

4.3.2　模板方法模式中的方法

模板方法模式中的方法可以分为模板方法和基本方法两大类。

1．模板方法

一个模板方法是定义在抽象类中的，把基本操作方法组合在一起形成一个总算法或一个总行为的方法。

一个抽象类可以有任意多个模板方法，而不限于一个。每一个模板方法都可以调用任意多个具体方法。

2．基本方法

基本方法可以分为抽象方法（Abstract Method）、具体方法（Concrete Method）和钩子方法（Hook Method）3种。

1）抽象方法：一个抽象方法由抽象类声明，由具体子类实现。在Java语言里抽象方法以关键字abstract标示。

2）具体方法：一个具体方法由抽象类声明并实现，而子类并不完成实现或置换。

3）钩子方法：一个钩子方法由抽象类声明并实现，而子类会加以扩展。通常，抽象类给出的实现是一个空实现，以作为方法的默认实现。

在图4-3-2中，AbstractTemplate是一个抽象类，其带有3个方法。其中，abstractMethod()是一个抽象方法，它由抽象类声明为抽象方法，并由子类实现；hookMethod()是一个钩子方法，它由抽象类声明并提供默认实现，并由子类置换掉；concreteMethod()是一个具体方法，它由抽象类声明并实现。

3．模板方法模式的源代码

在抽象模板角色类中，abstractMethod()和hookMethod()等基本方法是顶级逻辑的组成步骤，这个顶级逻辑由方法templateMethod()代表。具体代码如下：

```java
package com.TemplateMethod;
public abstract class AbstractTemplate {
    /**
     * 模板方法
     */
    public void templateMethod(){
        //调用基本方法
        abstractMethod();
        hookMethod();
        concreteMethod();
    }
    /**
     * 基本方法的声明(由子类实现)
     */
    protected abstract void abstractMethod();
    /**
     * 基本方法(空方法)
     */
    protected void hookMethod(){}
    /**
     * 基本方法(已经实现)
     */
    private final void concreteMethod(){
        //业务相关的代码
    }
}
```

具体模板角色类实现了父类所声明的基本方法，abstractMethod 方法所代表的就是强制子类实现的剩余逻辑，而 hookMethod 方法是可选择实现的逻辑，但不是必须实现的。具体代码如下：

```java
package com.TemplateMethod;
public class ConcreteTemplate extends AbstractTemplate{
    //基本方法的实现
    public void abstractMethod(){
        //业务相关的代码
    }
    //重写父类的钩子方法
    public void hookMethod(){
        //业务相关的代码
    }
}
```

每当定义一个新的子类时，不要按照控制流程的思路去想，而应按照“责任”的思路去想。换言之，应当考虑哪些操作是必须置换掉的，哪些操作是可以置换掉的，以及哪些操作是不可以置换掉的。使用模板方法模式可以使这些责任变得清晰。

4.3.3　模板方法模式的实现

下面以前述唐僧取经的示例为例，给出模板方法模式实现的具体代码。

抽象模板角色类“81 难”的代码如下：

```
package com. TemplateMethod. TM;
public abstract class 81 难 {
    public final void 第 1 难() {
        System. out. println("受难:" + answer1());
    }
    public abstract String answer1();
    public abstract String answer2();
    public final void 第 2 难() {
        System. out. println("受难:" + answer2());
    }
    public final void 西天取经() {
        第 1 难();
        第 2 难();
    }
}
```

具体模板角色类“唐僧”的代码如下：

```
package com. TemplateMethod. TM;
public class 唐僧 extends 81 难 {
    public String answer1() {
        return "金蝉遭贬";
    }
    public String answer2() {
        return "琵琶洞受苦";
    }
}
```

具体模板角色类“宋僧”的代码如下：

```
package com. TemplateMethod. TM;
public class 宋僧 extends 81 难 {
    public String answer1() {
        return "孤岛奇遇";
    }
    public String answer2() {
```

```
        return "王子历险记";
    }
}
```

客户端类的代码如下：

```
package com.TemplateMethod.TM;
public class Client {
    public static void main(String[] args) {
        81难 a = new 唐僧();
        System.out.println("唐僧的经历");
        a.西天取经();
        System.out.println("========");
        System.out.println("宋僧的经历");
        81难 b = new 宋僧();
        b.西天取经();
    }
}
```

程序运行结果如图 4-3-3 所示。

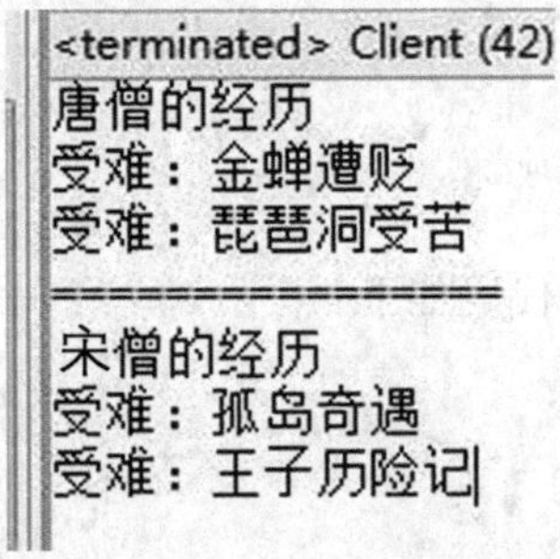

图 4-3-3　程序运行结果

4.3.4　模板方法模式的进阶

通过研究 Spring 的 HibernateTemplate 源代码，可以发现 HibernateTemplate 也是借助了模板方法模式的思想。在《设计模式》一书中对于模板模式给出了用抽象类来实现的思想，而 Spring 却把它抽象到接口的层次，使其具有更高的扩展性，这就是一种创新的做法。

模板方法模式进阶的具体思路是：把变化的行为抽象成一个接口，模板改为具体类，因为已经不需要继承！而接口就作为参数传入模板的方法中，具体的变化者（如"唐僧"和"宋僧"等）只需实现接口（变化的部分）即可。改进后的结构如图 4-3-4所示。

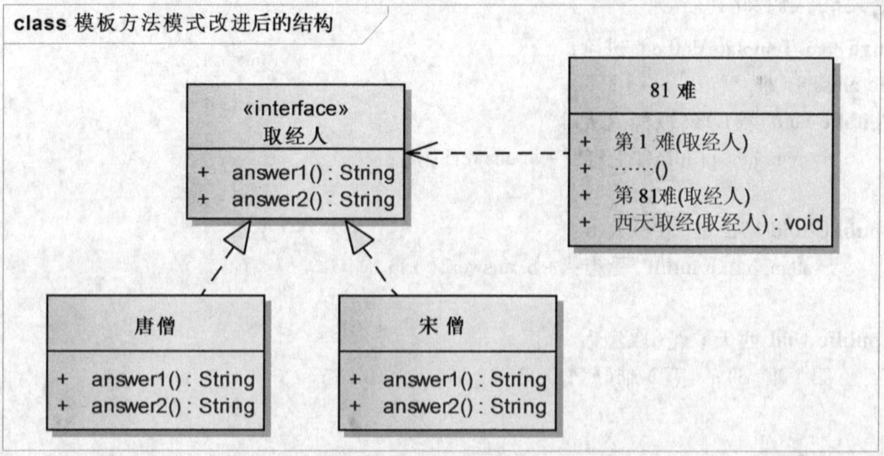

图 4-3-4　模板方法模式改进后的结构图

取经人接口的代码如下：

```
package com. TemplateMethod. 进阶;
public interface 取经人 {
    String answer1( );
    String answer2( );
}
```

接口实现类“唐僧”的代码如下：

```
package com. TemplateMethod. 进阶;
public class 唐僧 implements 取经人{
    public String answer1( ) {
        return "金蝉遭贬";
    }
    public String answer2( ) {
        return "琵琶洞受苦";
    }
}
```

接口实现类“宋僧”的代码如下：

```
package com. TemplateMethod. 进阶;
public class 宋僧 implements 取经人{
    public String answer1( ) {
        return "孤岛奇遇";
    }
    public String answer2( ) {
        return "王子历险记";
    }
}
```

模板类的代码如下：

```
package com. TemplateMethod. 进阶;
public class 81 难 {
    public void 第 1 难(取经人 a){
        System. out. println("受难:" + a. answer1());
    }
    public void 第 2 难(取经人 b){
        System. out. println("受难:" + b. answer2());
    }
    public void 西天取经(取经人 c){
        第 1 难(c);  第 2 难(c);
    }
}
```

客户端类的代码如下：

```
package com. TemplateMethod. 进阶;
public class Client {
    public static void main(String[] args) {
        81 难 sufferer = new 81 难();
        取经人 a = new 唐僧();
        System. out. println("唐僧的经历");
        sufferer. 西天取经(a);
        System. out. println("================");
        System. out. println("宋僧的经历");
        取经人 b = new 宋僧();
        sufferer. 西天取经(b);
    }
}
```

程序运行结果同前。

【练习】存款利息计算系统

1. 需求分析

设计一个计算存款利息的系统。假设系统需要支持两种存款账号，即货币市场（Money Market）账号和定期存款（Certificate of Deposite）账号。这两种账号的存款利息是不同的，因此，在计算一个存户的存款利息额时，必须区分两种不同的账号类型。

这个系统的总行为应当是计算利息，这也就决定了作为一个模板方法模式的顶级逻辑应当是利息计算。利息计算涉及两个步骤：一个基本方法给出账号种类，另一个基本方法给出利息百分比。这两个基本方法构成具体逻辑，因为账号的类型不同，所以具体逻辑也有所不同。

2. 系统设计

显然，系统需要一个抽象角色给出顶级行为的实现，而将两个作为细节步骤的基本方法留给具体子类实现。需要考虑的账号有两种：一种是货币市场账号，另一种是定期存款账号。系统的结构如图 4-3-5 所示。

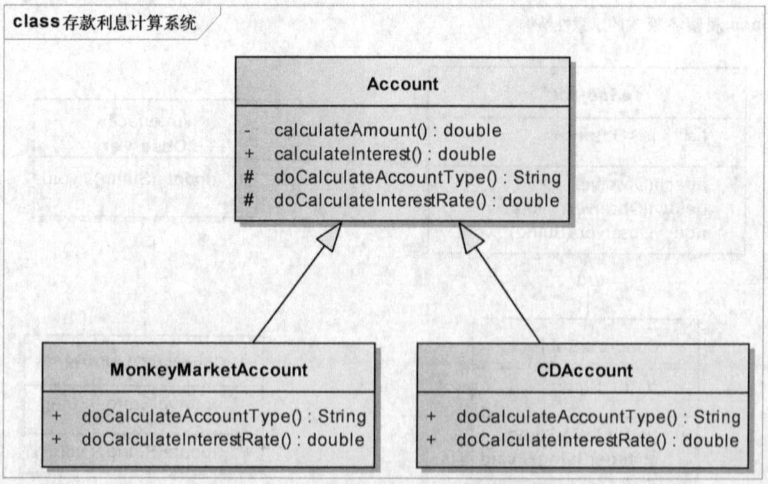

图 4-3-5　存款利息计算系统的结构图

练习源代码见配套电子课件。

4.4　观察者模式

观察者(Observer)模式是对象的行为型模式，又称为发布-订阅(Publish/Subscribe)模式、模型-视图(Model/View)模式、源-监听器(Source/Listener)模式和从属者(Dependents)模式。

观察者模式定义了一种一对多的依赖关系，让多个观察者对象同时监听某一个主题对象。当这个主题对象在状态上发生变化时，会通知所有观察者对象，使它们能够自动更新自己。

【示例】妈妈喊你回家吃饭

哥哥跟妈妈说："妈妈，我和妹妹在院子里玩，饭做好了叫我们一声。"

这就是观察者模式之推模型的一个典型案例。哥哥和妹妹让妈妈告诉他们饭做好了，这样他们就可以回家吃饭了。采用较为技术化的语言来说，当系统的主题（饭）发生变化时，就告诉系统的其他部分（观察者们，即妈妈、哥哥和妹妹），使其可以调整内部状态(有开始吃饭的准备)，并采取相应的行动（吃饭）。

4.4.1　观察者模式的结构

一个软件系统中包含了各种对象，就像一片欣欣向荣的森林充满了各种生物一样。在一片森林中，各种生物彼此依赖和约束，形成一个个生物链。一种生物的状态变化会造成其他一些生物的相应行动，每一个生物都处于与其他生物的互动之中。

同样，一个软件系统常常要求在某一个对象的状态发生变化时，某些其他的对象做出相应的改变。做到这一点的设计方案有很多，但是为了使系统能够易于复用，应该选择低耦合度的设计方案，以减少对象之间的耦合，这样有利于系统的复用。同时，设计师需要使这些低耦合度的对象之间能够维持行动的协调一致，以保证高度的协作。观察者模式是满足这一要求的各种设计方案中最重要的一种。

下面以一个简单的示意性实现为例，讨论观察者模式的结构，如图 4-4-1 所示。

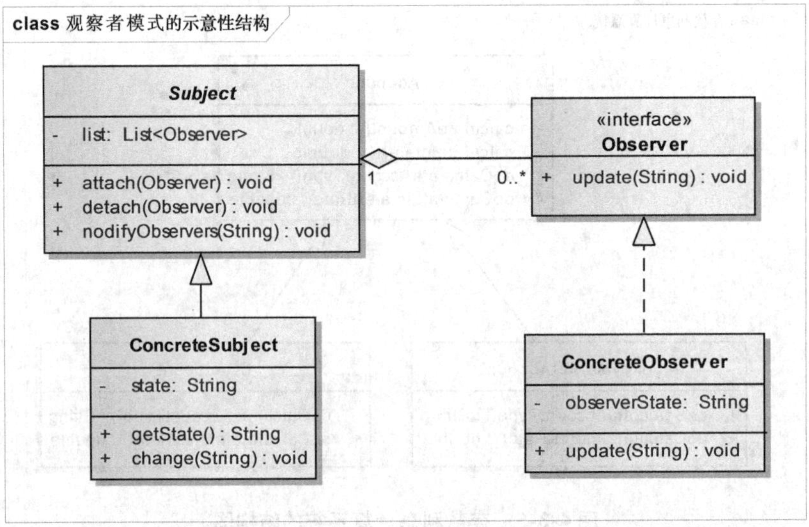

图 4-4-1　采用观察者模式的软件系统示意性结构图

观察者模式涉及以下 4 个角色。

1）抽象主题（Subject）角色：抽象主题角色把所有对观察者对象的引用保存在一个聚集（如 ArrayList 对象）中，每个主题都可以有任意数量的观察者。抽象主题提供一个接口，可以增加和删除观察者对象。抽象主题角色又称为抽象被观察者（Observable）角色。

2）具体主题（ConcreteSubject）角色：将有关状态存入具体观察者对象，当具体主题的内部状态改变时，给所有登记过的观察者发出通知。具体主题角色又称为具体被观察者（ConcreteObservable）角色。

3）抽象观察者（Observer）角色：为所有的具体观察者定义一个接口，在得到主题的通知时更新自己，这个接口叫作更新接口。

4）具体观察者（ConcreteObserver）角色：存储与主题状态自恰的状态。具体观察者角色实现抽象观察者角色所要求的更新接口，以便使本身的状态与主题的状态相协调。如果需要，具体观察者角色可以保持一个指向具体主题对象的引用。

在前述示例中，哥哥和妹妹让妈妈做好饭了告诉他们，这样就可以来吃饭了。换用较为技术化的语言来说，当系统的主题（饭）发生变化时，就告诉系统的其他部分（观察者们，即妈妈、哥哥和妹妹）。示例的结构图说明如图 4-4-2 所示。

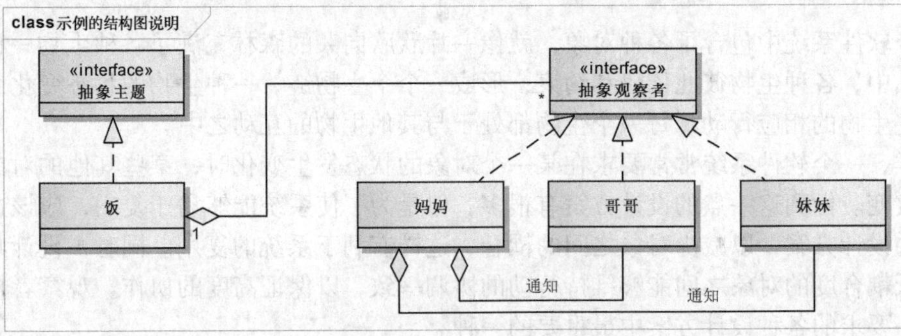

图 4-4-2　示例的结构图说明

4.4.2 观察者模式的模型

在观察者模式中，又分为推模型和拉模型两种方式。

1）推模型：主题对象向观察者推送主题的详细信息，不管观察者是否需要，推送的信息通常是主题对象的全部或部分数据。

2）拉模型：主题对象在通知观察者时，只传递少量信息。如果观察者需要更具体的信息，则由观察者主动到主题对象中获取，相当于观察者从主题对象中拉数据。一般地，在这种模型的实现中，会把主题对象自身通过 update 方法传递给观察者。这样，在观察者需要获取数据的时候，就可以通过这个引用来获取了。

1. 推模型的实现

抽象主题角色类的代码如下：

```
package com.Observer;
import java.util.ArrayList;
import java.util.List;
public abstract class Subject {
    /**
     * 用来保存注册的观察者对象
     */
    private List<Observer> observers = new ArrayList<Observer>();
    /**
     * 注册观察者对象
     * @param observer 观察者对象
     */
    public void attach(Observer observer){
        observers.add(observer);
        System.out.println("添加一个观察者对象为:" + observer);
    }
    /**
     * 删除观察者对象
     * @param observer 观察者对象
     */
    public void detach(Observer observer){
        observers.remove(observer);
    }
    /**
     * 通知所有注册的观察者对象
     * 与拉模型传入的参数不同
     */
    public void nodifyObservers(String newState){
        for (Observer observer :observers){
```

```
                observer.update(newState);
            System.out.println("通知发布更新为:"+newState);
        }
    }
}
```

具体主题角色类的代码如下:

```
package com.Observer;
public class ConcreteSubject extends Subject{
    private String state;
    public String getState(){
        return state;
    }
    //推模型调用和通知观察者的change方法时需要传入参数
    public void change(String newState){
        System.out.println("更新前状态为:"+state);
        state = newState;
        System.out.println("更新后状态为:"+state);
        System.out.println("更新后对象的内存地址为:"+this);
    //状态发生改变,通知各个观察者
    this.nodifyObservers(state);
    }
}
```

抽象观察者角色类的代码如下:

```
package com.Observer;
public interface Observer {
    /**
     * 更新接口
     * @param state 更新的状态
     */
    public void update(String state);
}
```

具体观察者角色类的代码如下:

```
package com.Observer;
public class ConcreteObserver implements Observer {
    //观察者的状态
    private String observerState;
    public void update(String state) {
        /**
         * 推模式更新观察者的状态,使其与目标的状态保持一致
         */
        observerState = state;
        System.out.println("更新方法后的状态为:"+observerState);
    }
}
```

客户端类的代码如下：

```
package com. Observer. pull;
public class Client {
    public static void main(String[ ] args) {
        //创建主题对象
        ConcreteSubject subject = new ConcreteSubject( ) ;
        //创建观察者对象
        Observer observer = new ConcreteObserver( ) ;
        //将观察者对象登记到主题对象上
        subject. attach(observer) ;
        //改变主题对象的状态
        subject. change("\t 一\n") ;
        subject. change("\t 二\n") ;
    }
}
```

程序运行结果如图 4-4-3 所示。

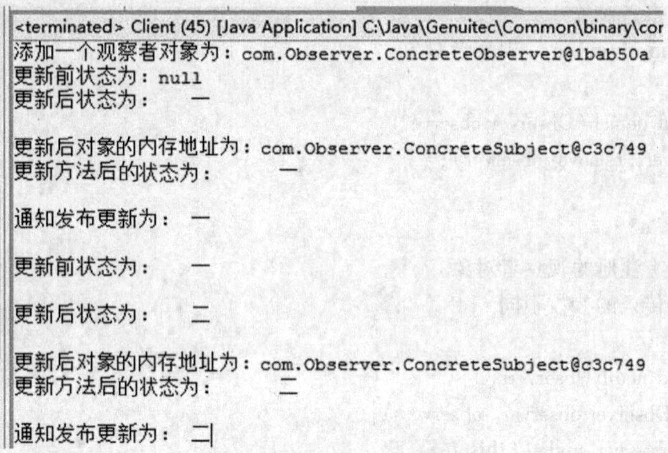

图 4-4-3　程序运行结果

程序运行时，这个客户端首先创建了具体主题类的实例，以及一个观察者对象。然后，它调用主题对象的 attach 方法，将这个观察者对象登记到主题对象上，即将它加入到主题对象的聚集中。同时可以看出，新添加对象的内存地址也是新的。

这时，客户端调用主题的 change 方法，改变了主题对象的内部状态。主题对象在状态发生变化时，调用超类的 notifyObservers 方法，通知所有登记过的观察者对象。

2. 拉模型的实现

拉模型通常都是把主题对象当作参数传递，因此抽象观察者角色类和具体观察者角色类的代码与前述的推模型相同。

拉模型的抽象主题类主要的改变是 nodifyObservers 方法。在循环通知观察者时，也就是循环调用观察者的 update 方法时，传入的参数不同了。具体代码如下：

```
package com.Observer.pull;
import java.util.ArrayList;
import java.util.List;
public class Subject {
    /**
     * 用来保存注册的观察者对象
     */
    private List<Observer> list = new ArrayList<Observer>();
    /**
     * 注册观察者对象
     * @param observer 观察者对象
     */
    public void attach(Observer observer) {
        observers.add(observer);
        System.out.println("Subject 类调用 attach 方法后添加一个观察者对象为:" + observer);
    }
    /**
     * 删除观察者对象
     * @param observer  观察者对象
     */
    public void detach(Observer observer) {
        observers.remove(observer);
    }
    /**
     * 通知所有注册的观察者对象
     * 拉模型传入的参数不同
     */
    public void nodifyObservers() {
        for (Observer observer :observers) {
            observer.update(this);
            System.out.println("Subject 类调用 nodifyObservers 方法通知发布对象,现内存地址更
新为:" + this);
        }
    }
}
```

拉模型的具体主题类与推模型相比，有一点变化，就是调用通知观察者的方法时，不需要传入参数。具体代码如下：

```
package com.Observer.pull;
public class ConcreteSubject extends Subject{
    private String state;
    public String getState() {
        return state;
```

```
    }
//与推模型相比,调用和通知观察者的 nodifyObservers 方法时无需传入参数
public void change(String newState){
    System.out.println("oncreteSubject 类调用 change 方法后,更新前的状态为:" + state);
    state = newState;
    System.out.println("oncreteSubject 类调用 change 方法后,更新后的状态为:" + state);
    System.out.println("oncreteSubject 类调用 change 方法后,更新后的对象内存地址为:" + this);
    //状态发生改变,通知各个观察者
    this.nodifyObservers();
  }
}
```

拉模型的客户端类代码也与推模型相同。

程序运行结果如图 4-4-4 所示。

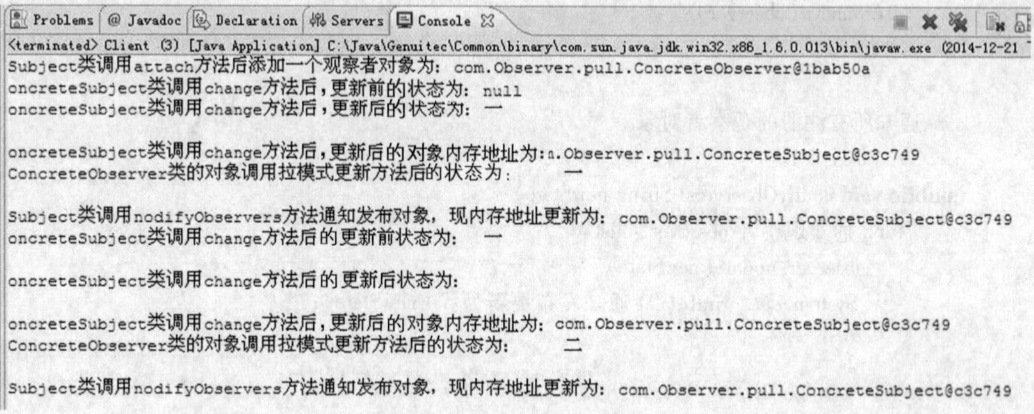

图 4-4-4　程序运行结果

4.4.3　观察者模式的实现

下面以“妈妈喊你回家吃饭”示例为例，给出观察者模式的实现代码。

抽象主题（Subject）角色的代码如下：

```
package com.Observer.吃饭;
import java.util.ArrayList;
import java.util.List;
public abstract class 抽象主题 {
    /**
     * 用来保存注册的观察者对象
     */
    private List<抽象观察者> list = new ArrayList<抽象观察者>();
    /**
     * 注册观察者对象
     * @param observer 观察者对象
```

```
    */
    public void attach(抽象观察者 observer){
        list.add(observer);
        Class<? extends 抽象观察者> c = observer.getClass();
        String name = c.getName();
        int n = name.lastIndexOf(".");
        name = name.substring(++n);
        System.out.println("添加一个观察者对象为:" + name);
    }
    /**
     * 删除观察者对象
     * @param observer 观察者对象
     */
    public void detach(抽象观察者 observer){
        list.remove(observer);
    }
    /**
     * 通知所有注册的观察者对象
     */
    public void nodifyObservers(String newState){
        for (抽象观察者 observer : list){
            observer.update(newState);
            System.out.println("\t 通知发布更新为:" + newState);
        }
    }
}
```

具体主题（ConcreteSubject）角色的代码如下：

```
package com.Observer.吃饭;
public class 饭 extends 抽象主题 {
    private String state = "做饭……";
    public String getState() {
        System.out.println("\t 更新前状态为:" + state);
        return state;
    }
    public void change(String newState){
        //状态发生改变,通知各个观察者
        state = newState;
        this.nodifyObservers(state);
        System.out.println("\t 更新后状态为:" + state);
    }
}
```

抽象观察者（Observer）角色的代码如下：

```
package com. Observer. 吃饭;
public interface 抽象观察者 {
    public void update( String state) ;
}
```

具体观察者（ConcreteObserver）角色“妈妈”的代码如下：

```
package com. Observer. 吃饭;
public class 妈妈 implements 抽象观察者 {
    //观察者的状态
    private String observerState;
    public void update( String state) {
        observerState = state;
        System. out. println("妈妈:" + observerState) ;
    }
    public void say( ) {
        饭 subject = new 饭( ) ;
        //观察者
        抽象观察者 brother = new 哥哥( ) ;
        subject. attach( brother) ;brother. update( observerState) ;
        抽象观察者 sister = new 妹妹( ) ;
        subject. attach( sister) ;sister. update( observerState) ;
    }
}
```

具体观察者（ConcreteObserver）角色的“哥哥”的代码如下：

```
package com. Observer. 吃饭;
public class 哥哥 implements 抽象观察者 {
    //观察者的状态
    private String observerState;
    public void update( String state) {
        observerState = state;
        System. out. println("妹妹,妈妈说的:" + observerState) ;
    }
}
```

具体观察者（ConcreteObserver）角色“妹妹”的代码如下：

```
package com. Observer. 吃饭;
public class 妹妹 implements 抽象观察者 {
    //观察者的状态
    private String observerState;
    public void update( String state) {
        observerState = state;
        System. out. println("听见了:" + observerState) ;
    }
}
```

客户端类的代码如下：

```
package com. Observer. 吃饭;
public class Client {
    public static void main(String[ ] args) {
        //创建主题对象
        饭 subject = new 饭( );
        //创建观察者对象
        抽象观察者 mother = new 妈妈( );
        //将观察者对象登记到主题对象上
        subject. attach(mother);
        //改变主题对象的状态
        //subject. change("\t 做饭……");
        subject. getState( );
        subject. change("饭熟了,可以回家吃饭了!");
        ((妈妈)mother). say( );
    }
}
```

程序运行结果如图 4-4-5 所示。

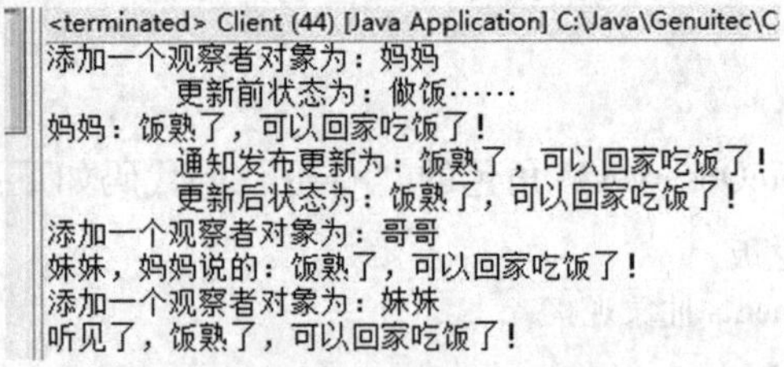

图 4-4-5　程序运行结果

4.4.4　推模型和拉模型的比较

推模型是假定主题对象知道观察者需要的数据；而拉模型是主题对象不知道观察者具体需要什么数据，在没有办法的情况下，干脆把自身传递给观察者，让观察者自己按需取值。

推模型可能会使得观察者对象难以复用，因为观察者的 update 方法是按照具体需要定义的参数，可能无法兼顾没有考虑到的使用情况，这就意味着当出现新情况时，就可能提供新的 update 方法，或干脆重新实现观察者；而拉模型就不会造成这样的情况，因为在拉模型下，update 方法的参数是主题对象本身，这基本上是主题对象能传递的最大数据集合了，基本上可以适应各种情况的需要。

【练习】Java 提供的对观察者模式的支持

在 Java 语言中的 java. util 库中，提供了一个 Observable 类以及一个 Observer 接口，构成 Java 语言对观察者模式的支持。具体内容请参考相关材料。

4.5　迭代子模式

迭代子（Iterator）模式又称为游标（Cursor）模式，是对象的行为型模式。《设计模式》中给出的定义为：提供一种方法访问一个容器（Container）对象中的各个元素，而又不需暴露该对象的内部细节，这也是迭代子模式的意图。

迭代子模式可以顺序访问一个聚集中的元素而不必暴露聚集的内部表象。多个对象聚在一起形成的总体称为聚集，聚集对象是能够包容一组对象的容器对象。迭代子模式将迭代逻辑封装到一个独立的子对象中，从而与聚集本身隔开。迭代子模式简化了聚集的界面。每一个聚集对象都可以有一个或一个以上的迭代子对象，每一个迭代子的迭代状态可以是彼此独立的。迭代算法可以独立于聚集角色变化。

迭代子模式的适用性，即访问一个聚合对象的内容而无须暴露其内部表示，支持对聚合对象的多种遍历，为遍历不同的聚合结构提供一个统一的接口（即支持多态迭代）。

聚集对象必须提供适当的方法，允许客户端按照一个线性顺序来遍历所有的元素对象，把元素对象提取出来或删除掉等。

【示例】管家婆

老王是一个公司的老总，也是家庭的经济支柱，妻子则负责管理家庭财务。这天妻子去银行通过银行卡查账，看到丈夫近期的收入如图 4-5-1 所示。

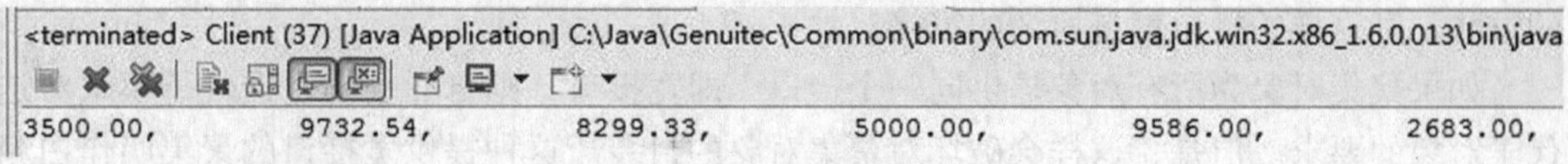

图 4-5-1　丈夫近期收入

在这个例子中，丈夫是聚集类，钱是聚集对象，妻子是客户端应用程序，银行卡就是一个迭代子，负责提供进账记录。

4.5.1　迭代子模式的结构

迭代子模式有两种实现方式，分别是白箱聚集与外禀迭代子和黑箱聚集与内禀迭代子。

迭代子模式的一般性结构如图 4-5-2 所示。

迭代子模式涉及以下几个角色。

1）抽象迭代子（Iterator）角色：此抽象角色定义遍历元素所需的接口。

2）具体迭代子（ConcreteIterator）角色：此角色实现了 Iterator 接口，并保持迭代过程中的游标位置。

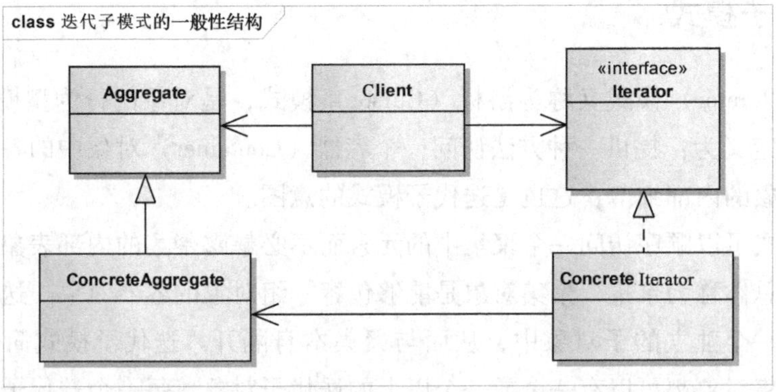

图 4-5-2　迭代子模式的一般性结构图

3）抽象聚集（Aggregate）角色：此抽象角色给出创建迭代子对象的接口。

4）具体聚集（ConcreteAggregate）角色：实现了创建迭代子对象的接口，返回一个合适的具体迭代子实例。

5）客户端（Client）角色：持有对聚集及其迭代子对象的引用，调用迭代子对象的迭代接口，也有可能通过迭代子来操作聚集元素的增加和删除。

4.5.2　宽接口和窄接口

如果一个聚集的接口提供了可以用来修改聚集元素的方法，则这个接口就是所谓的宽接口，其实现请参见白箱聚集与外禀迭代子；如果一个聚集的接口没有提供修改聚集元素的方法，则这样的接口就是所谓的窄接口。

如果聚集对象为所有对象提供同一个接口，即宽接口，则自然会满足迭代子模式对迭代子对象的要求。但是，这样会破坏对聚集对象的封装。这种提供宽接口的聚集叫作白箱聚集。聚集对象向外界提供同样的宽接口，结构如图 4-5-3 所示。

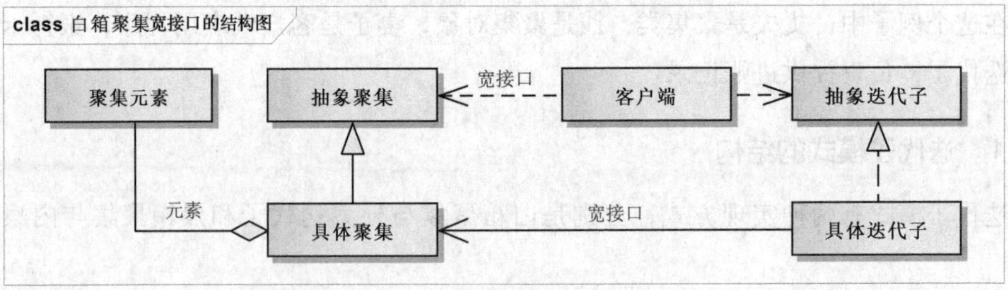

图 4-5-3　白箱聚集宽接口的结构图

由于聚集自己实现迭代逻辑，并向外部提供适当的接口，因此使得迭代子可以从外部控制聚集元素的迭代过程。这样一来，迭代子所控制的仅是一个游标而已，这种迭代子叫作游标迭代子（Cursor Iterator）。由于迭代子是在聚集结构之外的，因此这样的迭代子又称为外禀迭代子（Extrinsic Iterator）。

因为迭代的逻辑是由聚集对象本身提供的，所以这样的外禀迭代子角色往往仅保持迭代的游标位置。

如果一个聚集的接口没有提供修改聚集元素的方法，则这样的接口就是所谓的窄接口，其结构如图 4-5-4 所示。

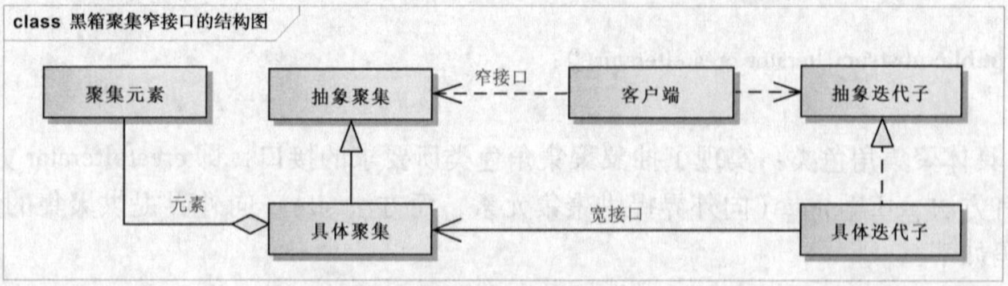

图 4-5-4　黑箱聚集窄接口的结构图

聚集对象为迭代子对象提供一个宽接口，而为其他对象提供一个窄接口。换言之，聚集对象的内部结构应当对迭代子对象适当公开，以便迭代子对象能够对聚集对象有足够的了解，从而可以进行迭代操作。但是，聚集对象应当避免向其他的对象提供这些方法，因为其他对象应当经过迭代子对象进行这些工作，而不是直接操控聚集对象。

4.5.3　迭代子模式的实现

1. “管家婆”示例的白箱聚集的实现

一个典型的由白箱聚集与外禀迭代子组成的系统结构如图 4-5-5 所示。在这个实现中，具体迭代子角色是一个外部类，而具体聚集角色则向外界提供遍历聚集元素的接口。

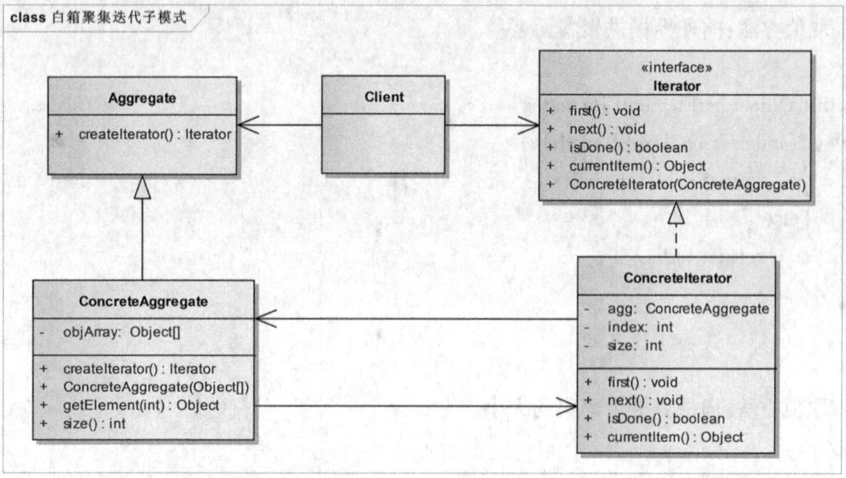

图 4-5-5　白箱聚集与外禀迭代子组成的系统结构图

从图 4-5-5 中可以看出，此模式涉及以下 5 个类。

1）抽象聚集角色类：这个角色规定了所有的具体聚集必须实现的接口。迭代子模式要求聚集对象必须有一个工厂方法，即 createIterator 方法，以向外界提供迭代子对象的实例。具体代码如下：

```
package com.iterator;
public abstract class Aggregate {
    /**
     * 工厂方法,创建相应迭代子对象的接口
     */
    public abstract Iterator createIterator();
}
```

2）具体聚集角色类：实现了抽象聚集角色类所要求的接口，即 createIterator 方法。此外，还有方法 getElement（向外界提供聚集元素，而方法 size）向外界提供聚集的大小等。具体代码如下：

```
package com.iterator;
public class ConcreteAggregate extends Aggregate {
    private Object[] objArray = null;
    /**
     * 构造方法,传入聚合对象的具体内容
     */
    public ConcreteAggregate(Object[] objArray) {
        this.objArray = objArray;
    }
    public Iterator createIterator() {
        return new ConcreteIterator(this);
    }
    /**
     * 取值方法:向外界提供聚集元素
     */
    public Object getElement(int index) {
        if(index < objArray.length) {
            return objArray[index];
        } else {
            return null;
        }
    }
    /**
     * 取值方法:向外界提供聚集的大小
     */
    public int size() {
        return objArray.length;
    }
}
```

3）抽象迭代子角色类的代码如下：

```
package com.iterator;
public interface Iterator {
    /**
     * 迭代方法:移动到第一个元素
     */
    public void first();
    /**
     * 迭代方法:移动到下一个元素
     */
    public void next();
    /**
     * 迭代方法:是否为最后一个元素
     */
    public boolean isDone();
    /**
     * 迭代方法:返回当前元素
     */
    public Object currentItem();
}
```

4）具体迭代子角色类的代码如下：

```
package com.iterator;
public class ConcreteIterator implements Iterator {
    //持有被迭代的具体的聚合对象
    private ConcreteAggregate agg;
    //内部索引,记录当前迭代到的索引位置
    private int index = 0;
    //记录当前聚集对象的大小
    private int size = 0;
    public ConcreteIterator(ConcreteAggregate agg) {
        this.agg = agg;
        this.size = agg.size();
        index = 0;
    }
    /**
     * 迭代方法:返回当前元素
     */
    public Object currentItem() {
        return agg.getElement(index);
    }
    /**
     * 迭代方法:移动到第一个元素
      */
      public void first() {
        index = 0;
```

```
    }
    /**
     * 迭代方法:是否为最后一个元素
     */
    public boolean isDone() {
        return (index >= size);
}
    /**
     * 迭代方法:移动到下一个元素
     */
    public void next() {
        if (index < size) {
            index++;
        }
    }
}
```

5）客户端类的代码如下：

```
package com.iterator;
public class Client {
    public void operation(){
        Object[] objArray = {"3500.00","9732.54","8299.33","5000.00","9586.00","2683.00"};
        //创建聚合对象
        Aggregate agg = new ConcreteAggregate(objArray);
        //循环输出聚合对象中的值
        Iterator it = agg.createIterator();
        while (!it.isDone()){
            System.out.print(it.currentItem() + "\t");
            it.next();
        }
    }
    public static void main(String[] args) {
        Client client = new Client();
        client.operation();
    }
}
```

程序运行结果如图 4-5-6 所示。

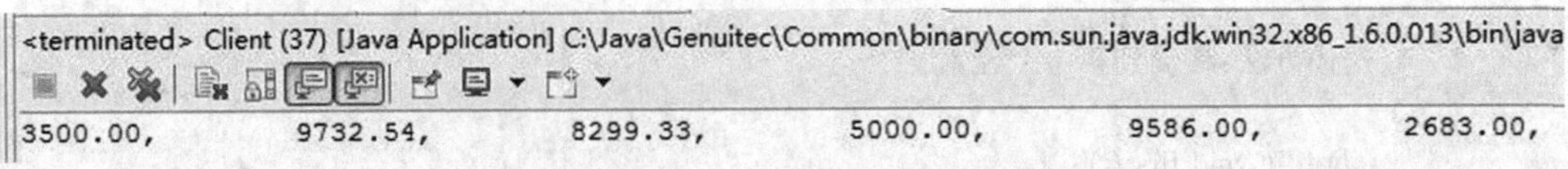

图 4-5-6　程序运行结果

上述代码首先创建了一个聚集类实例，然后调用聚集对象的工厂方法 createIterator( )，以得到一个迭代子对象。在得到迭代子的实例后，客户端开始迭代过程，打印所有的聚集元素。

2.“管家婆”示例的黑箱聚集的实现

由于迭代子是聚集的内部类，因此迭代子可以自由访问聚集的元素，所以迭代子可以自行实现迭代功能并控制对聚集元素的迭代逻辑。由于迭代子是在聚集的结构之内定义的，因此这样的迭代子又叫作内禀迭代子（Intrinsic Iterator）。

为了说明黑箱方案的细节，这里给出一个示意性的黑箱实现过程，系统结构如图 4-5-7 所示。在这个过程中，聚集类 ConcreteAggregate 含有一个内部成员类 ConcreteIterator，即实现了抽象迭代子接口的具体迭代子类，同时聚集并不向外界提供访问自己内部元素的方法。

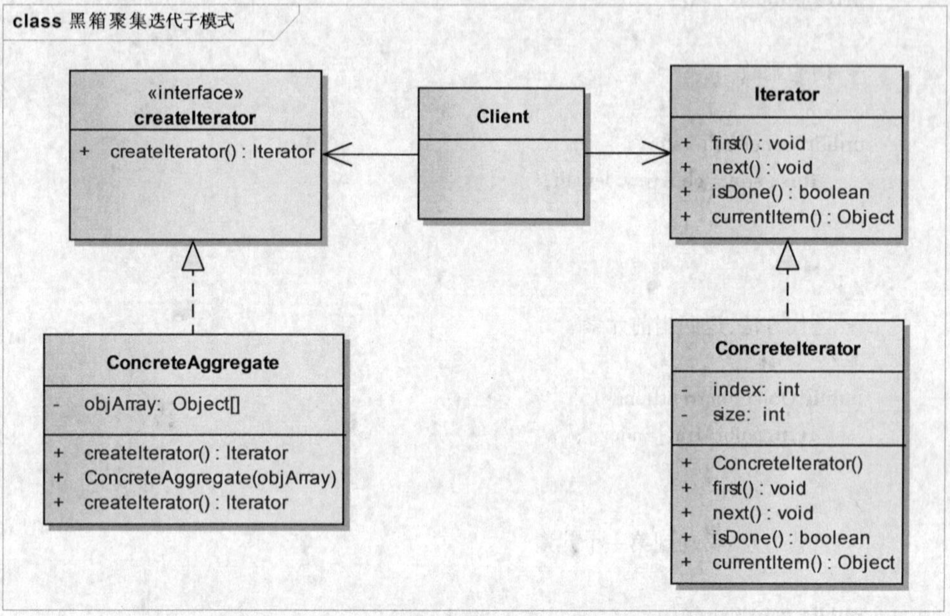

图 4-5-7　黑箱聚集与内禀迭代子组成的系统结构图

黑箱聚集的抽象聚集角色类和抽象迭代子角色类与白箱聚集相同，这里不再赘述。

具体迭代类是内部类，它实现了抽象聚集角色所要求的接口，即 createIterator 方法。此外，具体迭代类 ConcreteIterator 的实现，这个私有内部类实现了抽象迭代子角色所规定的接口；而工厂方法 createIterator( )所返回的就是这个内部成员类的实例。具体代码如下：

```
package com.iterator.black;
public class ConcreteAggregate implements Aggregate {
    private Object[] objArray = null ;
    /**
     * 构造方法,传入聚合对象的具体内容
     */
    public ConcreteAggregate(Object[] objArray) {
```

```
    this . objArray = objArray;
  }
  public Iterator createIterator( ) {
  return new ConcreteIterator( );
  }
  /* *
   * 内部成员类,具体迭代子类
   */
  private class ConcreteIterator implements Iterator {
      //内部索引,记录当前迭代到的索引位置
      private int index = 0;
      //记录当前聚集对象的大小
      private int size = 0;
      /* *
       * 构造函数
       */
      public ConcreteIterator( ) {
          this . size = objArray. length;
      index = 0;
      }
      /* *
       * 迭代方法:返回当前元素
       */
      public Object currentItem( ) {
          return objArray[ index];
      }
      /* *
       * 迭代方法:移动到第一个元素
       */
      public void first( ) {
          index = 0;
      }
      /* *
       * 迭代方法:是否为最后一个元素
       */
      public boolean isDone( ) {
          return (index > = size);
      }
      /* *
       * 迭代方法:移动到下一个元素
       */
      public void next( ) {
          if (index < size) {
```

```
                index ++ ;
            }
        }
    }
}
```

黑箱聚集的客户端类与白箱聚集相同，运行结果也与前面一致，这里不再赘述。

黑箱聚集与白箱聚集的区别就是把 ConcreteIterator 类封装成了内部类，外界只能通过 ConcreteAggregate 类的 createIterator 方法生成 Iterator 对象。

4.5.4 迭代子模式的优点与缺点

1. 迭代子模式的优点

1）迭代子模式简化了聚集的接口，迭代子具备一个遍历接口，这样聚集的接口就不必具备遍历接口。

2）每一个聚集对象都可以有一个或多个迭代子对象，每一个迭代子的迭代状态可以是彼此独立的。因此，一个聚集对象可以同时有几个迭代在进行中。

3）由于遍历算法被封装在迭代子角色中，因此迭代的算法可以独立于聚集角色变化。

2. 迭代子模式的缺点

1）迭代子模式给客户端一个聚集被顺序化的错觉，因为在大多数情况下，聚集的元素并没有确定的顺序。但是，迭代必须以一定的顺序进行，如果客户端误以为顺序是聚集本身的特性而过度依赖于聚集元素的顺序，则很可能得出错误的结果。

2）迭代子给出的聚集元素没有类型的特征。一般而言，迭代子给出的元素都是 Object 类型，因此客户端必须具备这些元素类型的知识才能使用这些元素。

4.6 责任链模式

责任链（Chain of Responsibility）模式是一种对象的行为型模式。在责任链模式里很多对象，由每一个对象对其下家的引用而连接起来形成一条链。请求就是在这个链上传递，直到链上的某一个对象决定处理此请求。发出这个请求的客户端并不知道链上的哪一个对象最终处理这个请求，这使得系统可以在不影响客户端的情况下，动态地重新组织和分配责任。

【示例】传纸条

班主任与全班同学做游戏，A 同学在纸条上写“愿意与我合唱一首歌吗？如果不愿意请向前传”，纸条就一个接一个传上去了，直到班主任老师愿意与其合唱。

4.6.1 责任链模式的结构

图 4-6-1 所示的是责任链模式的结构图。

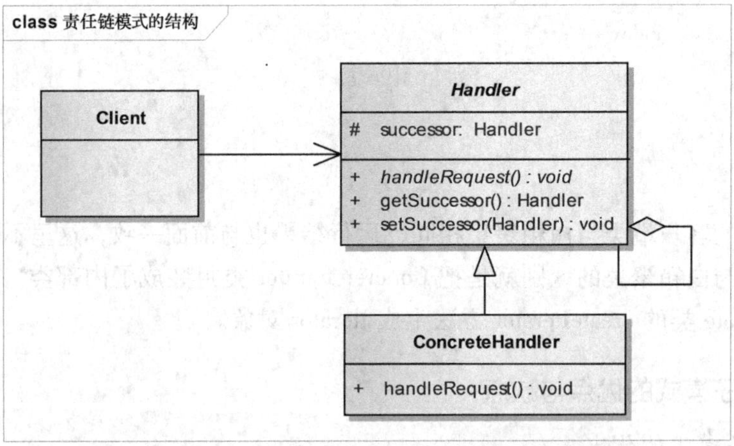

图 4-6-1　责任链模式的结构图

责任链模式涉及以下两个角色。

1）抽象处理者（Handler）角色：此角色定义一个处理请求的接口。如果需要，接口可以定义出一个方法，以设定和返回对下家的引用。这个角色通常由一个抽象类或接口实现。其中 Handler 类的聚合关系给出了具体子类对下家的引用，抽象方法 handleRequest() 规范了子类处理请求的操作。

2）具体处理者（ConcreteHandler）角色：具体处理者接到请求后，可以选择将请求处理掉或传给下家。由于具体处理者持有对下家的引用，因此，如果需要，具体处理者可以访问下家。

下面给出责任链模式的示意性源代码。

抽象处理者角色的代码如下：

```
package com.chainofresponsibility;
public abstract class Handler {
    /**
    * 持有后继的责任对象
    */
    protected Handler successor;
    /**
    * 示意处理请求的方法,虽然这个示意方法是没有传入参数的
    * 但实际是可以传入参数的,可以根据具体需要来选择是否传递参数
    */
    public abstract void handleRequest();
    /**
    * 取值方法
    */
    public Handler getSuccessor() {
        return successor;
```

```
    }
    /**
     * 赋值方法,设置后继的责任对象
     */
    public void setSuccessor(Handler successor) {
        this.successor = successor;
    }
}
```

具体处理者角色的代码如下：

```
package com.chainofresponsibility;
public class ConcreteHandler extends Handler {
    /**
     * 处理方法,调用此方法处理请求
     */
    public void handleRequest() {
    /**
     * 判断是否有后继的责任对象
     * 如果有,则转发请求给后继的责任对象
     * 如果没有,则处理请求
     */
    if (getSuccessor() != null) {
            System.out.println("放过请求");
            getSuccessor().handleRequest();
        } else {
            System.out.println("处理请求");
        }
    }
}
```

客户端类的代码如下：

```
package com.chainofresponsibility;
public class Client {
    public static void main(String[] args) {
        //组装责任链
        Handler handler1 = new ConcreteHandler();
        Handler handler2 = new ConcreteHandler();
        handler1.setSuccessor(handler2);
        //提交请求
        handler1.handleRequest();
    }
}
```

从上述代码中可以看出，客户端创建了两个处理者对象，并指定第一个处理者对象的下家是第二个处理者对象，而第二个处理者对象没有下家。然后，客户端将请求传递给第一个处理者对象。

4.6.2　责任链模式的实现

下面以“传纸条”示例为例，给出责任链模式的实现代码。

抽象处理者角色的代码如下：

```
package com. chainofresponsibility. 传纸条;
/* *
 * All Students 基类
 */
public abstract class All Students {
        protected All Students successor;
        /* *
         * 处理方法,调用此方法处理请求
         */
        public abstract void handleRequest( Request request);
        /* *
         * 赋值方法,调用此方法设置下家
         */
        public void setSuccessor( All Students successor) {
        this . successor = successor;
            }
        /* *
         * 取值方法,得到下家对象
         */
        public All Students getSuccessor( ) {
        return successor;
        }
}
```

具体处理者角色的代码如下：

```
package com. chainofresponsibility. 传纸条;
/* *
 * 学生
 */
public class Student extends All Students {
    @ Override
    public void handleRequest( Request request) {
        /* 判断请求的类型,决定哪种请求自己处理,哪种抛给 Successor */
        if ( request. getType( ) == Request. RequestType. Success) {
                System. out. println("班主任老师接受了纸条!");
        } else {
```

```
            System. out. println("纸条传给了下一位。");
        }
    }
}
```

具体处理者角色的代码如下：

```
package com. chainofresponsibility. 传纸条;
/ * *
 * 班主任老师
 * 程序与 Student 相同
 */
public class Teacher extends All Students {
...
}
```

客户端类的代码如下：

```
package com. chainofresponsibility. 传纸条;
public class Client {
    public static void main(String[] args) {
        All Students StudentA = new Student(), StudentB = new Student(), StudentC = new Student
();
        All Students teacher = new Teacher();
        Request errorReq = new Request(Request. RequestType. Fail);
        Request success = new Request(Request. RequestType. Success);
        StudentA. handleRequest(errorReq);
        StudentB. handleRequest(errorReq);
        StudentC. handleRequest(errorReq);
        StudentC. setSuccessor(teacher);
        teacher. handleRequest(success);
    }
}
```

程序运行结果如图 4-6-2 所示。

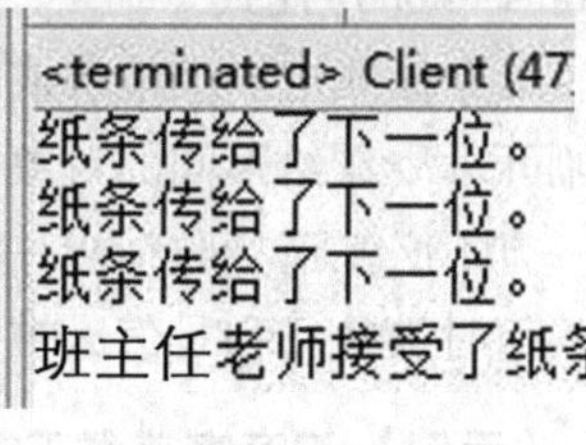

图 4-6-2　程序运行结果

【练习】聚餐费用管理模块

1. 需求分析

申请聚餐费用的大致流程一般是：由申请人先填写申请单，然后交给领导审批，如果申请批准，则领导会通知申请人审批通过，然后申请人去财务领取费用；如果没有批准，则领导会通知申请人审批未通过，此事就此作罢。

不同级别的领导，对于审批的额度是不一样的，例如，项目经理只能审批 500 元以内的申请；部门经理能审批 1 000 元以内的申请；而总经理可以审核任意额度的申请。也就是说，当某人提出聚餐费用申请的请求后，该请求会经由项目经理、部门经理和总经理之中的某一位领导来进行相应的处理，但是提出申请的人并不知道最终会由谁来处理其请求，一般申请人是把自己的申请提交给项目经理，或许最后是由总经理来处理他的请求。

2. 系统设计

现在用责任链模式来实现上述功能。当某人提出聚餐费用申请的请求后，该请求会在“项目经理→部门经理→总经理”这样一条领导处理链上进行传递，发出请求的人并不知道谁会来处理他的请求，每个领导会根据自己的职责范围，来判断是处理请求还是把请求交给更高级别的领导，只要有领导处理了，传递就结束了。

首先，需要把每位领导的处理独立出来，变成单独的职责处理对象，然后为其提供一个公共的、抽象的父职责对象，这样就可以在客户端动态地组合职责链，实现不同的功能要求，具体结构如图 4-6-3 所示。

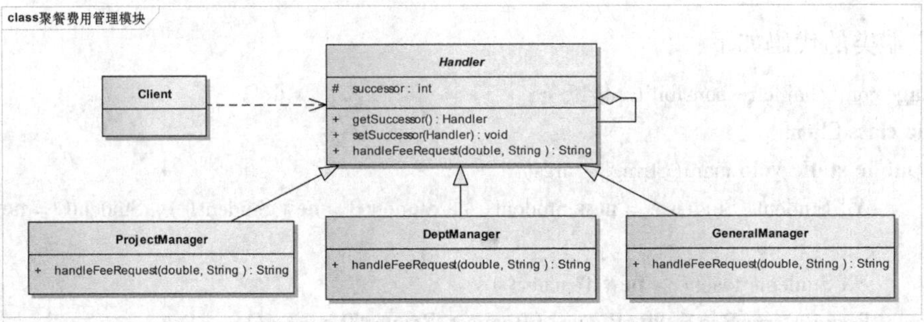

图 4-6-3 聚餐费用管理模块的结构图

练习源代码见配套电子课件。

4.7 命令模式

命令（Command）模式属于对象的行为型模式，又称为行动（Action）模式或交易（Transaction）模式。

命令模式把一个请求或操作封装到一个对象中，把发出命令的责任和执行命令的责任分割开，委派给不同的对象。命令模式允许请求的一方和发送的一方独立开来，使得请求的一方不必知道接收请求一方的接口，更不必知道请求是怎么被接收，以及操作是否执行、何时被执行和是怎么被执行的。命令模式支持命令的撤销。

【示例】玉帝宣美猴王上天

动画片中，玉帝命令太白金星召美猴王上天。金星径入（水帘洞）当中，面南立定道：“我是西方太白金星，奉玉帝招安圣旨，下界请你上天，拜受仙录。”

玉皇大帝采用命令模式来处理圣旨显然是比较聪明的做法。如果不采用命令模式，玉帝便要自己处理所有的操作，包括美猴王怎样上天和怎样报到的一切细节。换言之，使用了命令模式，玉帝便不需要直接和美猴王打交道，而把打交道的细节交给太白金星去处理。圣旨中封装了玉帝的命令，以及命令所代表的操作。

4.7.1　命令模式的结构

命令模式是对命令的封装，把发出命令的责任和执行命令的责任分割开，委派给不同的对象。每一个命令都是一个操作：请求的一方发出请求要求执行一个操作；接收的一方收到请求，并执行操作。

命令允许请求的一方和接收请求的一方能独立演化，从而具有以下几个优点：

1）命令模式使新的命令可以很容易地加入系统中。

2）允许接收请求的一方决定是否否决请求。

3）能较容易地设计一个命令队列。

4）可以轻松地实现对请求的撤销和恢复。

5）在需要的情况下，可以较容易地将命令记入日志。

命令模式的结构如图 4-7-1 所示。

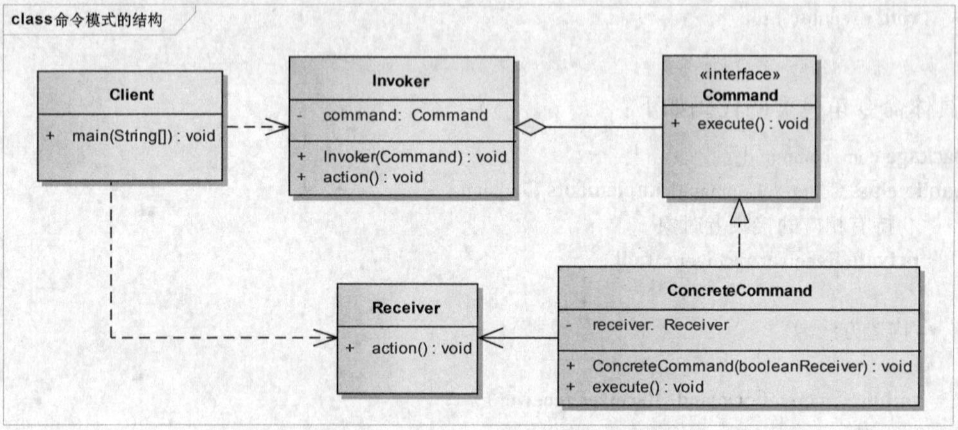

图 4-7-1　命令模式的结构图

命令模式涉及以下 5 个角色。

1）客户端(Client)角色：创建一个具体命令(ConcreteCommand)对象并确定其接收者。

2）命令（Command）角色：声明了一个给所有具体命令类的抽象接口。

3）具体命令（ConcreteCommand）角色：定义一个接收者和行为之间的弱耦合，实现 execute 方法，负责调用接收者的相应操作。execute 方法通常称为执行方法。

4）请求者（Invoker）角色：负责调用命令对象执行请求，相关的方法称为行动方法。

5）接收者（Receiver）角色：负责具体实施和执行一个请求。任何一个类都可以成为接收者，实施和执行请求的方法称为行动方法。

4.7.2　命令模式的实现

下面给出命令模式的实现代码。

接收者角色类的代码如下：

```
package com.command;
public class Receiver {
    /**
    * 真正执行与命令相应的操作
    */
    public void action() {
        System.out.println("执行操作");
    }
}
```

抽象命令角色类的代码如下：

```
package com.command;
public interface Command {
    /**
     * 执行方法
     */
    void execute();
}
```

具体命令角色类的代码如下：

```
package com.command;
public class ConcreteCommand implements Command {
    //持有相应的接收者对象
    private Receiver receiver = null;
    /**
    * 构造方法
    */
    public ConcreteCommand(Receiver receiver) {
        this.receiver = receiver;
    }
    @Override
    public void execute() {
        //通常会转调接收者对象的相应方法,让接收者来真正执行功能
        receiver.action();
    }
}
```

请求者角色类的代码如下：

```
package com.command;
public class Invoker {
  /**
   * 持有命令对象
   */
  private Command command = null;
```

```
    /**
     * 构造方法
     */
    public Invoker(Command command){
        this.command = command;
    }
    /**
     * 行动方法
     */
    public void action(){
        command.execute();
    }
}
```

客户端角色类的代码如下：

```
package com.command;
public class Client {
    public static void main(String[] args) {
        //创建接收者
        Receiver receiver = new Receiver();
        //创建命令对象,设定其接收者
        Command command = new ConcreteCommand(receiver);
        //创建请求者,把命令对象设置进去
        Invoker invoker = new Invoker(command);
        //执行方法
        invoker.action();
    }
}
```

4.7.3　命令模式的解析

玉帝宣美猴王上天的示例，使用命令模式来理解是非常恰当的，其中涉及 5 个角色。

1）命令（Command）角色：即圣旨，这是所有具体圣旨都必须具备的接口。这是一个抽象角色，由一个接口实现。

2）具体命令（CnncreteCommand）角色：即具体圣旨，是玉帝宣美猴王上天报到的圣旨。这个具体圣旨给出玉帝和美猴王作为客户端和命令的接收者之间的弱耦合。execute 方法便是圣旨的执行方法。

3）请求者（Invoker）角色：请求者太白金星调用此角色的行动方法，要求美猴王上天。

4）接收者（Receiver）角色：即美猴王。美猴王上天报到的操作必须由美猴王自己做出。普天之下的万物都可以成为玉帝圣旨的接收者。

5）客户（Client）角色：由玉帝扮演。玉帝创建了一个具体的命令对象（即圣旨），他还要指明圣旨的接收者是美猴王，并把命令交给太白金星传达。

此模拟系统的结构设计如图 4-7-2 所示。

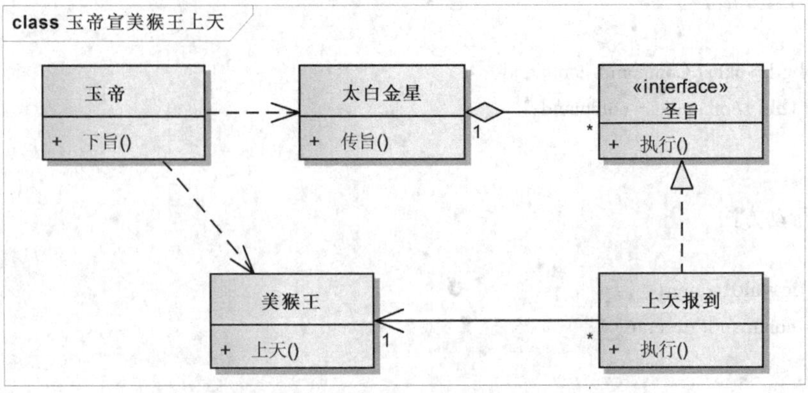

图 4-7-2　玉帝宣美猴王上天的命令模式示意图

4.7.4　命令模式的优点

命令模式的优点具体如下：

1）更松散的耦合。命令模式使得发起命令的对象——客户端，和具体实现命令的对象——接收者对象完全解耦，也就是说，发起命令的对象完全不知道具体实现对象是谁，也不知道如何实现。

2）更动态的控制。命令模式把请求封装起来，可以动态地对其进行参数化、队列化和日志化等操作，从而使得系统更灵活。

3）很自然的复合命令。命令模式中的命令对象能够很容易地组合成复合命令，即宏命令，从而使系统操作更简单，功能更强大。

4）更好的扩展性。由于发起命令的对象和具体的实现完全解耦，因此扩展新的命令就很容易，只需实现新的命令对象，然后在装配时把具体的实现对象设置到命令对象中，即可使用这个命令对象，已有的实现完全不用变化。

【练习】录音机系统

1. 需求分析

录音机有播音（play）、倒带（rewind）和停止（stop）功能，录音机的键盘便是请求者（Invoker）角色，茱丽（Julia）是客户端角色，而录音机便是接收者角色。

2. 系统设计

Command 类扮演抽象命令角色，而 PlayCommand、StopCommand 和 RewindCommand 便是具体命令类。茱丽（Julia）不需要知道播音（play）、倒带（rewind）和停止（stop）功能具体是怎么执行的，这些命令执行的细节全部由键盘（Keypad）具体实施。茱丽（Julia）只需在键盘上按下相应的键即可。

录音机是典型的命令模式。录音机按键把客户端与录音机的操作细节分割开来，结构如图 4-7-3 所示。

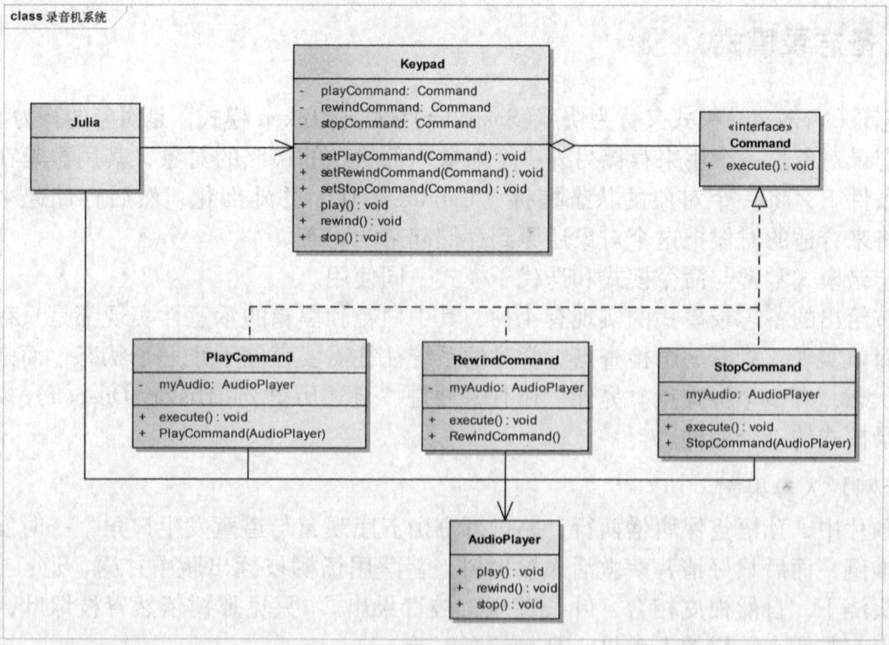

图 4-7-3 录音机系统的结构图

3. 录音机系统的改进

设想录音机有一个记录功能，可以把每条命令记录下来，然后在任何需要的时候重新把这些记录下来的命令一次性执行，这就是宏命令集功能。因此，录音机系统现在有 4 个键，分别为播音、倒带、停止和宏命令功能。此时系统的设计与前面的设计相比有所增强，主要体现在 Julia 类现在有了一个新方法，用以操作宏命令键，改进后的结构如图 4-7-4 所示。

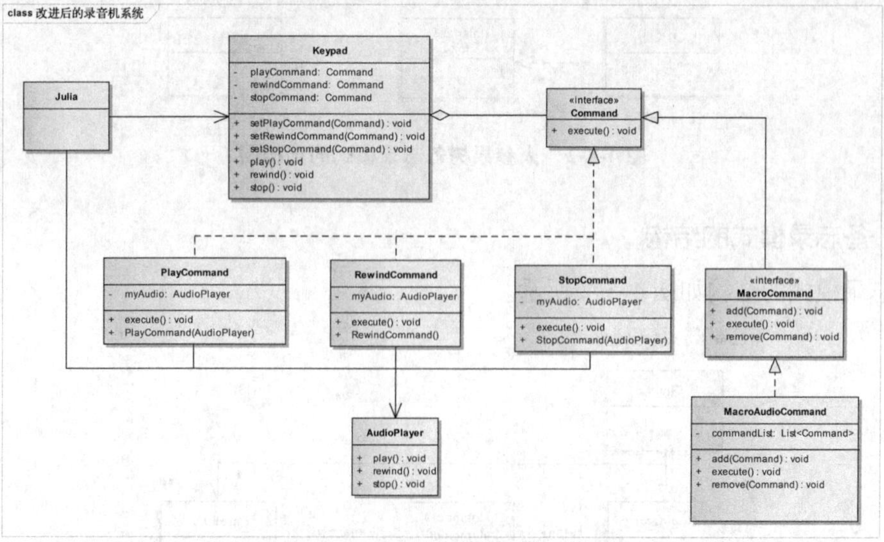

图 4-7-4 改进后的录音机系统结构图

练习源代码见配套电子课件。

4.8 备忘录模式

备忘录(Memento)模式又称为快照(Snapshot)模式或 Token 模式，是对象的行为型模式。

备忘录对象是一个用来存储另外一个对象内部状态的快照的对象，其用意是在不破坏封装的条件下，将一个对象的状态捕捉（Capture）住，并外部化，然后存储起来，从而可以在将来合适的时候把这个对象还原到存储起来的状态。

备忘录模式常常与命令模式和迭代子模式一同使用。

本节给出的备忘录模式的实现有 4 种，其中白箱和黑箱的示意性实现都是只存储一个状态的简单实现，只有一个检查点。常见的系统往往需要存储不止一个状态，而是需要存储多个状态，有多个检查点。另外，还有一种是“自述历史”（History-On-Self）模式，这是备忘录模式的一个变种。

【示例】人参果树

动画片中，孙悟空保唐僧西行，路过万寿山五庄观，与道童发生口角，一时发怒把人参果树推倒，而后只好请菩萨救活人参果树。菩萨用杨柳枝蘸出瓶中甘露，道：“扶起树来，从头浇下，自然根皮相合，叶长芽生，枝青果出。”只见那树依然青枝绿叶，浓郁阴森，其上有与原来一样的人参果，真是丝毫不差。

这就是说，果树的状态保存在菩萨的甘露之中，菩萨可以从甘露中将果树的状态恢复。这就是备忘录模式的应用，果树是发起人角色，甘泉是备忘录角色，而菩萨扮演负责人角色，结构如图 4-8-1 所示。

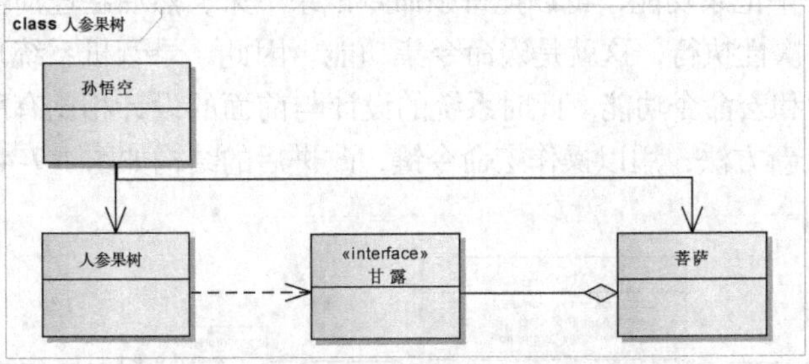

图 4-8-1　人参果树备忘录模式的结构图

4.8.1 备忘录模式的结构

备忘录模式的结构如图 4-8-2 所示。

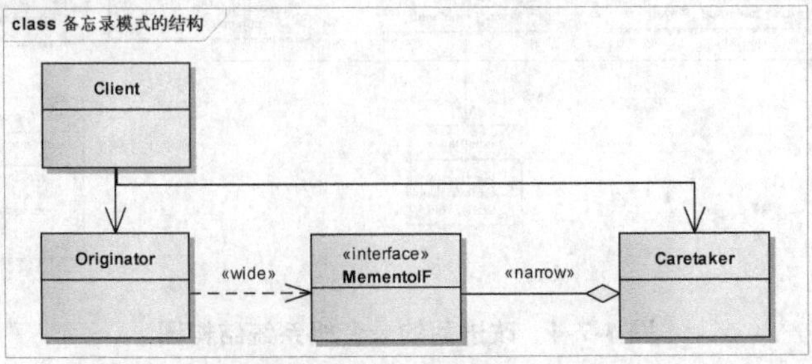

图 4-8-2　备忘录模式的结构图

备忘录模式涉及的角色有以下 3 个。

1）备忘录（MementoIF）角色。备忘录角色有如下两个责任：

①将发起人对象的内部状态存储起来。备忘录可以根据发起人对象的判断来决定存储多少发起人对象的内部状态。

②备忘录可以保护其内容不被发起人对象以外的任何对象读取，又分为两个等效的接口。

- 窄接口：负责人对象（和其他除发起人对象之外的任何对象）看到的是备忘录的窄接口（narrow interface），这个窄接口只允许它把备忘录对象传给其他对象。
- 宽接口：与负责人对象看到的窄接口相反的是，发起人对象可以看到一个宽接口（wide interface），这个宽接口允许它读取所有的数据，以便根据这些数据恢复这个发起人对象的内部状态。

2）发起人（Originator）角色。发起人角色有如下两个责任：

①创建一个含有当前的内部状态的备忘录对象。

②使用备忘录对象存储其内部状态。

3）负责人（Caretaker）角色。负责人角色有如下两个责任：

①负责保存备忘录对象。

②不检查备忘录对象的内容。

4.8.2　备忘录模式的实现

1．“白箱”实现

备忘录角色对任何对象都提供一个接口，即宽接口，由于备忘录角色的内部所存储的状态对所有对象公开，因此这个实现又称为“白箱”实现。

“白箱”实现将发起人角色的状态存储在一个大家都看得到的地方，因此是破坏封装性的，结构如图 4-8-3 所示。

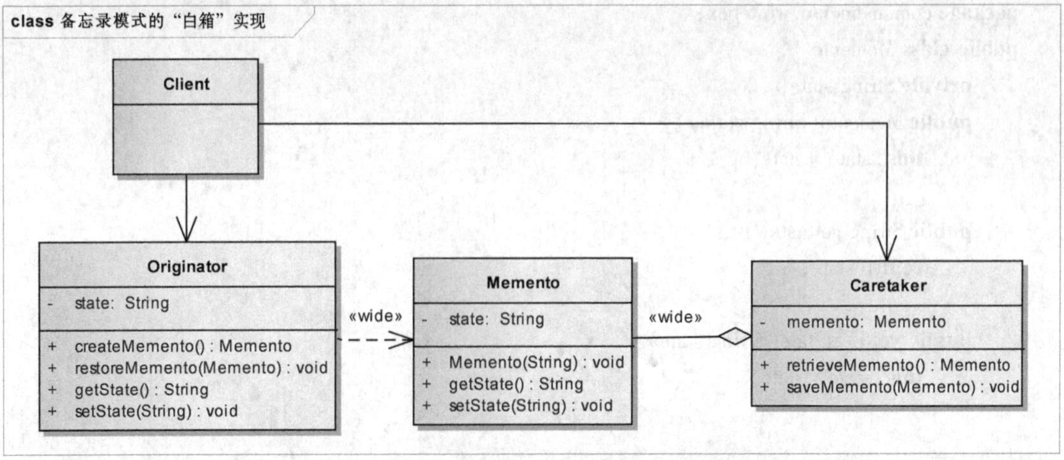

图 4-8-3　备忘录模式的“白箱”实现结构图

下面介绍一个示意性的“白箱”实现。

1）发起人角色类：利用一个新创建的备忘录对象将自己的内部状态存储起来。具体代码如下：

```
package com.memento.whitebox;
public class Originator {
    private String state;
    /**
     * 工厂方法,返回一个新的备忘录对象
     */
    public Memento createMemento() {
        return new Memento(state);
    }
    /**
     * 将发起人恢复到备忘录对象所记载的状态
     */
    public void restoreMemento(Memento memento) {
        this.state = memento.getState();
    }
    public String getState() {
        return state;
    }
    public void setState(String state) {
        this.state = state;
        System.out.println("当前状态:" + this.state);
    }
}
```

2）备忘录角色类：将发起人对象传入的状态存储起来。具体代码如下：

```
package com.memento.whitebox;
public class Memento {
    private String state;
    public Memento(String state) {
        this.state = state;
    }
    public String getState() {
        return state;
    }
    public void setState(String state) {
        this.state = state;
    }
}
```

3）负责人角色类：负责保存备忘录对象，但是从不修改（甚至不查看）备忘录对象的内容。具体代码如下：

```
package com. memento. whitebox;
public class Caretaker {
    private Memento memento;
    /**
     * 备忘录的取值方法
     */
    public Memento retrieveMemento() {
        return this . memento;
    }
    /**
     * 备忘录的赋值方法
     */
    public void saveMemento(Memento memento) {
        this . memento = memento;
    }
}
```

4）客户端角色类的代码如下：

```
package com. memento. whitebox;
public class Client {
    public static void main(String[] args) {
        Originator originator = new Originator();
        Caretaker caretaker = new Caretaker();
        //改变负责人对象的状态
        originator. setState("On");
        //创建备忘录对象,并将发起人对象的状态储存起来
        caretaker. saveMemento(originator. createMemento());
        //修改发起人对象的状态
        originator. setState("Off");
        System. out. println("修改发起人对象的状态后:" + originator. getState());
        //恢复发起人对象的状态
        originator. restoreMemento(caretaker. retrieveMemento());
        System. out. println("恢复发起人对象的状态后:" + originator. getState());
    }
}
```

程序运行结果如图 4-8-4 所示。

在上述代码中，首先将发起人对象的状态设置成“On”，并创建一个备忘录对象将这个状态存储起来；然后将发起人对象的状态改成“Off”；最后又将发起人对象恢复到备忘录对象存储时的状态，即“On”状态。

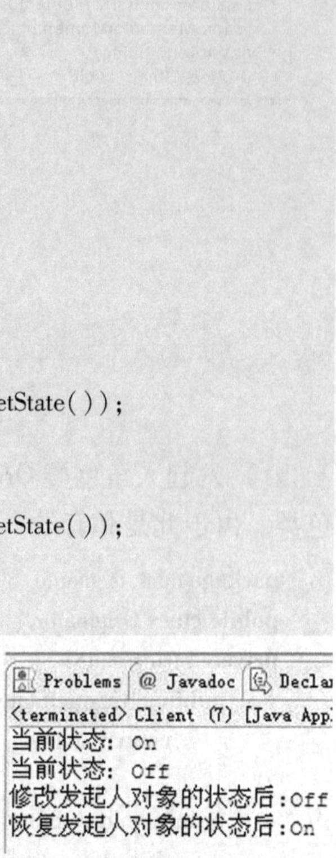

图 4-8-4 程序运行结果

2. “黑箱”实现

备忘录角色对发起人角色对象提供一个宽接口，而为其他对象提供一个窄接口，这样的实现称为“黑箱”实现。

在 Java 语言中，实现双重接口的办法就是将备忘录角色类设计成发起人角色类的内部成员类。将 Memento 设成 Originator 类的内部类，从而将 Memento 对象封装在 Originator 中；在外部提供一个标识接口 MementoIF 给 Caretaker 及其他对象。这样，Originator 类看到的是 Menmento 的所有接口，而 Caretaker 以及其他对象看到的仅是标识接口 MementoIF 所暴露出来的接口。

使用内部类实现备忘录模式的结构如图 4-8-5 所示。

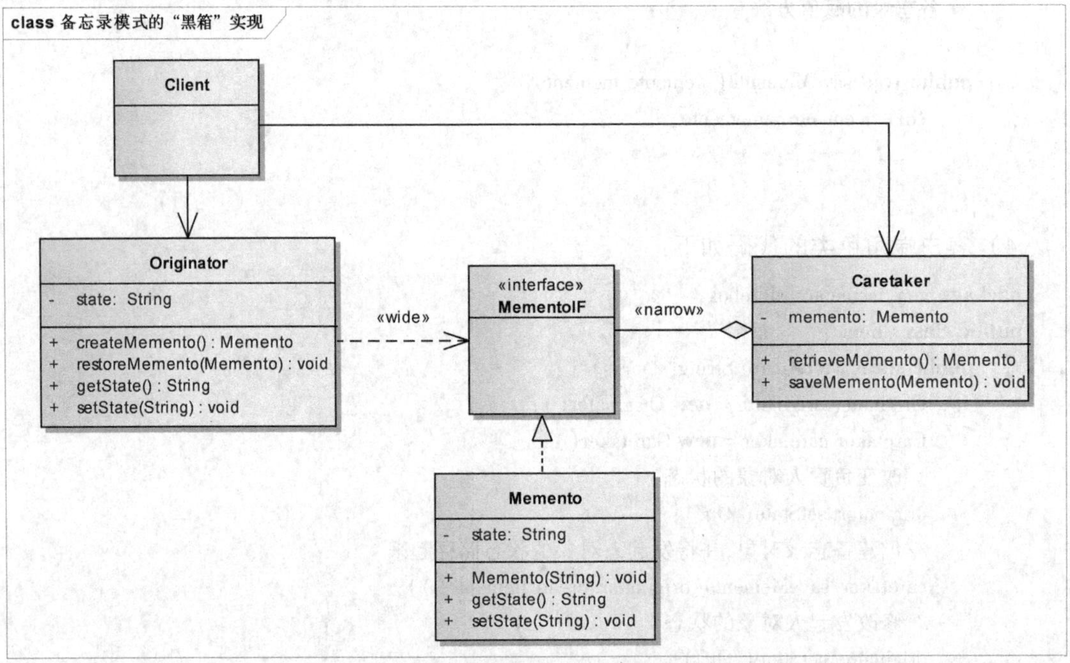

图 4-8-5　使用内部类实现备忘录模式的结构图

1）发起人角色类 Originator：其中定义了一个内部私有类 Memento，以作为备忘录角色类。由于此是私有的，因此只有它自己和发起人类 Originator 可以调用。具体代码如下：

```
package com.memento.blackbox;
public class Originator {
private String state;
    public String getState() {
        return state;
    }
    public void setState(String state) {
        this.state = state;
        System.out.println("赋值状态:" + state);
```

```
    }
    /**
     * 工厂方法,返回一个新的备忘录对象
     */
    public MementoIF createMemento(){
        return new Memento(state);
    }
    /**
     * 发起人恢复到备忘录对象记录的状态
     */
    public void restoreMemento(MementoIF memento){
        this.setState(((Memento)memento).getState());
    }
    //定义了一个内部的 Memento 类
    private class Memento implements MementoIF {
        private String state;
        /**
         * 构造方法
         */
        public Memento(String state) {
            super();
            this.state = state;
        }
        public String getState() {
            return state;
        }
        public void setState(String state) {
            this.state = state;
        }
    }
}
```

2）窄接口 MementoIF：由于这是一个标识接口，因此它没有定义任何的方法。具体代码如下：

```
package com.memento.blackbox;
//这是一个标识接口,没有定义任何方法
public interface MementoIF {
}
```

3）负责人角色类 Caretaker：能够得到的备忘录对象是以 MementoIF 为接口的，由于这个接口仅是一个标识接口，因此负责人角色不可能改变这个备忘录对象的内容。具体代码如下：

```
package com.memento.blackbox;
public class Caretaker {
    private MementoIF memento;
    /**
     * 备忘录取值方法
     */
    public MementoIF retrieveMemento() {
        return memento;
    }
    /**
     * 备忘录赋值方法
     */
    public void saveMemento(MementoIF memento) {
        this.memento = memento;
    }
}
```

4）客户端角色类的代码如下：

```
package com.memento.blackbox;
public class Client {
    public static void main(String[] args) {
        Originator originator = new Originator();
        Caretaker caretaker = new Caretaker();
        //改变负责人对象的状态
        originator.setState("On");
        //创建备忘录对象,并将发起人对象的状态存储起来
        caretaker.saveMemento(originator.createMemento());
        //修改发起人对象的状态
        originator.setState("Off");
        System.out.println("修改发起人对象的状态后:" + originator.getState());
        //恢复发起人对象的状态
        originator.restoreMemento(caretaker.retrieveMemento());
        System.out.println("恢复发起人对象的状态后:" + originator.getState());
    }
}
```

程序运行结果如图 4-8-6 所示。

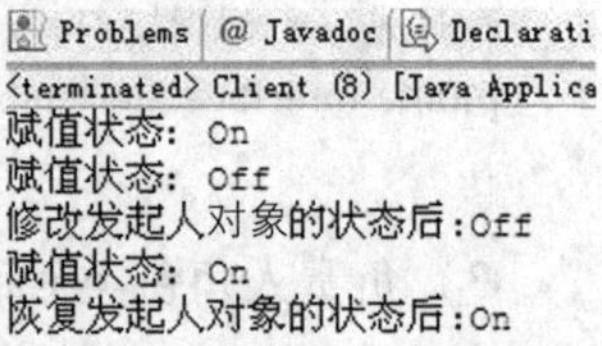

图 4-8-6　程序运行结果

客户端起如下作用：

1）将发起人对象的状态设置为“On”。

2）调用 createMemento 方法，创建一个备忘录对象将这个状态存储起来（此时，createMemento 方法返回的明显类型是 MementoIF 接口、真实类型为 Originator 内部的 Memento 对象）。

3）将备忘录对象存储到负责人对象中。由于负责人对象

拿到的仅是 MementoIF 接口，因此无法读出备忘录对象内部的状态。

4）将发起人对象的状态设置为“Off”。

5）调用负责人对象的 retrieveMemento 方法，将备忘录对象取出。注意，此时仅能得到 MementoIF 接口，因此无法读出此对象的内部状态。

6）调用发起人对象的 restoreMemento 方法，将发起人对象的状态恢复成备忘录对象存储时的状态，即“On”状态。由于发起人对象的内部类 Memento 实现了 MementoIF 接口，这个内部类是传入的备忘录对象的真实类型，因此发起人对象可以利用内部类 Memento 的私有接口读出此对象的内部状态。

4.8.3　多重检查点

备忘录模式可以将发起人对象的状态存储到备忘录对象中，也可以将发起人对象恢复到备忘录对象所存储的某一个检查点上。下面给出一个示意性的、有多重检查点的备忘录模式的实现，结构如图 4-8-7 所示。

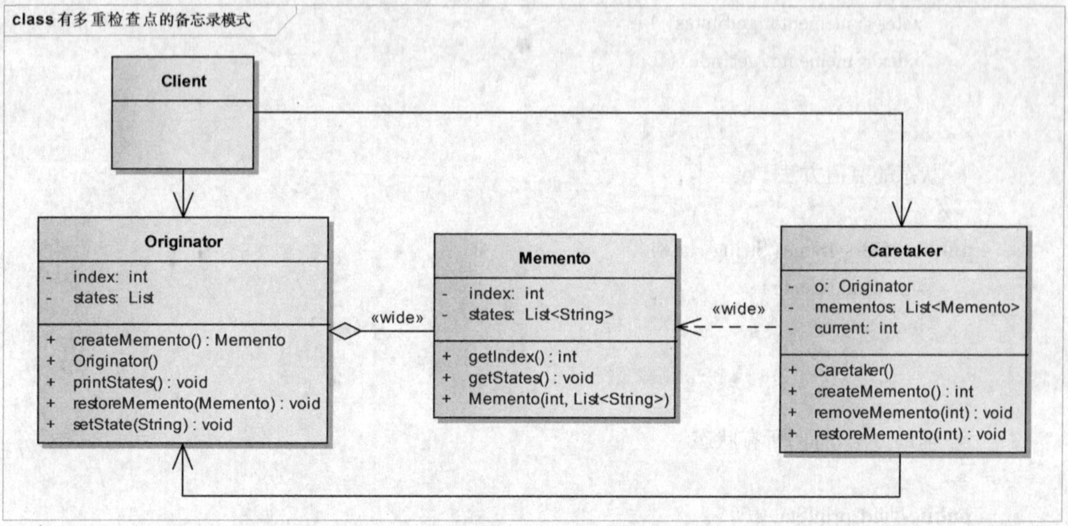

图 4-8-7　有多重检查点的备忘录模式的结构图

1）发起人角色的代码如下：

```
package com.memento.multicheckpoint;
import java.util.ArrayList;
import java.util.List;
public class Originator {
    private List<String> states;
    //检查点指数
    private int index;
    /**
     * 构造函数
```

```
    */
    public Originator() {
        states = new ArrayList<String>();
        index = 0;
    }
    /**
     * 工厂方法,返回一个新的备忘录对象
     */
    public Memento createMemento() {
    return new Memento(states , index);
    }
    /**
     * 将发起人对象恢复到备忘录对象记录的状态点
     */
    public void restoreMemento(Memento memento) {
        states = memento.getStates();
        index = memento.getIndex();
    }
    /**
     * 状态的赋值方法
     */
    public void setState(String state) {
        states.add(state);
        index++;
    }
    /**
     * 辅助方法,打印所有状态
     */
    public void printStates() {
        for (String state :states) {
            System.out.println(state);
        }
    }
}
```

2）备忘录角色类：这个实现可以存储任意多的状态，外界可以使用检查点指数 index 来取出检查点上的状态。具体代码如下：

```
package com.memento.multicheckpoint;
import java.util.ArrayList;
import java.util.List;
public class Memento {
```

```
    private List<String> states;
    private int index;
    /**
     * 构造函数
     */
    public Memento(List<String> states, int index) {
        this.states = new ArrayList<String>(states);
        this.index = index;
    }
    public List<String> getStates() {
        return states;
    }
    public int getIndex() {
        return index;
    }
}
```

3）负责人角色类的代码如下：

```
package com.memento.multicheckpoint;
import java.util.ArrayList;
import java.util.List;
public class Caretaker {
    private Originator o;
    private List<Memento> mementos = new ArrayList<Memento>();
    private int current;
    /**
     * 构造函数
     */
    public Caretaker(Originator o) {
        this.o = o;
        current = 0;
    }
    /**
     * 创建一个新的检查点
     */
    public int createMemento() {
        Memento memento = o.createMemento();
        mementos.add(memento);
        return current++;
    }
    /**
     * 将发起人对象恢复到某个检查点
     */
    public void restoreMemento(int index) {
```

```
        Memento memento = mementos.get(index);
        o.restoreMemento(memento);
    }
    /**
     * 将某个检查点删除
     */
    public void removeMemento(int index) {
        mementos.remove(index);
    }
}
```

4）客户端角色的代码如下：

```
package com.memento.multicheckpoint;
public class Client {
    public static void main(String[] args) {
        Originator o = new Originator();
        Caretaker c = new Caretaker(o);
        //改变状态
        o.setState("state 0");
        //建立一个检查点
        c.createMemento();
        //改变状态
        o.setState("state 1");
        //建立一个检查点
        c.createMemento();
        //改变状态
        o.setState("state 2");
        //建立一个检查点
        c.createMemento();
        //改变状态
        o.setState("state 3");
        //建立一个检查点
        c.createMemento();
        //打印所有检查点
        o.printStates();
        System.out.println("------------恢复检查点--------------");
        //恢复到第二个检查点
        c.restoreMemento(2);
        //打印所有检查点
        o.printStates();
    }
}
```

程序运行结果如图 4-8-8 所示。

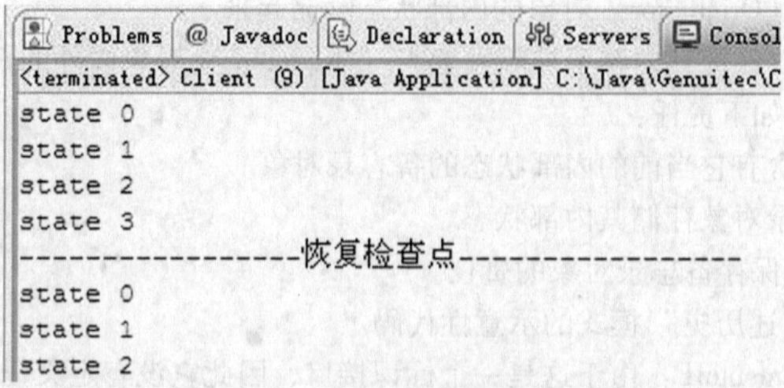

图 4-8-8　程序运行结果

由上述代码可以看出，客户端角色通过不断改变发起人角色的状态，并将之存储在备忘录中。然后，通过指明检查点指数可以将发起人角色恢复到相应的检查点所对应的状态上。

4.8.4　“自述历史”模式

所谓“自述历史”（History-On-Self）模式实际上是备忘录模式的一个变种。在备忘录模式中，发起人（Originator）角色、负责人（Caretaker）角色和备忘录（Memento）角色都是独立的角色。虽然在实现上备忘录类可以成为发起人类的内部成员类，但是备忘录类仍然保持作为一个角色的独立意义。在“自述历史”模式中，发起人角色自己兼任负责人角色。

“自述历史”模式的结构如图 4-8-9 所示。

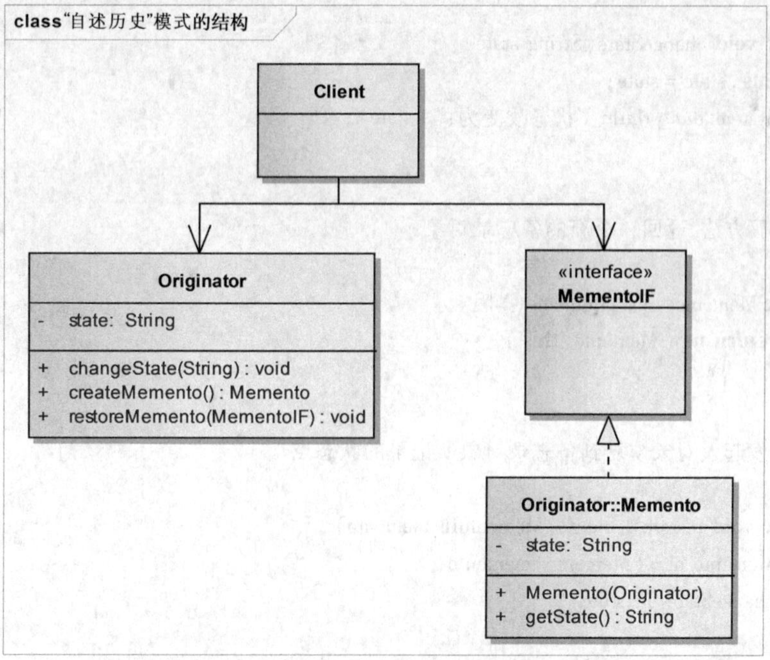

图 4-8-9　“自述历史”模式的结构图

备忘录角色有如下责任：

1）将发起人（Originator）对象的内部状态存储起来。

2）备忘录可以保护其内容不被除发起人（Originator）对象以外的任何对象读取。

发起人角色有如下责任：

1）创建一个含有它当前的内部状态的备忘录对象。

2）使用备忘录对象存储其内部状态。

客户端角色有保存备忘录对象的责任。

下面给出"自述历史"模式的示意性代码。

1）窄接口 MementoIF：由于这是一个标识接口，因此它没有定义任何的方法。具体代码如下：

```
package com.memento.historyOnSelfPattern;
public interface MementoIF {
}
```

2）发起人角色同时还兼任负责人角色，也就是说，它自己负责保存自己的备忘录对象。具体代码如下：

```
package com.memento.historyOnSelfPattern;
public class Originator {
    public String state;
    /**
     * 改变状态
     */
    public void changeState(String state) {
        this.state = state;
        System.out.println("状态改变为:" + state);
    }
    /**
     * 工厂方法,返回一个新的备忘录对象
     */
    public Memento createMemento() {
        return new Memento(this);
    }
    /**
     * 将发起人对象恢复到备忘录对象所记录的状态点
     */
    public void restoreMemento(MementoIF memento) {
        Memento m = (Memento)memento;
        changeState(m.state);
    }
    private class Memento implements MementoIF{
        private String state;
```

```
        /**
          * 构造方法
          */
        private Memento(Originator o) {
            this.state = o.state;
        }
        public String getState() {
            return state;
        }
    }
}
```

3）客户端角色类的代码如下：

```
package com.memento.historyOnSelfPattern;
public class Client {
    public static void main(String[] args) {
        Originator originator = new Originator();
        //修改状态
        originator.changeState("state 0");
        //创建备忘录
        MementoIF memento = originator.createMemento();
        //修改状态
        originator.changeState("state 1");
        //按照备忘录恢复对象的状态
        originator.restoreMemento(memento);
    }
}
```

程序运行结果如图 4-8-10 所示。

“自述历史”模式作为一个备忘录模式的特殊实现形式，它非常简单易懂，日后可能成为备忘录模式较为流行的实现形式。

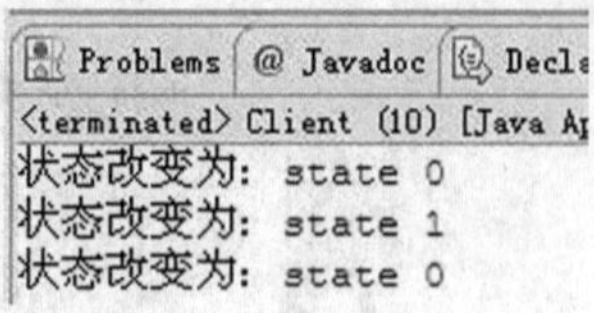

图 4-8-10　程序运行结果

4.9　状态模式

状态（State）模式又称为状态对象模式（Pattern of Objects for States），是对象的行为型模式。

状态模式允许一个对象在其内部状态改变的时候改变其行为，这个对象看上去就像是改变了它的类一样。状态模式把所研究的对象的行为包装在不同的状态对象里，每一个状态对象都属于一个抽象状态类的一个子类。状态模式的意图是让一个对象在其内部状态改变时，其行为也随之改变。状态模式需要对每一个系统可能取得的状态创立一个状态类的子类，当系统的状态变化时，系统便改变所选子类。

【示例】曾侯乙编钟

曾侯乙编钟于 1978 年在中国湖北省随县（今随州市）出土，现存于湖北省博物馆，如图 4-9-1 所示。

图 4-9-1　曾侯乙编钟实图

用状态模式分析，编钟有能够动态变化的属性，也就是它所发出的声音。编钟的这种属性叫作状态，而编钟也因为有这样的属性而被称为有状态的（stateful）对象。当乐师不断打击编钟时，编钟的状态由一只钟过渡到另一只钟。编钟的行为，也就是钟所发出的声音就会从一种状态过渡到另一种状态。

曾侯乙编钟系统的结构如图 4-9-2 所示。

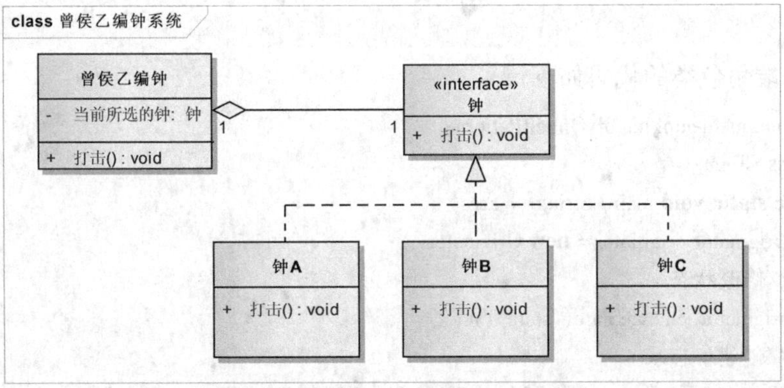

图 4-9-2　曾侯乙编钟系统的结构图

4.9.1　状态模式的结构

状态模式是把所研究的对象的行为包装在不同的状态对象里，每一个状态对象都属于一个抽象状态类的一个子类。状态模式的意图是让一个对象在其内部状态改变时，其行为也随之改变。状态模式的示意性结构如图 4-9-3 所示。

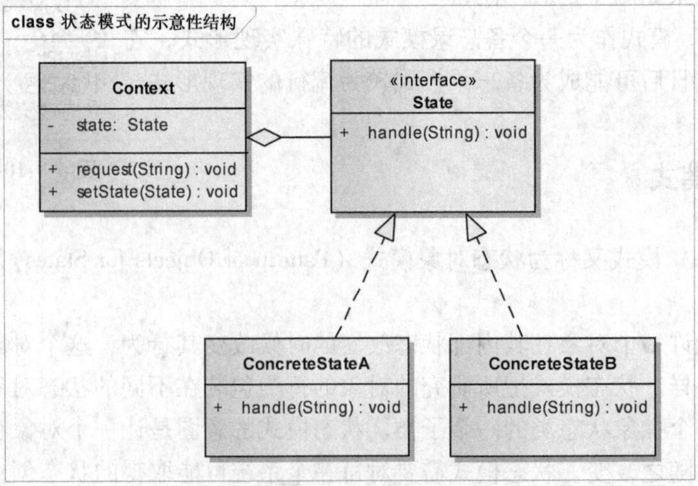

图 4-9-3　状态模式的示意性结构图

状态模式涉及以下 3 个角色。

1）环境（Context）角色：也称为上下文，定义客户端所感兴趣的接口，并且保留一个具体状态类的实例。这个具体状态类的实例给出此环境对象的现有状态。

2）抽象状态（State）角色：定义一个接口，用以封装环境（Context）对象的一个特定的状态所对应的行为。

3）具体状态（ConcreteState）角色：每一个具体状态类都实现了环境（Context）的一个状态所对应的行为。

4.9.2 状态模式的实现

下面以图 4-9-3 所示的示意性结构图为例，给出状态模式的实现代码。

环境角色类的代码如下：

```
package com.state;
public class Context {
    //持有一个 State 类型的对象实例
    private State state;
    public void setState(State state) {
        this.state = state;
    }
    /**
     * 用户感兴趣的接口方法
     */
    public void request(String sampleParameter) {
        //调用 state 来处理
        state.handle(sampleParameter);
    }
}
```

抽象状态类的代码如下：

```
package com.state;
public interface State {
    /**
     * 与状态对应的处理
     */
    public void handle(String sampleParameter);
}
```

具体状态类 A 的代码如下：

```
package com.state;
public class ConcreteStateA implements State {
    public void handle(String sampleParameter) {
        System.out.println("ConcreteStateA handle :" + sampleParameter);
    }
}
```

具体状态类 B 的代码如下：

```
package com. state;
public class ConcreteStateB implements State {
    public void handle(String sampleParameter) {
        System. out. println("ConcreteStateB handle :" + sampleParameter);
    }
}
```

客户端类的代码如下：

```
package com. state;
public class Client {
    public static void main(String[ ] args) {
        //创建状态
        State state = new ConcreteStateB( );
        //创建环境
        Context context = new Context( );
        //将状态设置到环境中
        context. setState(state);
        //请求
        context. request("test");
    }
}
```

程序运行结果如图 4-9-4 所示。

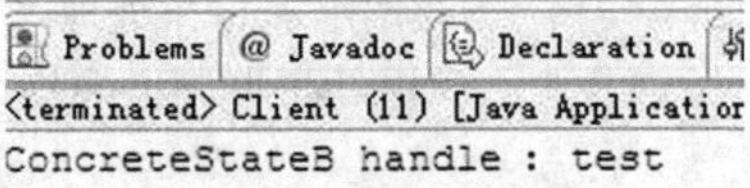

图 4-9-4　程序运行结果

从上述代码中可以看出，环境类 Context 的行为 request( )是委派给某一个具体状态类的。通过使用多态性原则，可以动态改变环境类 Context 的属性 State 的内容，使其从指向一个具体状态类变为指向另一个具体状态类，从而使环境类的行为 request( )由不同的具体状态类来执行。

4.9.3　状态模式的解析

曾侯乙编钟系统涉及以下 3 个角色。

1）抽象状态（State）角色：此角色由“钟”接口扮演，这个接口用以规范所有钟的行为。

2）具体状态（ConcreteState）角色：此角色由“钟 A”“钟 B”“钟 C”扮演，每一个钟都有特定的发声频率。

3）环境（Context）角色：定义“曾侯乙编钟”，并且持有一个钟的实例（即“当前所选钟”属性），这个实例给出此编钟现在发的声。

下面给出“曾侯乙编钟”系统的示意性代码。

1）抽象状态（State）角色：此角色由“钟”接口扮演。具体代码如下：

```
package com.State.曾侯乙编钟;
public interface 钟 {
    /**
     * 与状态对应的处理
     */
    public void handle(String sampleParameter);
}
```

2）具体状态（ConcreteState）角色：此角色由“钟 A”“钟 B”“钟 C”等扮演。具体代码如下：

```
package com.State.曾侯乙编钟;
public class 钟 A implements 钟 {
    public void handle(String sampleParameter) {
        System.out.println("钟 A :" + sampleParameter);
    }
}
```

3）环境（Context）角色：定义“曾侯乙编钟”。具体代码如下：

```
package com.State.曾侯乙编钟;
public class 曾侯乙编钟 {
    //持有一个 State 类型的对象实例
    private 钟 state;
    public void setState(钟 state) {
        this.state = state;
    }
    /**
     * 用户感兴趣的接口方法
     */
    public void request(String sampleParameter) {
        state.handle(sampleParameter);
    }
}
```

4）客户端类的代码如下：

```
package com.State.曾侯乙编钟;
public class 乐师 {
    public static void main(String[] args){
        //创建状态
        钟 state = new 钟 B();
        play(state);
        state = new 钟 A();
        play(state);
        state = new 钟 C();
```

```
        play(state);
    }
    public static void play(钟 state){
        //创建环境
        曾侯乙编钟 context = new 曾侯乙编钟();
        //将状态设置到环境中
        context.setState(state);
        //请求
        context.request("测试");
    }
}
```

程序运行结果如图 4-9-5 所示。

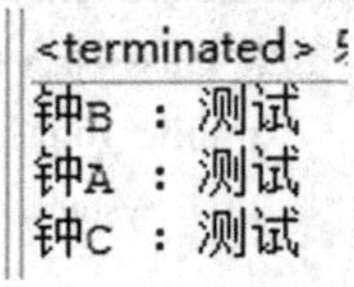

图 4-9-5　程序运行结果

【练习】在线投票系统

1. 需求分析

在线投票系统要求同一个用户只能投一票，如果一个用户反复投票，而且投票次数超过 5 次，则判定为恶意刷票，要取消该用户的投票资格，当然同时也要取消其所投的票；如果一个用户的投票次数超过 8 次，则此用户进入黑名单，禁止其再次登录和使用系统。

2. 系统设计

要使用状态模式实现，首先需要把投票过程的各种状态定义出来，根据以上描述本系统大致分为 4 种状态：正常投票、反复投票、恶意刷票和进入黑名单。然后，创建一个投票管理对象（相当于 Context）。系统的结构如图 4-9-6 所示。

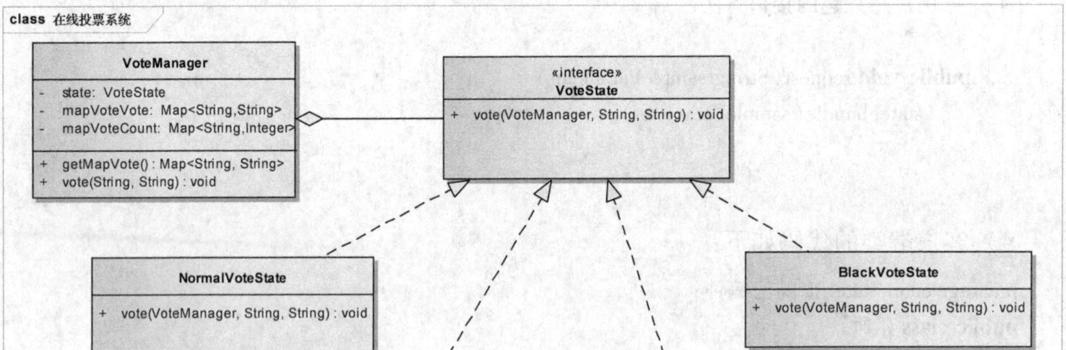

图 4-9-6　在线投票系统的结构图

从图 4-9-6 中可以看出，状态的转换基本上都是内部行为，主要在状态模式内部来维护。例如，对于投票的人员，任何时候其操作都是投票，但是投票管理对象对操作的处理却不一定一样，投票管理对象会根据投票的次数来判断状态，然后根据状态选择不同的处理。

练习源代码见配套电子课件。

4.10　专题：分派

本章为下一章的“访问者（Visitor）模式”提供准备知识。

4.10.1　分派的概念

变量被声明时的类型叫作变量的静态类型（Static Type），又叫作明显类型（Apparent Type）；而变量所引用的对象的真实类型称为变量的实际类型（Actual Type）。例如：

```
List list = null;
list = new ArrayList();
```

上述代码声明了一个变量 list，它的静态类型（也称为明显类型）是 List，而它的实际类型是 ArrayList。

根据对象的类型而对方法进行的选择就是分派（Dispatch）。根据分派发生的时期，可以将分派分为静态分派（Static Dispatch）和动态分派（Dynamic Dispatch）两种；根据分派的类型，又可以将分派分为单分派（Single-Dispatch）和多分派（Multi-Dispatch）两种。

4.10.2　静态分派和动态分派

静态分派发生在编译时期，分派根据静态类型信息发生，常见例子就是方法重载。

动态分派发生在运行时期，通过调用不同的子类对象动态地置换某个方法。

1. 静态分派

Java 通过方法重载支持静态分派。以墨子骑马的故事为例，墨子可以骑白马或黑马，结构如图 4-10-1 所示。在此系统中，墨子由 Mozi 类代表。

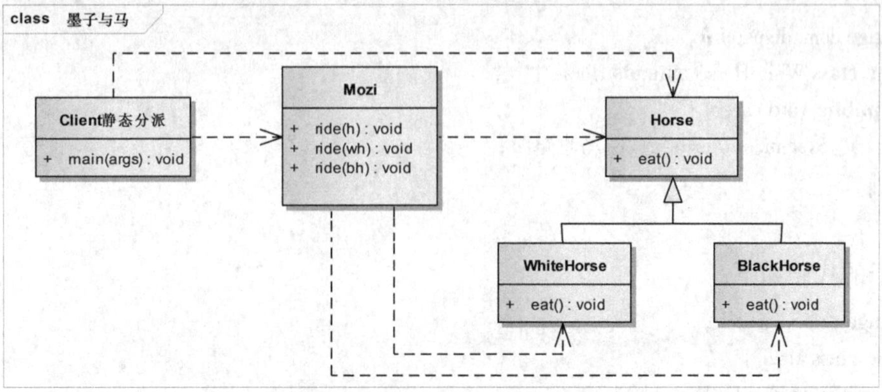

图 4-10-1　墨子与马的结构图

2. 动态分派

Java 通过方法重写支持动态分派。以马吃草的故事为例，结构如图 4-10-2 所示。

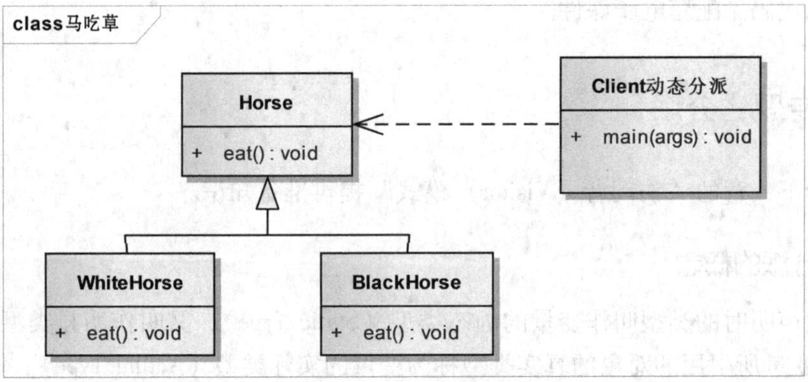

图 4-10-2　马吃草的结构图

下面首先给出“墨子与马”示例的示意性源代码。

马的代码如下：

```
package com.dispatch;
public abstract class Horse {
    public void eat();
}
```

黑马的代码如下：

```
package com.dispatch;
public class BlackHorse extends Horse {
    public void eat() {
        System.out.println("黑马吃草");
    }
}
```

白马的代码如下：

```
package com.dispatch;
public class WhiteHorse extends Horse {
    public void eat() {
        System.out.println("白马吃草");
    }
}
```

墨子的代码如下：

```
package com.dispatch;
public class Mozi {
    public void ride(Horse h) {
```

```
        System. out. println("墨子骑马");
    }
    public void ride(WhiteHorse wh) {
        System. out. println("墨子骑白马");
    }
    public void ride(BlackHorse bh) {
        System. out. println("墨子骑黑马");
    }
}
```

静态分派的代码如下：

```
package com. dispatch;
public class Client 静态分派 {
    public static void main(String[ ] args) {
        Horse wh = new WhiteHorse( );
        Horse bh = new BlackHorse( );
        Mozi mozi = new Mozi( );
        System. out. print("调用白马对象的结果:");
        mozi. ride(wh);
        System. out. print("调用黑马对象的结果:");
        mozi. ride(bh);
    }
}
```

Mozi 类的 ride 方法是由 3 个方法重载而成的，这 3 个方法分别接受马（Horse）、白马（WhiteHorse）和黑马（BlackHorse）等类型的参数。

运行程序的结果是墨子发现他所骑的都是马，如图 4-10-3 所示。为什么呢？两次对 ride 方法的调用传入的是不同的参数，即 wh 和 bh。它们虽然具有不同的真实类型，但是它们的静态类型是一样的，均是 Horse 类型。

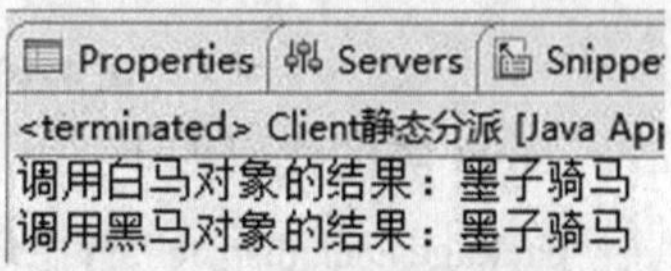

图 4-10-3　“墨子骑马”程序运行结果

重载方法的分派是根据静态类型进行的，这个分派过程在编译时期就完成了。

下面给出“马吃草”示例的动态分派代码：

```
package com. dispatch;
public class Client 动态分派 {
    public static void main(String[ ] args) {
        Horse h = new WhiteHorse( );
        h. eat( );
        h = new BlackHorse( );
        h. eat( );
    }
}
```

动态分派程序的运行结果如图 4-10-4 所示。这个结果说明调用的对象不同，结果也不同，这就是动态分派造成的。

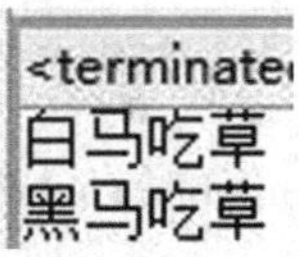

图 4-10-4　动态分派程序的运行结果

4.10.3　单分派和多分派

1. 静态多分派和动态单分派

Java 语言支持静态的多分派和动态的单分派，示例结构如图 4-10-5 所示。

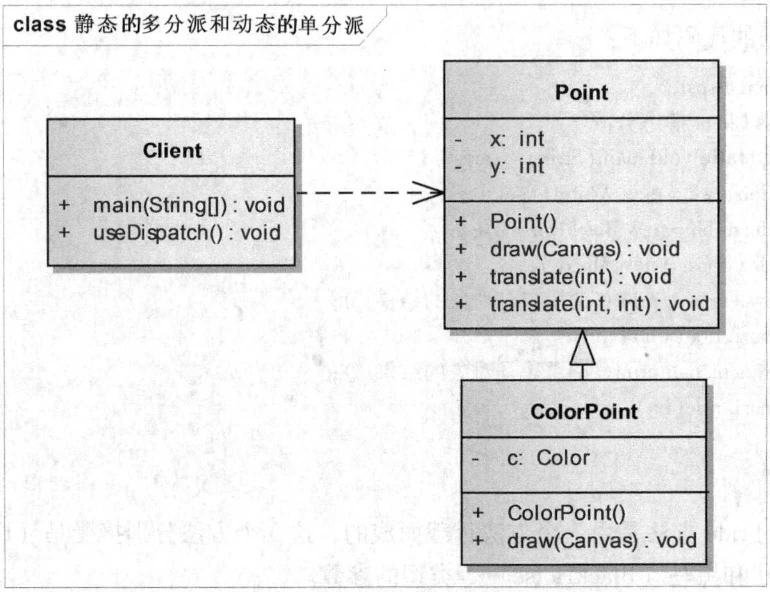

图 4-10-5　静态的多分派和动态的单分派示例结构图

Point 类的代码如下：

```
package com.dispatch.静态的多分派和动态的单分派;
import java.awt.Canvas;
public class Point {
    private int x;
    private int y;
    public Point() {
    }
    public void draw(Canvas c) {
        System.out.println("这里写 Point 类的 draw code!");
    }
    public void translate(int d) {
        System.out.println("这里传入一个参数。");
        x += d;
        y += d;
```

```
    }
    public void translate(int dx, int dy) {
        System.out.println("这里传入两个参数。");
        x += dx;
        y += dy;
    }
}
```

ColorPoint 类的代码如下：

```
package com.dispatch.静态的多分派和动态的单分派;
import java.awt.Canvas;
public class ColorPoint extends Point {
    private Color c;
    public ColorPoint() {
    }
    public void draw(Canvas c) {
        System.out.println("这里写 ColorPoint 类的 Color draw code!");
    }
}
```

客户端类的代码如下：

```
package com.dispatch.静态的多分派和动态的单分派;
import java.awt.Canvas;
public class Client {
    public static void main(String[] args) {
        new Client().useDispatch();
    }
    void useDispatch() {
        Point p = new Point();
        Point pc = new ColorPoint();
        //静态的多分派
        System.out.println("下面是静态的多分派:");
        p.translate(5);   //调用接收一个 int 类型参数的版本
        p.translate(1,2);   //调用接收两个 int 类型参数的版本
        //动态的单分派
        System.out.println("\n 下面是动态的单分派:");
        Canvas aCanvas = new Canvas();
        p.draw(aCanvas);    //调用 Point.draw()
        pc.draw(aCanvas);    //调用 ColorPoint.draw()
    }
}
```

程序运行结果如图 4-10-6 所示。

从上述的代码中可以看出，所谓“静态的多分派”其实就是对同一对象重载方法的调

用，“静态”是因为重载的方法是已经写好了；所谓“动态的单分派”其实就是父类和子类对各自对象的同一方法名的调用，“动态”是因为可按需要调用不同的对象。

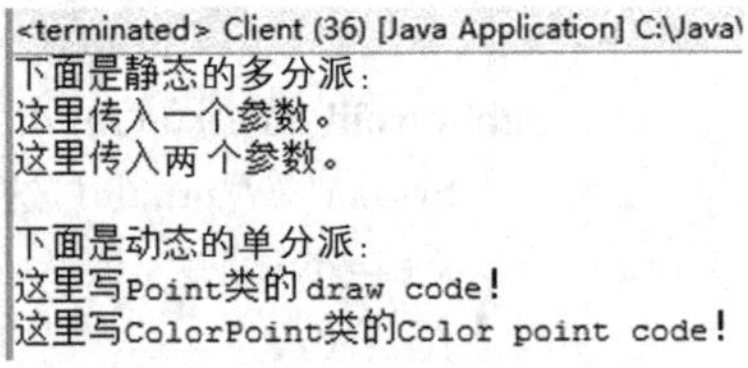

图 4-10-6　程序运行结果

2. 双重分派

一个方法所属的对象叫作方法的接收者，方法的接收者与方法的参量统称为方法的宗量。

一个方法根据两个宗量的类型来决定执行不同的代码，这就是双重分派。Java 语言不支持动态的多分派，也就意味着 Java 不支持动态的双重分派。但是通过使用设计模式，也可以在 Java 语言里实现动态的双重分派。

（1）实现动态双重分派的方案一

类型判断：通过在方法里使用 Java 的二元操作符 instanceof 判断真实类型实现。代码如下：

```
void processEvent(AWTEvent e) {
    if (e instanceof FocusEvent) {
        processFocusEvent((FocusEvent)e);
    } else if (e instanceof KeyEvent) {
        processKeyEvent((KeyEvent)e);
    } else if (e instanceof ComponentEvent) {
    processComponentEvent((ComponentEvent)e);
    …;
    }
}
```

这种方法实现的双重分派都格外冗长和复杂，且容易出错，同时也不符合“开—闭原则”。

（2）实现动态双重分派的方案二——反转球

通过两次调用来实现动态双重分派，以石头剪刀布的游戏为例，结构如图 4-10-7 所示。

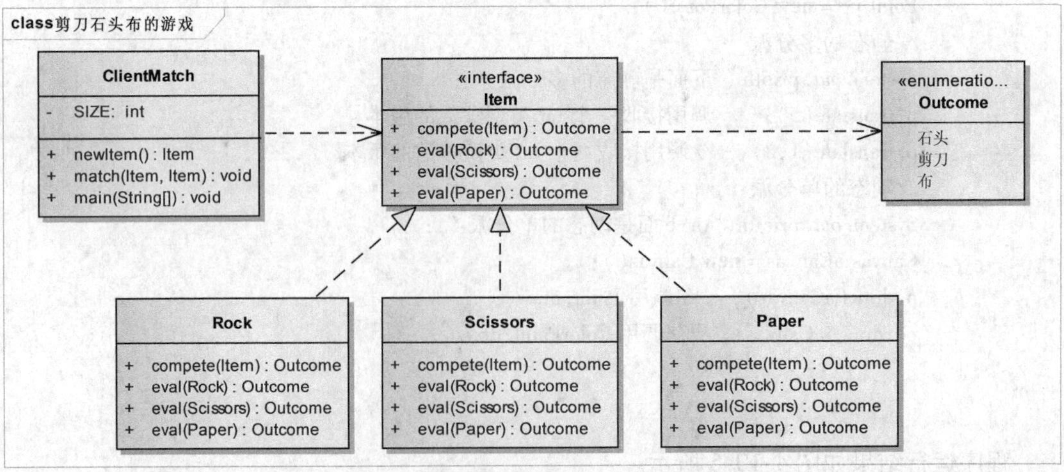

图 4-10-7　石头剪刀布游戏的结构图

整个程序由以下 6 个部分组成。

1）游戏结果由 Outcome 表示，代码如下：

```
package com.dispatch.反转球;
public enum Outcome {
    赢，输，平局
}
```

2）石头剪刀布游戏的公共接口代码如下：

```
package com.dispatch.反转球;
public interface Item {
    Outcome compete(Item it);
    Outcome eval(Paper p);
    Outcome eval(Scissors s);
    Outcome eval(Rock r);
}
```

3）石头的代码如下：

```
package com.dispatch.反转球;
public class Rock implements Item {
    public Outcome compete(Item it) {
        return it.eval(this);
    }
    public Outcome eval(Paper p) {
        return Outcome.赢;
    }
    public Outcome eval(Scissors s) {
        return Outcome.输;
    }
    public Outcome eval(Rock r) {
        return Outcome.平局;
    }
    public String toString() {
        return "石头";
    }
}
```

4）剪刀的代码如下：

```
package com.dispatch.反转球;
public class Scissors implements Item {
    public Outcome compete(Item it) {
    return it.eval(this);
}
```

```
        public Outcome eval(Paper p) {
            return Outcome.输;
        }
        public Outcome eval(Scissors s) {
            return Outcome.平局;
        }
        public Outcome eval(Rock r) {
            return Outcome.赢;
        }
        public String toString() {
            return "剪刀";
        }
}
```

5）布的代码如下：

```
package com.dispatch.反转球;
public class Paper implements Item {
    public Outcome compete(Item it) {
        return it.eval(this);
    }
    public Outcome eval(Paper p) {
        return Outcome.平局;
    }
    public Outcome eval(Scissors s) {
        return Outcome.赢;
    }
    public Outcome eval(Rock r) {
        return Outcome.输;
    }
    public String toString() {
        return "布 ";
    }
}
```

6）测试代码如下：

```
package com.dispatch.反转球;
import java.util.Random;
public class ClientMatch {
    static final int SIZE = 9;
    public static Item newItem() {
        switch (Math.abs(new Random().nextInt(3))) {
            default:
            case 0:
```

```
                return new Scissors();
            case 1:
                return new Paper();
            case 2:
                return new Rock();
            }
        }
    public static void match(Item a, Item b) {
        System.out.println(a + "\tvs. \t" + b + ": " + a.compete(b));
    }
    public static void main(String[] args) {
        for (int i = 0; i < SIZE; i ++ ){
            System.out.print(" 第 " + (i + 1) + " 局:");
            match(newItem(), newItem());
        }
    }
}
```

程序运行结果如图 4-10-8 所示。

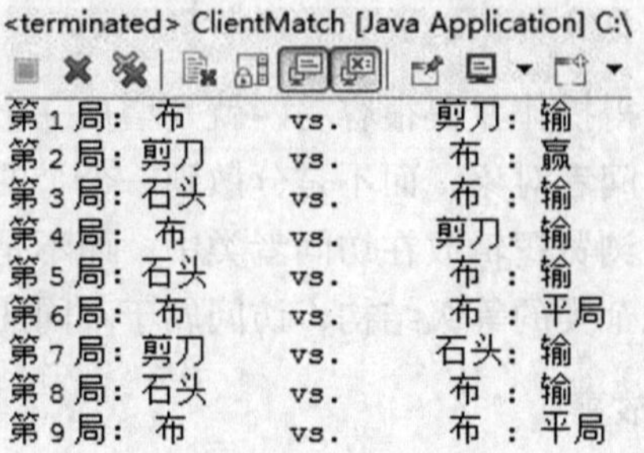

图 4-10-8　程序运行结果

上述程序的时序图如图 4-10-9 所示。

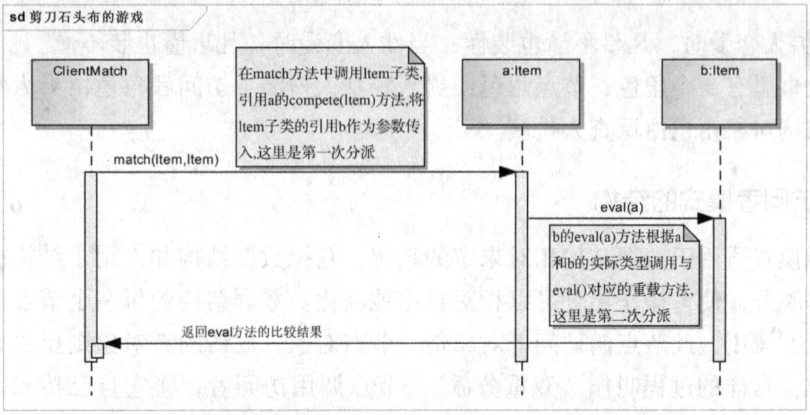

图 4-10-9　石头剪刀布程序的时序图

由时序图和代码可以看出以下几点：

1）ClientMatch. match()有两个 item 参数，分别由 newItem()生成，通过调用 Item. compete 方法开始双重分派。

2）在 match 方法中调用子类 Item，引用 a 的 compete(Item)方法，将 Item 的引用 b 作为参数传入。这里是第一次分派。

3）b 的 eval(a)方法根据 a 和 b 的实际类型、调用与 eval()对应的重载方法。这里是第二次分派。

第二次分派完成才能知道两个 Item 对象的具体类型产生的结果。

4.11 访问者模式

访问者（Visitor）模式是对象的行为型模式。使用访问者模式后便可在不修改已有程序结构的前提下，通过添加额外的“访问者”来完成对已有代码功能的提升。

访问者模式的用意是封装一些施加于某种数据结构元素之上的操作。一旦这操作需要修改，则接受这个操作的数据结构可以保持不变。访问者模式适用于数据结构相对未定的系统，它把数据结构和作用于结构上的操作之间的耦合解脱开，使得操作集合可以相对自由地演化。

访问者模式使得增加新得操作变得很容易，就是增加一个新的访问者类。访问者模式将有关的行为集中到一个访问者对象，而不是分散到一个个的节点类中。当使用访问者模式时，要将尽可能多的对象浏览逻辑放在访问者类中，而不是放到其子类中。

访问者模式可以跨过几个类的等级结构，访问属于不同的等级结构的成员类。

【示例】男人和女人的故事

据某权威社会调查机构对男人和女人的调查统计结果，下面两种现象出现的概率较大：

1）当男人成功时，背后都有一个伟大的女人；当女人成功时，背后都有一个不成功的男人。

2）当男人恋爱时，凡事不懂也装懂；当女人恋爱时，凡事懂也装不懂。

这个故事里有 3 个角色：节点角色由男人和女人扮演、访问者角色由男人和女人的故事扮演、结构对象角色由调查人扮演。

4.11.1 访问者模式的结构

访问者模式适用于数据结构相对未定的系统，它把数据结构和作用于结构上的操作之间的耦合解脱开，使得操作集合可以相对自由地演化。数据结构的每一个节点都可以接受一个访问者的调用，此节点向访问者对象传入节点对象，而访问者对象则反过来执行节点对象的操作，这样的过程叫作“双重分派”。节点调用访问者，将它自己传入，访问者则将某算法针对此节点执行。访问者模式的示意性结构如图 4-11-1 所示。

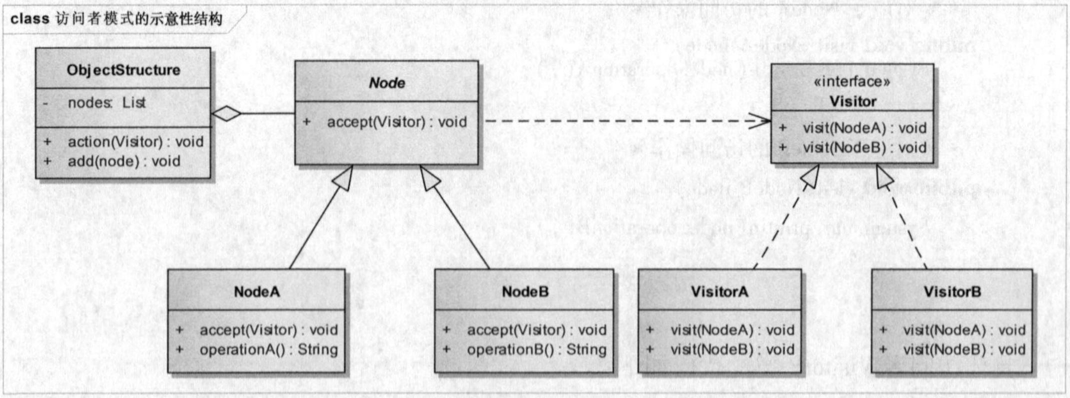

图 4-11-1　访问者模式的示意性结构图

访问者模式涉及以下 5 个角色。

1）抽象访问者（Visitor）角色：声明了一个或多个方法操作，形成所有的具体访问者角色必须实现的接口。

2）具体访问者（ConcreteVisitor）角色：实现抽象访问者所声明的接口，即抽象访问者所声明的各个访问操作。

3）抽象节点（Node）角色：声明一个接受操作，接受一个访问者对象作为一个参数。

4）具体节点（ConcreteNode）角色：实现了抽象节点所规定的接受操作。

5）结构对象（ObjectStructure）角色：可以遍历结构中的所有元素；如果需要，提供一个高层次的接口让访问者对象可以访问每一个元素；如果需要，可以设计成一个复合对象或一个聚集，如 List 或 Set。

4.11.2　访问者模式的实现

抽象访问者角色为每一个具体节点都准备了一个访问操作。由于有两个节点，因此，对应就有两个访问操作。下面给出访问者模式的实现代码。

抽象访问者（Visitor）角色的代码如下：

```
package com.visitor;
public interface Visitor {
    /**对应于 NodeA 的访问操作*/
    public void visit(NodeA node);
    /**对应于 NodeB 的访问操作*/
    public void visit(NodeB node);
}
```

具体访问者 VisitorA 类的代码如下：

```
package com.visitor;
public class VisitorA {
```

```
    /**对应于 NodeA 的访问操作*/
    public void visit(NodeA node) {
        System.out.println(node.operationA());
    }
    /**对应于 NodeB 的访问操作*/
    public void visit(NodeB node) {
        System.out.println(node.operationB());
    }
}
```

具体访问者 VisitorB 类的代码如下：

```
package com.visitor;
public class VisitorB {
    /**对应于 NodeA 的访问操作*/
    public void visit(NodeA node) {
        System.out.println(node.operationA());
    }
    /**对应于 NodeB 的访问操作*/
    public void visit(NodeB node) {
        System.out.println(node.operationB());
    }
}
```

抽象节点类的代码如下：

```
package com.visitor;
public abstract class Node {
    /**接受方法*/
    public abstract void accept(Visitor visitor);
}
```

具体节点类 NodeA 的代码如下：

```
package com.visitor;
public class NodeA extends Node{
    /**接受方法*/
    public void accept(Visitor visitor) {
        visitor.visit(this);
    }
    /**NodeA 特有的方法*/
    public String operationA(){
        return "NodeA is visited";
    }
}
```

具体节点类 NodeB 的代码如下：

```
package com.visitor;
public class NodeB extends Node{
    /**接受方法*/
    public void accept(Visitor visitor) {
        visitor.visit(this);
    }
    /**NodeB 特有的方法*/
    public String operationB(){
        return "NodeB is visited";
    }
}
```

结构对象角色类持有一个聚集，并向外界提供 add 方法作为对聚集的管理操作。通过调用这个方法，可以动态地增加一个新的节点。具体代码如下：

```
package com.visitor;
public class ObjectStructure {
    private List<Node> nodes = new ArrayList<Node>();
    /**执行方法操作*/
    public void action(Visitor visitor){
        for (Node node :nodes) {
            node.accept(visitor);
        }
    }
    /**添加一个新元素*/
    public void add(Node node){
        nodes.add(node);
    }
}
```

客户端类的代码如下：

```
package com.visitor;
public class Client {
    public static void main(String[] args) {
        //创建一个结构对象
        ObjectStructure os = new ObjectStructure();
        //给结构增加一个节点
        os.add(new NodeA());
        //给结构增加一个节点
        os.add(new NodeB());
        //创建一个访问者
        Visitor visitor = new VisitorA();
        //执行结构对象对这个访问者的操作
        os.action(visitor);
    }
}
```

程序运行结果如图 4-11-2 所示。

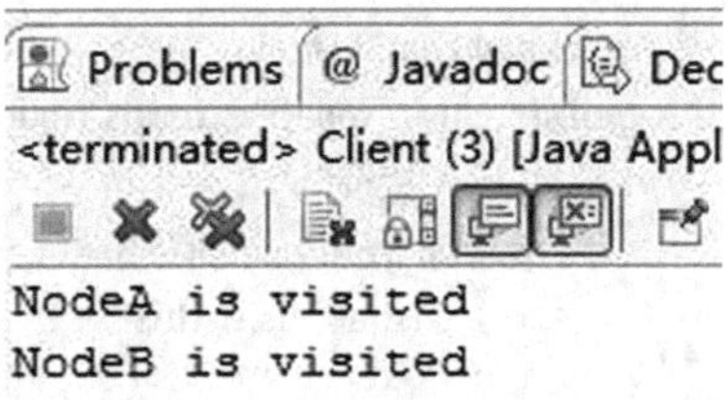

图 4-11-2　程序运行结果

结构对象会遍历它自己所保存的聚集中的所有节点，在本系统中就是节点 NodeA 和 NodeB。首先，NodeA 会被访问到，这个访问是由以下操作组成的：

1）ObjectStructure 对象 aObjects 调用自身方法 action（visitor），并将 VisitorA 类的对象 visitor 作为参数传入。

2）在 aObjects 的 action(visitor) 方法中调用 NodeA 对象 node 的接受方法 accept（），并将 VisitorA 对象 visitor 作为参数传入。

3）在 node 的 accept 方法中调用 visitor 的方法 visit( ) 并将 node 自身作为参数传入。

4）VisitorA 对象 visitor 的 visit 方法因其参数是 NodeA 的对象 node，所以这时调用 NodeA 对象 node 的特有方法 operationA( )。

整个访问过程的时序图如图 4-11-3 所示，从而完成了双重分派过程，接着，NodeB 会被访问，这个访问的过程和 NodeA 被访问的过程是一样的，这里不再叙述。

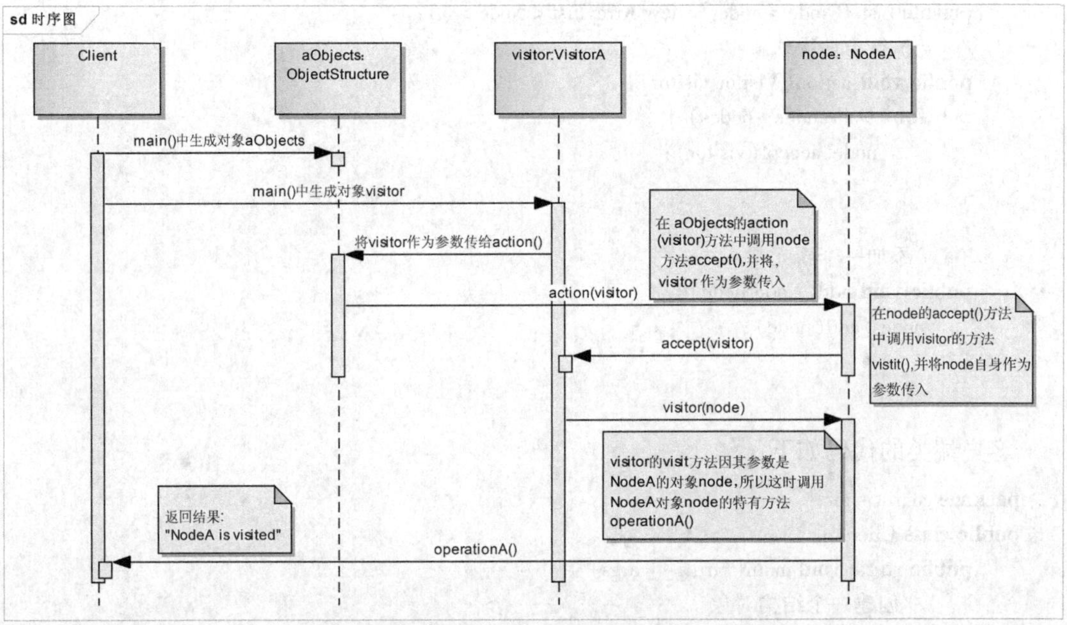

图 4-11-3　访问者模式双重分派过程的时序图

虽然在这个示意性的实现里并没有出现一个复杂的具有多个树枝节点的对象树结构，但是，在实际系统中访问者模式通常用来处理复杂的对象树结构，而且还可以用来处理跨越多个等级结构的树结构问题，这正是访问者模式的功能强大之处。

4.11.3　访问者模式的分析

1．未使用访问者模式

在示例“男人和女人的故事”中，如果不用访问者模式，则结构如图 4-11-4 所示。

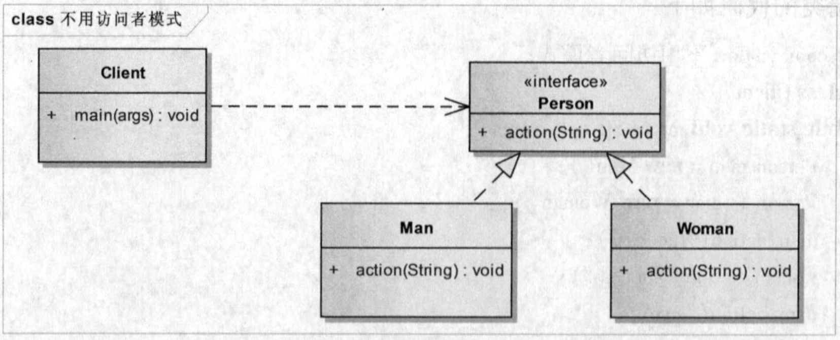

图 4-11-4　不用访问者模式的示例结构图

Person 类的代码如下：

```
package com.visitor.不用访问者模式;
public interface Person {
    public void action(String state);
}
```

男人实现 Person 类的代码如下：

```
package com.visitor.不用访问者模式;
public class Man implements Person{
    public void action(String state) {
      if (state =="success") {
            System.out.println("当男人成功时,背后多半有一个伟大的女人");
      }
      else if (state =="love") {
            System.out.println("当男人恋爱时,凡事不懂也装懂");
      }
    }
}
```

女人实现 Person 类的代码如下：

```
package com.visitor.不用访问者模式;
public class Woman implements Person{
      public void action(String state) {
      if (state =="success") {
            System.out.println("当女人成功时,背后大多有一个不成功的男人");
      }
      else if (state =="love") {
            System.out.println("当女人恋爱时,遇事懂也装不懂");
      }
    }
}
```

客户端类的代码如下：

```
package com. visitor. 不用访问者模式;
public class Client {
    public static void main(String[ ] args) {
        Person man = new Man( );
        Person woman = new Woman( );
        man. action("success");
        woman. action("success");
        man. action("love");
        woman. action("love");
    }
}
```

程序运行结果如图 4-11-5 所示。

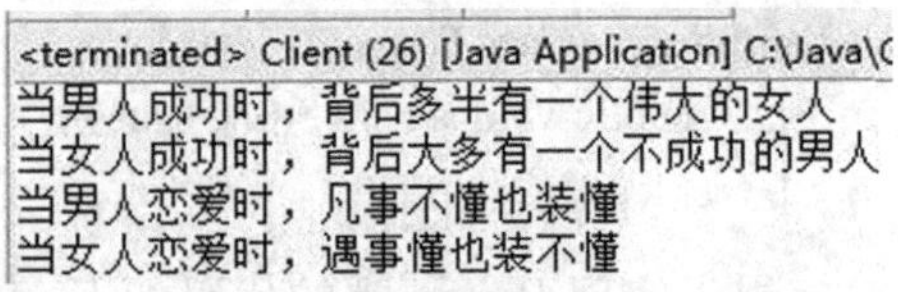

图 4-11-5　程序运行结果

当需求发生变化时，需要增加一种访问者角色，即“失败”状态，用于增加男人和女人的不同表现，这时就要修改 Man 类与 Woman 类的 if-else 语句，违反了“开—闭”原则。而且随着需求的增加，Man 类与 Woman 类的 if-else 语句会越来越臃肿，需要取消时，又要修改 if-else 语句，既不方便，又容易出错。此时，访问者模式就派上用场了。

2. 使用访问者模式

把状态抽象出来成为一个接口（访问者），不同的状态就作为状态的不同实现类（不同的访问者）。为了更好地实现客户类与具体元素的解耦，加入一个 ObjectStructure 类。有了 ObjectStructure 类便能更方便地执行一些操作，其具体细节对于客户端来说是透明的。

在示例“男人和女人的故事”中，若使用访问者模式，则结构如图 4-11-6 所示。

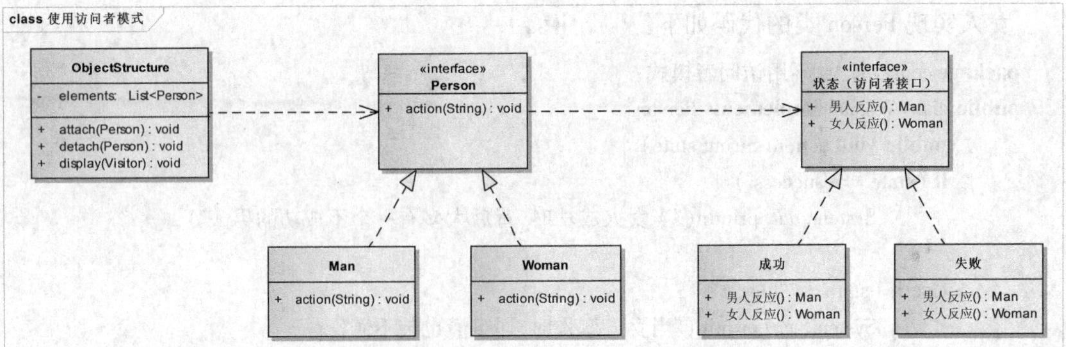

图 4-11-6　使用访问者模式的示例结构图

抽象访问者（Visitor）角色 Person 的代码如下：

```
package com.visitor.使用访问者模式;
public interface Visitor {
    public void visit(Man man);
    public void visit(Woman woman);
}
```

具体访问者角色“成功”的代码如下：

```
package com.visitor.使用访问者模式;
public class Success implements Visitor{
    public void visit(Man man) {
        System.out.println("当男人成功时,背后多半有一个伟大的女人");
    }
    public void visit(Woman woman) {
        System.out.println("当女人成功时,背后大多有一个不成功的男人");
    }
}
```

具体访问者角色“恋爱”的代码如下：

```
package com.visitor.使用访问者模式;
public class Love implements Visitor{
    public void visit(Man man) {
        System.out.println("当男人恋爱时,凡事不懂也装懂");
    }
    public void visit(Woman woman) {
        System.out.println("当女人恋爱时,遇事懂也装不懂");
    }
}
```

抽象节点类的代码如下：

```
package com.visitor.使用访问者模式;
public interface Person {
    void accept(Visitor visitor);
}
```

节点角色 Man 的代码如下：

```
package com.visitor.使用访问者模式;
public class Man implements Person{
    public void accept(Visitor visitor) {
        visitor.visit(this);
    }
}
```

节点角色 Woman 的代码如下：

```
package com.visitor.使用访问者模式;
public class Woman implements Person{
    public void accept(Visitor visitor) {
        visitor.visit(this);
    }
}
```

这时，节点角色 Man 与 Woman 变得轻盈多了，无须编写一大段 if-else 语句，只需按照不同的状态，传入不同的访问者，再执行访问者的方法即可。

为了更好地实现客户类与具体元素的解耦，加入一个 ObjectStructure 类，具体代码如下：

```
package com.visitor.使用访问者模式;
import java.util.ArrayList;
import java.util.List;
public class ObjectStructure {
    private List<Person> elements = new ArrayList<Person>();
    public void attach(Person element) {
        elements.add(element);
    }
    public void detach(Person element) {
        elements.remove(elements);
    }
//遍历各种具体元素并执行它们的 accept 方法
public void display(Visitor visitor) {
    for (Person p:elements) {
        p.accept(visitor);
    }
  }
}
```

客户端类的代码如下：

```
package com.visitor.使用访问者模式;
public class Client {
    public static void main(String[] args) {
        ObjectStructure o = new ObjectStructure(); //依赖于 ObjectStructure 类
        //实例化具体元素
        o.attach(new Man());
        o.attach(new Woman());
        //当成功时,不同元素的不同反应
        Visitor success = new Success();    //依赖于抽象的 Visitor 接口
        o.display(success);
        //当恋爱时,不同元素的不同反应
        Visitor amativeness = new Love();    //依赖于抽象的 Visitor 接口
```

```
        o.display(amativeness);
    }
}
```

客户端程序运行结果与前面相同。

这时，如果要增加一种状态的不同操作，如恋爱失败，则只需增加一个具体访问者，而无须修改具体元素类 Man 与 Woman。

增加的具体访问者代码如下：

```
package com.visitor.使用访问者模式;
public class Fail implements Visitor{
    public void visit(Man man) {
        System.out.println("当男人失败时,闷头喝酒,谁也不用劝");
    }
    public void visit(Woman woman) {
        System.out.println("当女人失败时,眼泪汪汪,谁也劝不了");
    }
}
```

修改客户端测试代码如下：

```
package com.visitor.使用访问者模式;
public class Client {
    public static void main(String[] args) {
    … //与前面代码相同
    //当失败时,不同元素的不同反应
    Visitor fail = new Fail();
    o.display(fail);
    }
}
```

程序运行结果如图 4-11-7 所示。

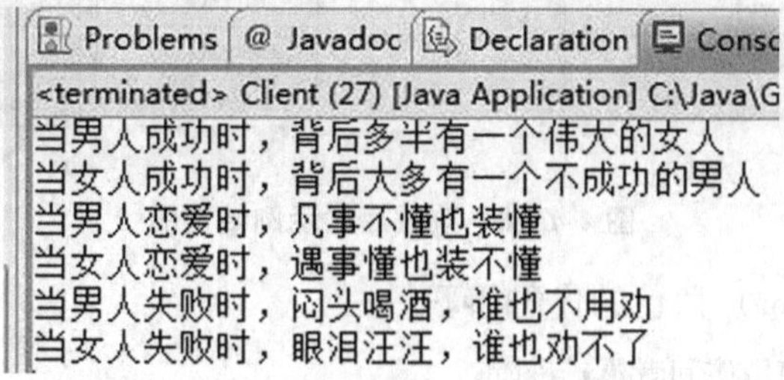

图 4-11-7　程序运行结果

4.11.4　访问者模式的进阶

上一节的示例中增加一个具体访问者很容易做到，假设现在需求改变了，需要扩展数据结构，增加一种具体节点角色，即男与女之外的一种不明物体，暂且把它称为“外星人

Alien”，在既有访问者模式的架构下，先增加一个 Bruce 类，实现 Person 接口。最麻烦的是要修改访问者接口及其所有具体访问者。

因为在 Visit 类的方法中没有包含访问 Bruce 对象的行为，所以手工修改 Visitor（包括抽象的和具体的），在其中添加有关 Bruce 对象的行为，这严重违反了“开—闭”原则。究其原因在于，在目前的结构下，被访问对象与访问对象互相依赖，自然不利于分离和变化，必须去掉一层依赖关系。

正确的做法应该是把 Visitor 对 Person（元素）的依赖关系去掉，抽象出对应每个具体元素的 ElementVisitor 接口（ManVisitor 和 WomanVisitor），然后把 Visitor 对 Person 的依赖关系转移到 ManVisitor 与 WomanVisitor 上。这样的设计也符合接口隔离原则。

增加一种具体节点角色“外星人 Alien”需要修改访问者角色，并在其中增加相应的调用方法，这当然违反了“开—闭”原则，否则程序会复杂不少；还需要增加一个具体访问者 Alien 并修改客户端代码；另外，还需要增加辅助类 ReflectionVisitor 接口及其实现类 ReflectionVisitorImpl。

示例改进后的结构如图 4-11-8 所示。

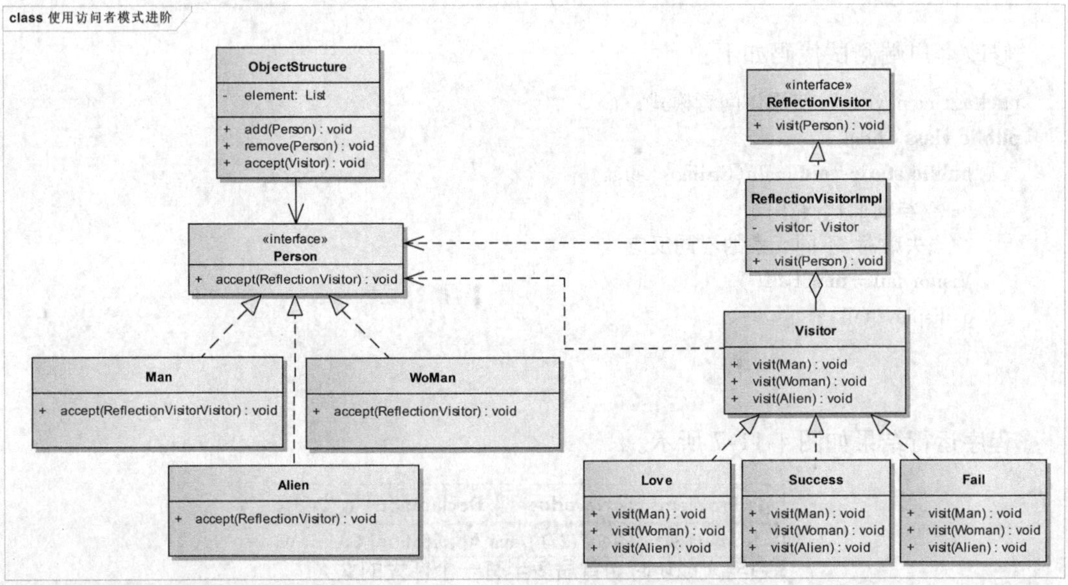

图 4-11-8　改进后的示例结构图

抽象访问者（Visitor）角色的代码如下：

```
package com.visitor.使用访问者模式进阶;
public interface Visitor {
    public void visit(Man man);
    public void visit(Woman girl);
    public void visit(Alien alien);
}
```

具体访问者角色“成功”增加了 Alien 的行为，代码如下：

```
package com.visitor.使用访问者模式进阶;
//成功时的不同表现
public class Success implements Visitor{
    public void visit(Man man) {
        System.out.println("当男人成功时,背后都有一个伟大的女人");
    }
    public void visit(Woman girl) {
        System.out.println("当女人成功时,背后都有一个不成功的男人");
    }
    public void visit(Alien alien) {
        System.out.println("当外星人成功时,无语……");
    }
}
```

具体访问者角色“恋爱”增加了 Alien 的行为，代码如下：

```
package com.visitor.使用访问者模式进阶;
//恋爱时,Man 与 Woman 的不同表现
public class Love implements Visitor{
    public void visit(Man man) {
        System.out.println("当男人恋爱时,凡事不懂也装懂");
    }
    public void visit(Woman girl) {
        System.out.println("当女人恋爱时,凡事懂也装不懂");
    }
    public void visit(Alien alien) {
        System.out.println("外星人不食人间烟火");
    }
}
```

具体访问者角色“失败”增加了 Alien 的行为，代码如下：

```
package com.visitor.使用访问者模式进阶;
public class Fail implements Visitor{
    public void visit(Man man) {
        System.out.println("当男人失败时,闷头喝酒,谁也不用劝");
    }
    public void visit(Woman woman) {
        System.out.println("当女人失败时,眼泪汪汪,谁也劝不了");
    }
    public void visit(Alien alien) {
        System.out.println("外星人不知如何是好");
    }
}
```

抽象节点类 Person 的代码如下（注意，这里的 accept 参数与上一节不同）：

```
package com.visitor.使用访问者模式进阶;
public interface Person {
    void accept(ReflectionVisitor visitor);
}
```

节点角色 Man 的代码如下：

```
package com.visitor.使用访问者模式进阶;
public class Man implements Person {
    publi cvoidaccept(ReflectionVisitor visitor) {
        visitor.visit(this);
    }
}
```

节点角色 Woman 的代码如下：

```
package com.visitor.使用访问者模式进阶;
public class Woman implements Person {
    public void accept(ReflectionVisitor visitor) {
        visitor.visit(this);
    }
}
```

节点角色 Alien 的代码如下：

```
package com.visitor.使用访问者模式进阶;
public class Alien implements Person {
    public void accept(ReflectionVisitor visitor) {
        visitor.visit(this);
    }
}
```

辅助类 ReflectionVisitor 接口的代码如下：

```
package com.visitor.使用访问者模式进阶;
public interface ReflectionVisitor {
    public void visit(Person person);
}
```

类 ReflectionVisitorImpl 的代码如下：

```
package com.visitor.使用访问者模式进阶;
import java.lang.reflect.Method;
public class ReflectionVisitorImpl implements ReflectionVisitor{
    //用组合/聚合的方式代替继承
    private Visitor visitor;
    public ReflectionVisitorImpl(Visitor visitor) {
        if (visitor == null) {
                throw new NullPointerException("visitor 不能为空");
```

```
        }
        this . visitor = visitor;
    }
    public void visit(Person person) {
            // 判断是否为 null
            if ( person == null ) {
                throw new NullPointerException("Person 为空那就没戏了");
        }
        // 组装 class 数组,即调用动态方法时,参数的类型
        Class[ ] classes = new Class[ ] { person. getClass( ) };
        // 组装与 class 数组相对应的值
        Object[ ] objects = new Object[ ] { person };
        try {
            // 查找方法
            Method m = visitor. getClass( ). getMethod("visit", classes);
            // 调用该方法
            m. invoke( visitor, objects);
        } catch (NoSuchMethodException e) {
          // 没有找到相应的方法
            System. out. println("在" + getClass( ). getName( ) +"中,你没有实现" + person. getClass
( ). getName( ) +"的 visit 方法");
        } catch (Exception e) {
            e. printStackTrace( );
        }
    }
}
```

客户端测试代码如下：

```
package com. visitor. 使用访问者模式进阶;
public class Client {
    public static void main(String[ ] args) {
        ObjectStructure o = new ObjectStructure( );   //依赖于 ObjectStructured 类
        //实例化具体元素
        o. attach(new Man( ));
        o. attach(new Woman( ));
        o. attach(new Alien( ));
        //当恋爱时,不同元素的不同反应
        Visitor loveVisitor = new Love( );
        ReflectionVisitor love = new ReflectionVisitorImpl(loveVisitor);
        o. display(love);
        System. out. println( );
        //当失败时,不同元素的不同反应
```

```
        Visitor failVisitor = new Fail( ) ;
        ReflectionVisitor fail = new ReflectionVisitorImpl( failVisitor) ;
        o. display( fail) ;
        System. out. println( ) ;
        //当成功时,不同元素的不同反应
        Visitor suceessVisitor = new Success( ) ;
        ReflectionVisitor success = new - ReflectionVisitorImpl( suceessVisitor) ;
        o. display( success) ;
    }
}
```

程序运行结果如图 4-11-9 所示。

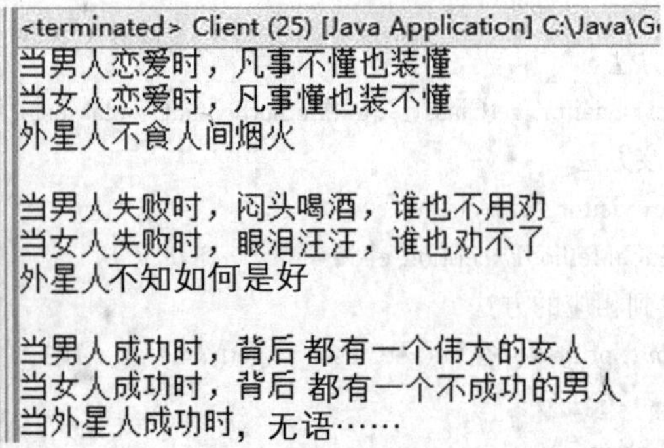

图 4-11-9　程序运行结果

4.11.5　访问者模式的优点与缺点

1. 访问者模式的优点

1）具有较好的扩展性。能够在不修改对象结构中的元素的情况下，为对象结构中的元素添加新的功能。

2）具有较好的复用性。可以通过访问者来定义整个对象结构的通用功能，从而提高复用程度。

3）分离无关行为。可以通过访问者来分离无关的行为，把相关的行为封装在一起，构成一个访问者，这样每一个访问者的功能都比较单一。

2. 访问者模式的缺点

1）对象结构变化很困难。访问者模式不适用于类的对象结构经常变化的情况，因为对象结构发生了改变，访问者的接口和访问者的实现都要发生相应的改变，代价太高。

2）破坏封装。访问者模式通常需要对象结构开放内部数据给访问者和 ObjectStructrue 类，这破坏了对象的封装性。

【练习】计算机销售系统

1. 需求分析

某个计算机专卖店既销售单独的计算机零件，又销售组装成集成组件的半成品，而且还销售计算机整机。单独的计算机零件包括机箱（Case）、CPU、硬盘（HardDisk）和主板（MainBoard）等；半成品组件包括集成主板（IntegratedBoard），也就是已经装上 CPU 的主板；而成品就是装成整机的计算机，包括机箱、集成主板和硬盘等。每一种零件都有自己的价格，而本销售系统要做的事情是根据零件的单价对销售单上的每一种配置计算总价格。由于可能的配置较多，因此，系统需要将每一种配置分解成单独的零件，然后将每一种零件的价格相加，从而得出配置的总价格。

2. 系统设计

本系统设计的起点在于对系统所处理的对象的了解。

本系统需要处理的对象就是各种计算机零件和组件对象。这些对象基本上可以分成两种，一种是单纯对象，即不能分成更小单位的那些零件对象，包括 Case、CPU、HardDisk 和 MainBoard 等；另一种则是复合对象，即可以分成更小单位的那些组件对象，包括 IntegratedBoard 和 PC 计算机。

这样一来，对象的结构就自然形成一个树结构。计算机销售系统的结构示意图如图 4-11-10所示。

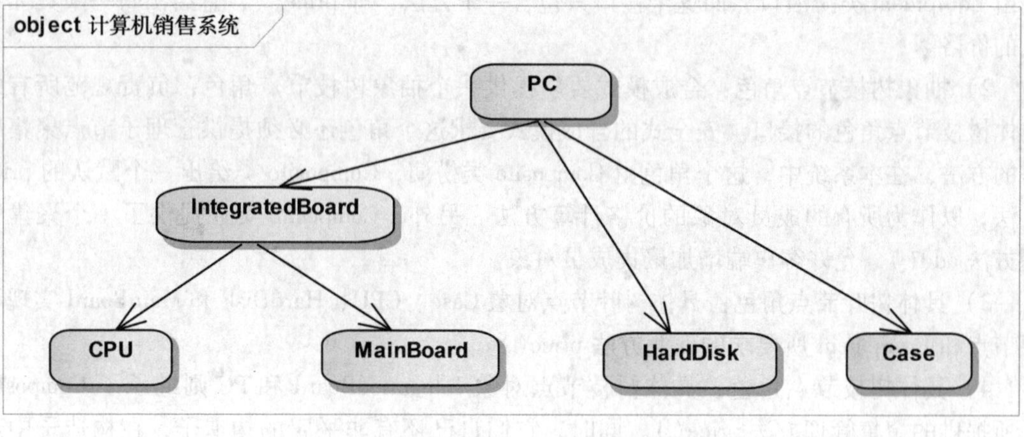

图 4-11-10　计算机销售系统的结构示意图

从图 4-11-10 中可以看出，树枝节点包括 PC 和 IntegratedBoard，其他节点都是树叶节点。每一个树枝节点都持有对子节点的引用，因此，树图中的连线带有指向子节点的箭头。

（1）计算机销售系统的合成模式设计

因为合成模式是描述这种树结构的理想设计模式，因此这里选择使用安全式的合成模式来设计计算机零部件的结构，如图 4-11-11 所示。

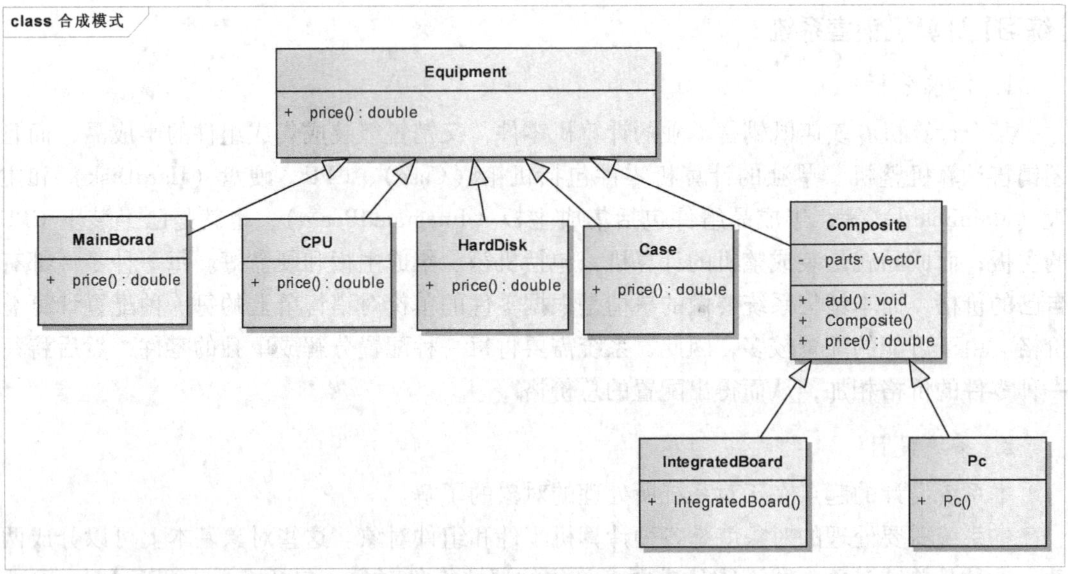

图 4-11-11　安全式合成模式下的计算机销售系统结构图

合成模式涉及以下 4 个角色。

1）抽象节点角色：合成模式描述这样一个树结构，首先需要有一个抽象节点角色，规定所有的节点都必须实现的接口，包括所有的商业方法。在本系统中，这个抽象节点角色由 Equipment 类扮演口，而这个接口只包含一个方法，即 price( )，它给出每一个具体节点的价格。

2）抽象树枝节点角色：合成模式要求提供一个抽象树枝节点角色，负责规范所有的具体树枝节点角色的接口。安全式的合成模式要求这个角色还必须提供管理子节点聚集所需的方法，在本系统中，这个角色由 Composite 类扮演，Composite 类给出一个默认的 price 方法，以作为所有的成员对象的价格计算方法。另外，Composite 类还提供了一个聚集管理方法 add( )，允许客户端增加聚集成员对象。

3）具体树叶节点角色：具体树叶节点对象 Case、CPU、HardDisk 和 MainBoard 实现了根节点和 Equipment 所要求的商业方法 price( )。

4）具体树枝节点角色：具体树枝节点对象 IntegratedBoard 和 PC 则继承了 Composite 类所提供的聚集管理方法 price( )。同时，它们自己还有非平庸的构造子，在构造子中通过调用超类的聚集管理对象来定义下级节点的组成。

（2）计算机销售系统的访问者模式设计

访问者模式涉及以下 4 个角色。

1）抽象节点角色：该角色为抽象类 Equipment，由于访问者模式要求这些节点对象必须接受一个访问者的调用，因此增加了 accept 方法。该方法对于树叶节点和树枝节点来说含义不同，树枝节点的访问方法必须委派给所有的子对象。经过增加这一方法，系统的结构设计如图 4-11-12 所示。

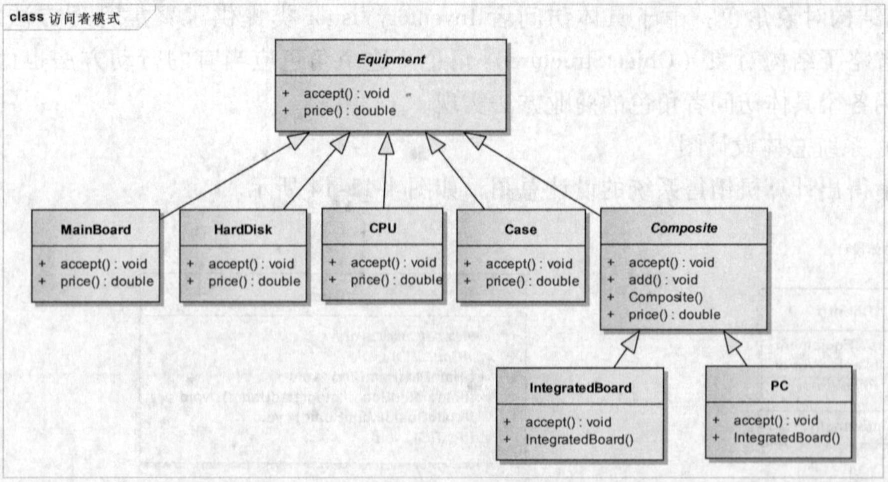

图 4-11-12　访问者模式下的计算机销售系统结构图

2）抽象访问者角色：访问者模式的中心在于访问者角色，它们声明并实现访问操作。这些访问操作调用各个被访问者对象的接收操作，构成访问者对象对被访问者对象的访问。

首先，抽象访问者角色提供一个所有的具体访问者角色共有的接口，即针对各个被访问者对象的访问方法。每有一个具体节点对象，就对应地有一个访问方法。由于这里有 6 个具体节点对象，因此一共需要有 6 个访问方法。抽象访问者角色声明这 6 个访问方法，而具体访问者角色则实现这 6 个访问方法。

3）具体访问者角色：具体访问者有两个角色，都需要给出自己所特有的商业方法。例如，具体访问者 PriceVisitor 类需要一个 value 方法，用于给出价格的总额；而具体访问者 InventoryVisitor 类则需要一个 size 方法，用于给出所遍历的树叶节点的总数目。具体访问者的结构如图 4-11-13 所示。

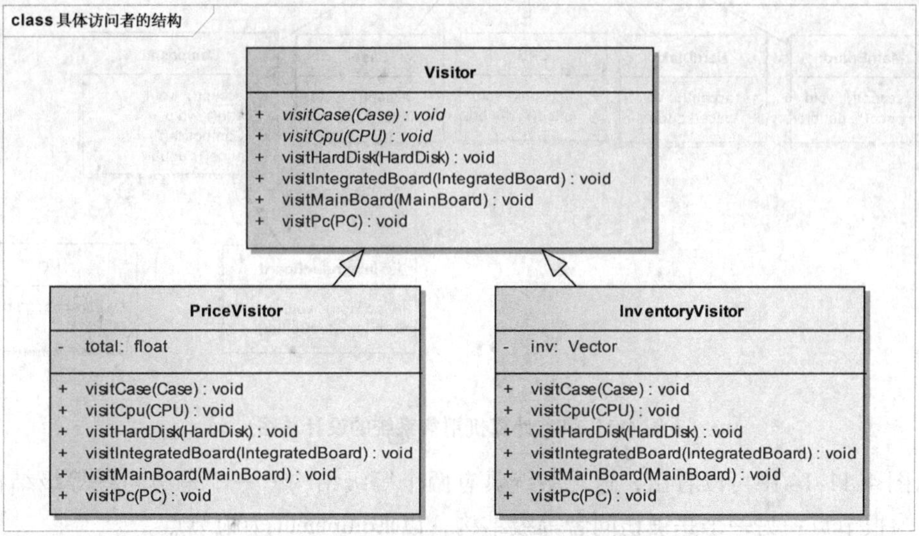

图 4-11-13　具体访问者的结构图

4）结构对象角色：由于具体访问者 InventoryVisitor 类提供了聚集管理方法，因此，在这里省略了结构对象（ObjectStructure）角色。这个角色应当有的行动方法也由客户端直接调用各个具体访问者角色的商业方法实现。

（3）系统总体设计图

综上得出计算机销售系统的设计总图，如图 4-11-14 所示。

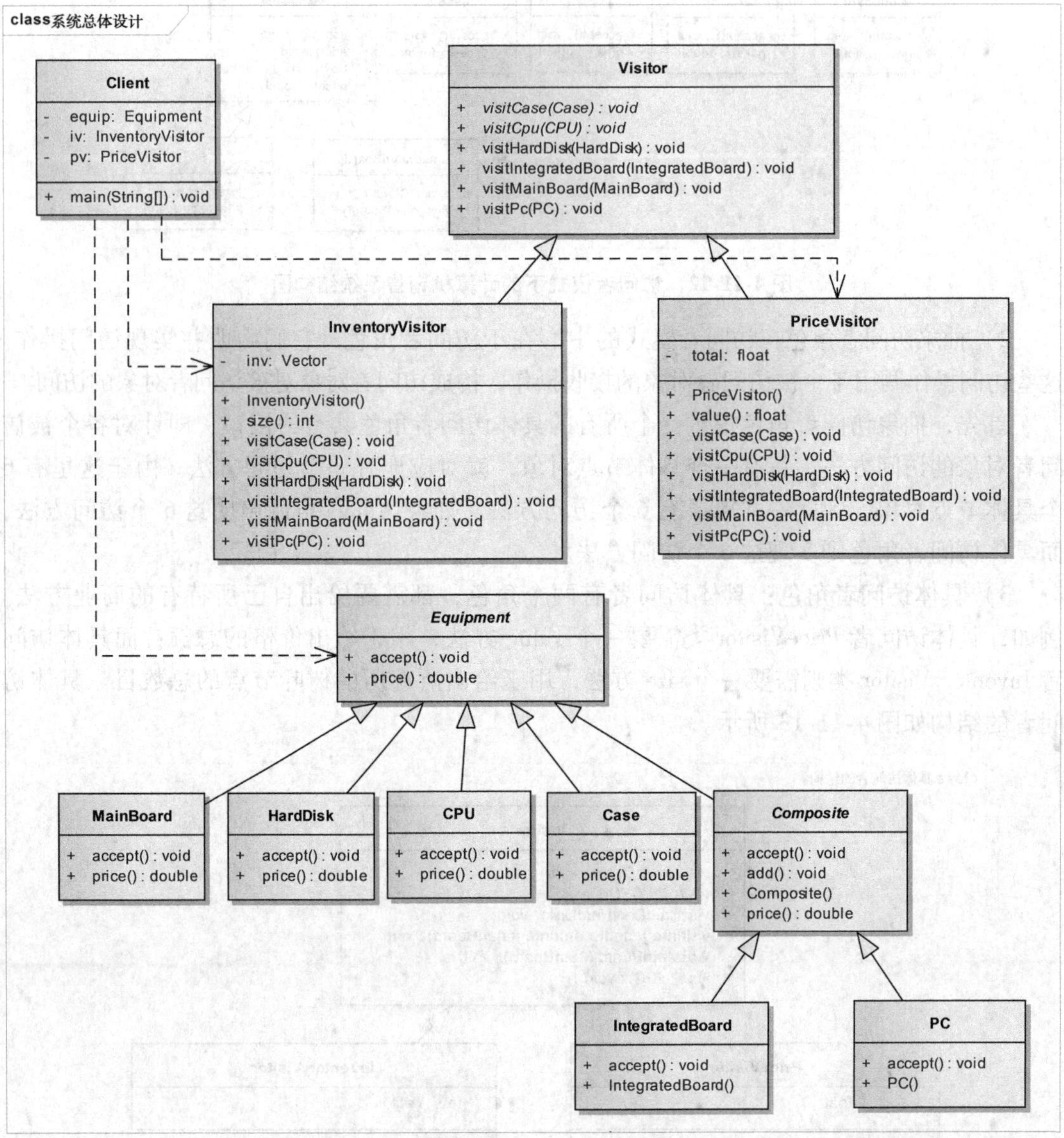

图 4-11-14　计算机销售系统的设计总图

从图 4-11-14 中可以看出，这个系统具有两个等级结构，一个是访问者等级结构，以 Visitor 为根节点；另一个是被访问者等级结构，以 Equipment 为根节点。

客户端 Client 对象通过调用具体访问者对象的行动方法，包括 PriceVisitor 的 value 方法和 InventoryVisitor 的 size 方法，来访问聚集中的所有元素，并同时触发双重分派过程。在遍历过程中，访问者对象会积累状态，这些状态就是客户端需要的数据。

这个示意性的客户端的运行结果分成两大部分，第一部分是对零件总价格的统计；第二部分是对零件总数目的统计。

在这个系统中，PriceVisitor 和 InventoryVisitor 的用意就是在访问过程中积累状态，前者积累的状态是零件的总价格，而后者积累的状态是零件的总数目。

练习源代码见配套电子课件。

4.12　解释器模式

解释器（Interpreter）模式是类的行为型模式。在《设计模式》一书中指出：如果一种特定类型的问题发生的频率足够高，那么可能就值得将该问题的各个实例表述为一个简单语言中的句子。这样就可以构建一个解释器，该解释器通过解释这些句子来解决该问题，而且，当文法简单、对效率要求不高的时候效果最好。

这就是解释器模式应用的环境，它描述了如何构成一个简单的语言解释器，主要应用在使用面向对象语言开发的编译器中。

【示例】交友攻略

部分生活书籍中有各种交朋友的方法，如一起吃西餐的步骤、一起看电影的步骤等。与朋友约会时，按照书上的步骤执行就可以了。

4.12.1　解释器模式的结构

解释器模式的结构如图 4-12-1 所示。

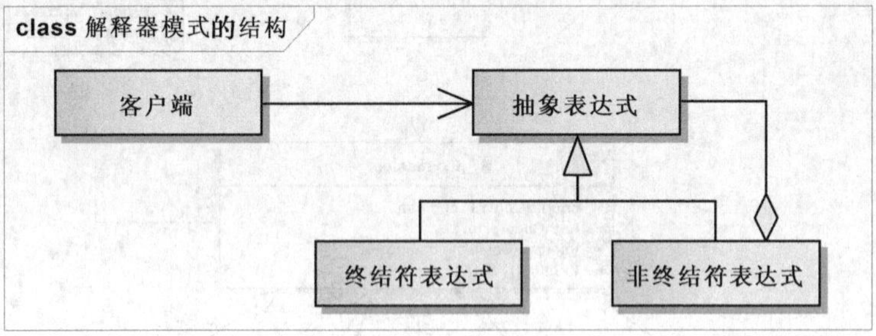

图 4-12-1　解释器模式的结构图

解释器模式涉及以下 4 个角色。

1）抽象表达式（Expression）角色：声明一个所有具体表达式角色都需要实现的抽象接口。这个接口主要是一个 interpret 方法，称为解释操作。

2）终结符表达式（Terminal Expression）角色：实现了抽象表达式角色所要求的接口，主要是一个 interpret 方法；文法中的每一个终结符都有一个具体终结表达式与之相对应。例如，有一个简单的公式 R = R1 + R2，其中 R1 和 R2 就是终结符，对应的解析 R1 和

R2 的解释器就是终结符表达式。

3）非终结符表达式（Nonterminal Expression）角色：文法中的每一条规则都需要一个具体的非终结符表达式，非终结符表达式一般是文法中的运算符或其他关键字。例如，公式 R = R1 + R2 中，“ + ”就是非终结符，解析“ + ”的解释器就是一个非终结符表达式。

4）环境（Context）角色：这个角色的任务一般是存放文法中各个终结符所对应的具体值，如 R = R1 + R2，为 R1 赋值 100，为 R2 赋值 200，这些信息需要存放到环境角色中，很多情况下使用 Map 来充当环境角色就足够了。

4.12.2 解释器模式的实现

为了说明解释器模式的实现方法，这里给出一个最简单的文法和对应的解释器模式的实现，即模拟 Java 语言中对布尔表达式进行的操作和求值。

在此示例中，终结符是布尔变量，即常量 true 和 false。非终结符表达式包含运算符 and、or 和 not 等布尔表达式。这个简单的文法如下：

```
Expression ::= Constant | Variable | Or | And | Not
And::= Expression 'AND' Expression
Or::= Expression 'OR' Expression
Not::= 'NOT' Expression
Variable::= 任何标识符
Constant::= 'true' | 'false'
```

本示例的解释器模式的结构如图 4-12-2 所示。

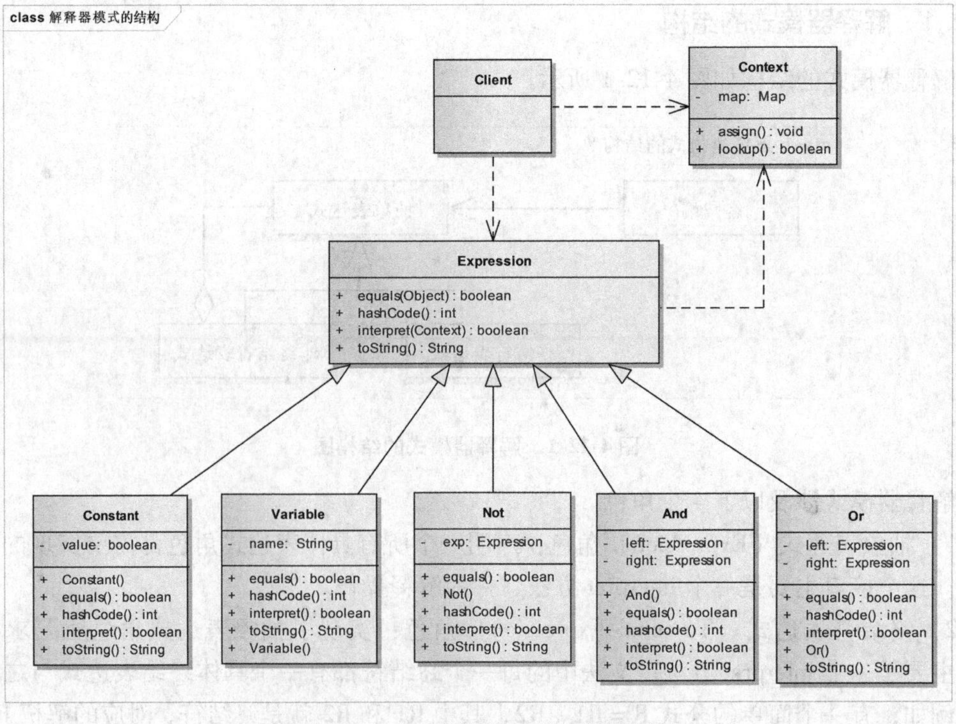

图 4-12-2 解释器模式下的示例结构图

下面以模拟 Java 语言中对布尔表达式进行操作和求值为例，给出解释器模式的实现代码。

环境（Context）类定义从变量到布尔值的一个映射，具体代码如下：

```
package com. interpreter;
import java. util. HashMap;
import java. util. Map;
public class Context {
    private Map < Variable, Boolean > map = new HashMap < Variable, Boolean > ( );
    public void assign( Variable var, boolean value) {
        map. put( var, new Boolean( value) ) ;
    }
    public boolean lookup( Variable var) throws IllegalArgumentException{
        Boolean value = map. get( var) ;
        if ( value == null ) {
            throw new IllegalArgumentException( ) ;
        }
        return value. booleanValue( ) ;
    }
}
```

抽象表达式角色的代码如下：

```
package com. interpreter;
public abstract class Expression {
    /* * 以环境为准,本方法解释给定的任意一个表达式 */
    public abstract boolean interpret( Context ctx) ;
    /* * 检验两个表达式在结构上是否相同 */
    public abstract boolean equals( Object obj) ;
    /* * 返回表达式的 hash code */
    public abstract int hashCode( ) ;
    /* * 将表达式转换成字符串 */
    public abstract String toString( ) ;
}
```

Constant 对象代表布尔常量，其代码如下：

```
package com. interpreter;
public classConstant extends Expression{
    private boolean value;
    public Constant( boolean value) {
        this . value = value;
    }
    public boolean equals( Object obj) {
        if ( obj ！ = null && obj instanceof Constant) {
```

```
                return this. value == ((Constant)obj). value;
            }
            return false ;
        }
        public int hashCode() {
            return this. toString(). hashCode();
        }
        public boolean interpret(Context ctx) {
            return value;
        }
        public String toString() {
            return new Boolean(value). toString();
        }
}
```

Variable 对象代表一个有名变量，其代码如下：

```
package com. interpreter;
public class Variable extends Expression {
    private String name;
    public Variable(String name){
        this. name = name;
    }
    public boolean equals(Object obj) {
        if (obj ! = null&& obj instanceof Variable){
            return this. name. equals(((Variable)obj). name);
        }
        return false ;
    }
    public int hashCode() {
        return this. toString(). hashCode();
    }
    public String toString() {
        return name;
    }
    public boolean interpret(Context ctx) {
        return ctx. lookup(this );
    }
}
```

代表逻辑“与”操作的 And 类，表示由两个布尔表达式通过逻辑“与”操作给出一个新的布尔表达式的操作，其代码如下：

```
package com.interpreter;
public class And extends Expression {
    private Expression left, right;
    public And(Expression left, Expression right){
        this.left = left;
        this.right = right;
    }
    public boolean equals(Object obj) {
        if (obj != null&& obj instanceof And) {
            return left.equals(((And)obj).left) &&right.equals(((And)obj).right);
        }
        return false;
    }
    public int hashCode() {
        return this.toString().hashCode();
    }
    public boolean interpret(Context ctx) {
        return left.interpret(ctx) &&right.interpret(ctx);
    }
    public String toString() {
        return "(" + left.toString() + " AND " + right.toString() + ")";
    }
}
```

代表逻辑“或”操作的 Or 类，表示由两个布尔表达式通过逻辑“或”操作给出一个新的布尔表达式的操作，其代码如下：

```
package com.interpreter;
public class Or extends Expression {
    private Expression left, right;
    public Or(Expression left,Expression right){
        this.left = left;
        this.right = right;
    }
    public boolean equals(Object obj) {
        if (obj != null&& obj instanceof Or) {
            return this.left.equals(((Or)obj).left)- && this.right.equals(((Or)obj).right);
        }
        return false;
    }
    public int hashCode() {
        return this.toString().hashCode();
    }
    public boolean interpret(Context ctx) {
        return left.interpret(ctx) || right.interpret(ctx);
    }
    public String toString() {
```

```
        return "(" + left. toString( ) + " OR " + right. toString( ) + ")";
    }
}
```

代表逻辑“非”操作的 Not 类，表示由一个布尔表达式通过逻辑“非”操作给出一个新的布尔表达式的操作，其代码如下：

```
package com. interpreter;
public class Not extends Expression {
    private Expression exp;
    public Not( Expression exp) {
        this . exp = exp;
    }
    public boolean equals( Object obj) {
        if ( obj ! = null && obj instanceof Not) {
            return exp. equals( ( (Not) obj) . exp) ;
        }
        return false ;
    }
    public int hashCode( ) {
        return this . toString( ) . hashCode( ) ;
    }
    public boolean interpret( Context ctx) {
        return ! exp. interpret( ctx) ;
    }
    public String toString( ) {
        return "( Not " + exp. toString( ) + ")";
    }
}
```

客户端类的代码如下：

```
package com. interpreter;
public class Client {
    public static void main( String[ ] args) {
        Context ctx = new Context( ) ;
        Variable x = new Variable("x") ;
        Variable y = new Variable("y") ;
        Constant c = new Constant( true ) ;
        ctx. assign( x, false ) ;
        ctx. assign( y, true ) ;
        Expression exp = new Or( new And( c, x) , new And( y, new Not( x) ) ) ;
        System. out. println( "x = " + x. interpret( ctx) ) ;
        System. out. println( "y = " + y. interpret( ctx) ) ;
        System. out. println( exp. toString( ) + " = " + exp. interpret( ctx) ) ;
    }
}
```

示例运行结果如图 4-12-3 所示。

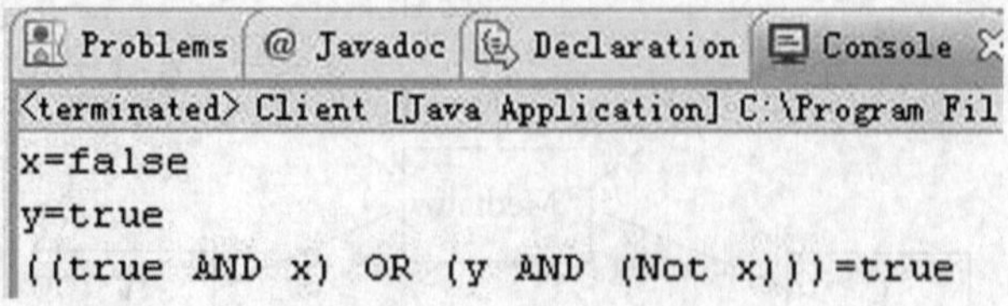

图 4-12-3　示例运行结果

4.13 调停者模式

调停者（Mediator）模式是对象的行为型模式。调停者模式包装了一系列对象相互作用的方式，使得这些对象不必相互明显引用，从而使它们可以较松散地耦合。当这些对象中的某些对象之间的相互作用发生改变时，不会立即影响其他对象之间的相互作用，从而保证这些相互作用可以彼此独立地变化。

调停者模式用于模块间解耦，通过避免对象互相显式地指向对方，从而降低耦合度。

4.13.1 为什么需要调停者

如图 4-13-1 所示，这个示意图中有大量的对象，这些对象既会影响其他对象，又会被别的对象所影响，因此常称为同事（Colleague）对象。这些同事对象通过彼此的相互作用形成系统的行为。从图中可以看出，几乎每一个对象都需要与其他的对象发生相互作用，而这种相互作用表现为一个对象与另一个对象的直接耦合，这就是过度耦合的系统。

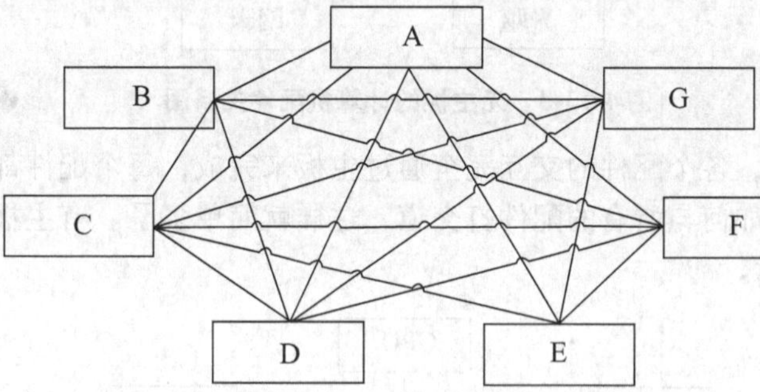

图 4-13-1　过度耦合的系统示意图

通过引入调停者对象（Mediator），可以将系统的网状结构变成以中介者为中心的星形结构，如图 4-13-2 所示。在这个星形结构中，同事对象不再通过直接的联系与另一个对象发生相互作用；相反，它通过调停者对象与另一个对象发生相互作用。调停者对象的存在保证了对象在结构上的稳定，即系统的结构不会因为新对象的引入而造成大量的修改工作。

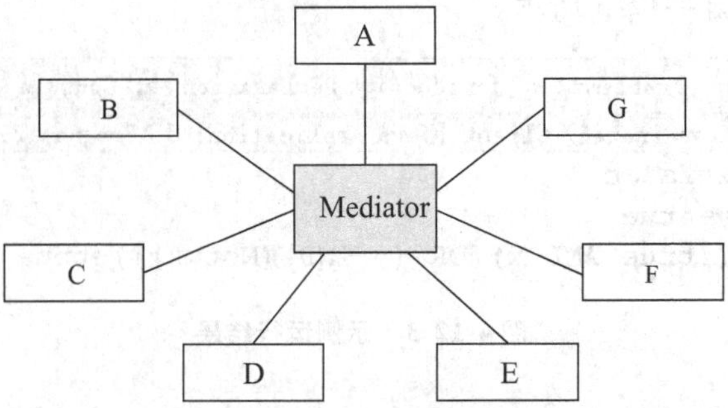

图 4-13-2　引入调停者后的星形结构

一个好的面向对象的设计可以使对象之间增加协作性（Collaboration），减少耦合度（Coupling）。一个深思熟虑的设计会把一个系统分解为一群相互协作的同事对象，然后给每一个同事对象以独特的责任，恰当地配置它们之间的协作关系，使它们可以在一起工作。

【示例】主板

计算机中各个配件之间的交互，主要是通过主板来完成的。如果计算机中没有了主板，那么各个配件之间就必须自行相互交互，以互相传送数据。而且由于各个配件的接口不同，在交互时，还必须转换数据接口才能匹配成功。无主板的计算机配件关系图如图 4-13-3 所示。

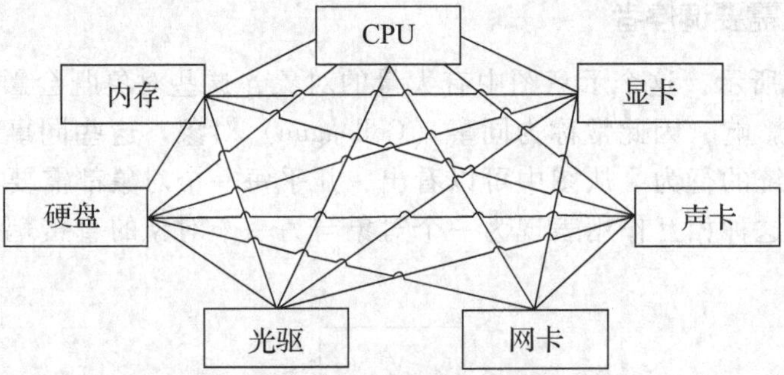

图 4-13-3　无主板的计算机配件关系图

所幸是有了主板，各个配件的交互完全通过主板来完成，每个配件都只需要和主板进行交互，而主板知道如何与所有的配件打交道，这样就简单多了。有主板的计算机配件关系图如图 4-13-4 所示。

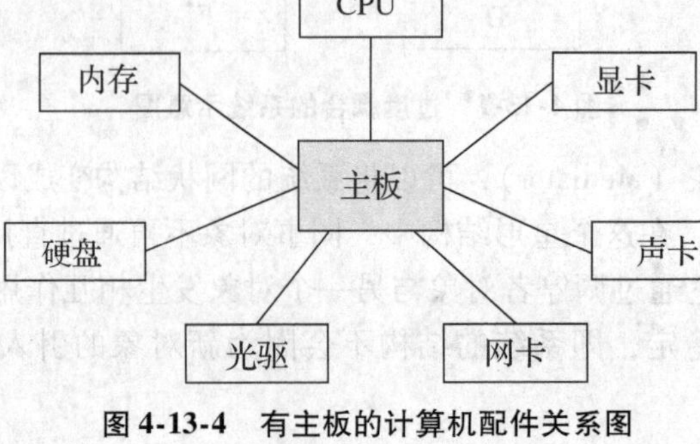

图 4-13-4　有主板的计算机配件关系图

4.13.2　调停者模式的结构

调停者模式的示意性结构如图 4-13-5 所示。

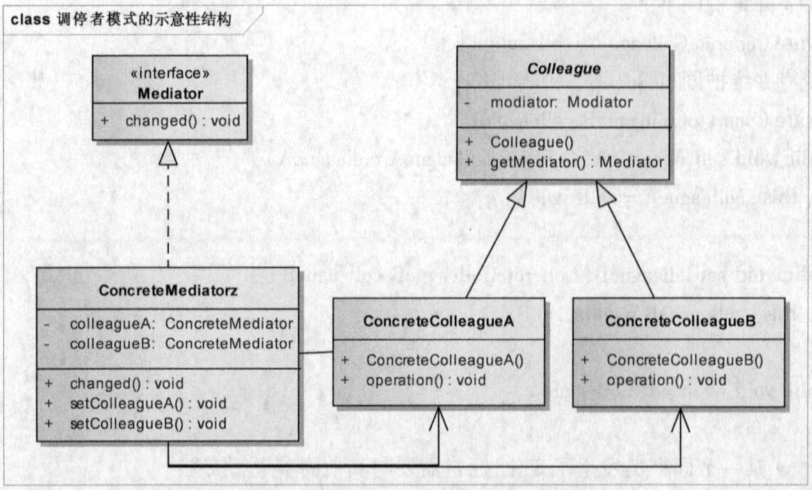

图 4-13-5　调停者模式的示意性结构图

调停者模式涉及以下 4 个角色。

1）抽象调停者（Mediator）角色：定义同事对象到调停者对象的接口，其中的主要方法是一个（或多个）事件方法。

2）具体调停者（ConcreteMediator）角色：实现了抽象调停者所声明的事件方法。具体调停者知晓所有的具体同事类，并负责具体的协调各同事对象的交互关系。

3）抽象同事类（Colleague）角色：定义调停者到同事对象的接口。同事对象只知道调停者而不知道其余的同事对象。

4）具体同事类（ConcreteColleague）角色：所有的具体同事类均从抽象同事类继承而来。实现自己的业务，在需要与其他同事通信时，就与持有的调停者通信，调停者负责与其他同事进行交互。

4.13.3　调停者模式的实现

下面给出调停者模式的实现代码。

抽象调停者类的代码如下：

```
package com.Mediator;
public interface Mediator {
    /**
     * 同事对象在自身改变时通知调停者方法
     * 让调停者负责相应的与其他同事对象的交互
     */
    public void changed(Colleague c);
}
```

具体调停者类的代码如下：

```
package com. Mediator;
public class ConcreteMediator implements Mediator {
    //持有并维护同事 A
    private ConcreteColleagueA colleagueA;
    //持有并维护同事 B
    private ConcreteColleagueB colleagueB;
    public void setColleagueA( ConcreteColleagueA colleagueA) {
        this. colleagueA = colleagueA;
    }
    public void setColleagueB( ConcreteColleagueB colleagueB) {
        this. colleagueB = colleagueB;
    }
    public void changed( Colleague c) {
        /**
         * 某一个同事类发生了变化,通常需要与其他同事进行交互
         * 具体协调相应的同事对象来实现协作行为
         */
    }
}
```

抽象同事类的代码如下：

```
package com. Mediator;
public abstract class Colleague {
    //持有一个调停者对象
    private Mediator mediator;
    public Colleague( Mediator mediator) {
        this. mediator = mediator;
    }
    /**获取当前同事类对应的调停者对象*/
    public Mediator getMediator( ) {
        return mediator;
    }
}
```

具体同事类的代码如下：

```
package com. Mediator;
public class ConcreteColleagueB extends Colleague {
    public ConcreteColleagueB( Mediator mediator) {
        super (mediator);
    }
```

```
    /**示意方法,执行某些操作*/
    public void operation(){
        //在需要与其他同事进行通信时,通知调停者对象
        getMediator().changed(this);
    }
}
```

4.13.4 调停者模式的优点与缺点

1. 调停者模式的优点

1）松散耦合。调停者模式通过把多个同事对象之间的交互封装到调停者对象中，从而使得同事对象之间可以松散耦合，基本上做到互补依赖。这样一来，同事对象就可以独立地变化和复用。

2）集中控制交互。多个同事对象的交互被封装在调停者对象中集中管理，使得这些交互行为在发生变化时，只需修改调停者对象即可，当然，如果是已经做好的系统，那么就扩展调停者对象，而各个同事类不需要修改。

3）多对多变成一对多。没有使用调停者模式时，同事对象之间的关系通常是多对多的，引入调停者对象后，调停者对象和同事对象通常变成双向的一对多关系，这样会让对象之间的关系更容易理解和实现。

2. 调停者模式的缺点

调停者模式的一个潜在缺点是过度集中化。如果同事对象的交互非常多，而且比较复杂，则当这些复杂性全部集中到调停者身上时，会导致调停者对象变得十分复杂，而且难于管理和维护。

【练习】影视系统（在计算机上看电影）

在日常生活中，我们经常使用计算机来看电影，把这个过程描述出来，简化后假定有以下交互过程：

1）光驱要读取光盘上的数据，然后告诉主板，它的状态改变了。

2）主板得到光驱的数据，把这些数据交给 CPU 进行分析处理。

3）CPU 处理完毕后，把数据分成了视频数据和音频数据，并通知主板数据处理完毕。

4）主板得到 CPU 处理后的数据，分别把数据交给显卡和声卡，然后显示视频和发出声音。

现在使用调停者模式来实现此示例，那么需要区分同事对象和调停者对象。很明显，主板是调停者，而光驱、声卡、CPU 和显卡等配件都是同事对象。影视系统的示意性结构如图 4-13-6 所示。

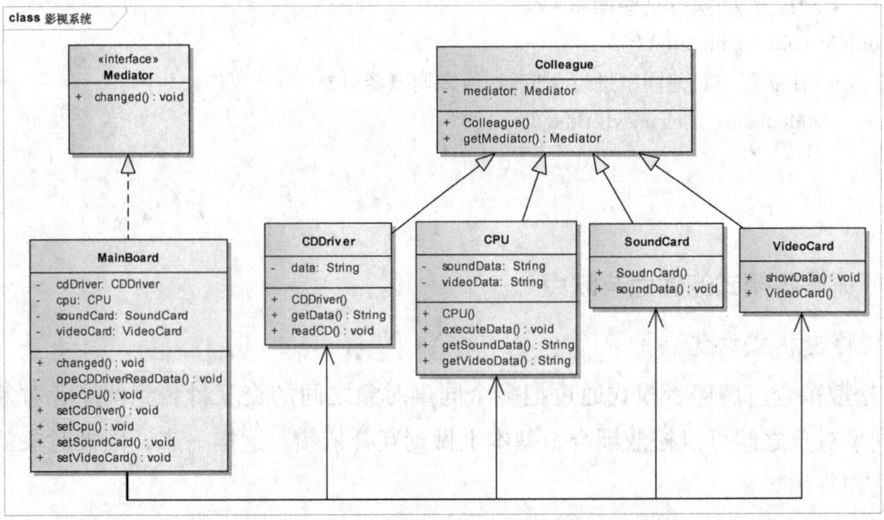

图 4-13-6　影视系统的示意性结构图

练习源代码见配套电子课件。

参考文献

[1] Gamma E, Helm R, Johnson R, et al. 设计模式：可复用面向对象软件的基础 [M]. 李英军，马晓星，蔡敏，等译. 北京：机械工业出版社，2004.

[2] 阎宏. Java 与模式 [M]. 北京：电子工业出版社，2002.

[3] 程杰. 大话设计模式 [M]. 北京：清华大学出版社，2008.

[4] Eckel B. Java 编程思想 [M]. 4 版. 陈昊鹏，译. 北京：机械工业出版社，2007.